自然资源与生态文明译丛

空间规划中的生态理性

可持续土地利用决策的概念和工具

［意］卡洛·雷加 著

沈悦 刘天科 南锡康 张铎 译

ECOLOGICAL RATIONALITY IN SPATIAL PLANNING

Concepts and Tools for Sustainable Land-Use Decisions

Carlo Rega

商务印书馆 创于1897 The Commercial Press Springer

First published in English under the title
ECOLOGICAL RATIONALITY IN SPATIAL PLANNING
Concepts and Tools for Sustainable Land-Use Decisions
by Carlo Rega, edition: 1

“自然资源与生态文明”译丛
“自然资源保护和利用”丛书
总序

（一）

新时代呼唤新理论，新理论引领新实践。中国当前正在进行着人类历史上最为宏大而独特的理论和实践创新。创新，植根于中华优秀传统文化，植根于中国改革开放以来的建设实践，也借鉴与吸收了世界文明的一切有益成果。

问题是时代的口号，“时代是出卷人，我们是答卷人”。习近平新时代中国特色社会主义思想正是为解决时代问题而生，是回答时代之问的科学理论。以此为引领，亿万中国人民驰而不息，久久为功，秉持“绿水青山就是金山银山”理念，努力建设“人与自然和谐共生”的现代化，集聚力量建设天蓝、地绿、水清的美丽中国，为共建清洁美丽世界贡献中国智慧和中国力量。

伟大时代孕育伟大思想，伟大思想引领伟大实践。习近平新时代中国特色社会主义思想开辟了马克思主义新境界，开辟了中国特色社会主义新境界，开辟了治国理政的新境界，开辟了管党治党的新境界。这一思想对马克思主义哲学、政治经济学、科学社会主义各个领域都提出了许多标志性、引领性的新观点，实现了对中国特色社会主义建设规律认识的新跃升，也为新时代自然资源治理提供了新理念、新方法、新手段。

明者因时而变，知者随事而制。在国际形势风云变幻、国内经济转型升级的背景下，习近平总书记对关系新时代经济发展的一系列重大理论和实践问题进行深邃思考和科学判断，形成了习近平经济思想。这一思想统筹人与自然、经济与社会、经济基础与上层建筑，兼顾效率与公平、局部与全局、当前与长远，为当前复杂条件下破解发展难题提供智慧之钥，也促成了新时代经济发展举世瞩目的辉煌成就。

生态兴则文明兴——“生态文明建设是关系中华民族永续发展的根本大计”。在新时代生态文明建设伟大实践中，形成了习近平生态文明思想。习近平生态文明思想是对马克思主义自然观、中华优秀传统文化和我国生态文明实践的升华。马克思主义自然观中对人与自然辩证关系的诠释为习近平生态文明思想构筑了坚实的理论基础，中华优秀传统文化中的生态思想为习近平生态文明思想提供了丰厚的理论滋养，改革开放以来所积累的生态文明建设实践经验为习近平生态文明思想奠定了实践基础。

自然资源是高质量发展的物质基础、空间载体和能量来源，是发展之基、稳定之本、民生之要、财富之源，是人类文明演进的载体。在实践过程中，自然资源治理全力践行习近平经济思想和习近平生态文明思想。实践是理论的源泉，通过实践得出真知：发展经济不能对资源和生态环境竭泽而渔，生态环境保护也不是舍弃经济发展而缘木求鱼。只有统筹资源开发与生态保护，才能促进人与自然和谐发展。

是为自然资源部推出“自然资源与生态文明”译丛、“自然资源保护和利用”丛书两套丛书的初衷之一。坚心守志，持之以恒。期待由见之变知之，由知之变行之，通过积极学习而大胆借鉴，通过实践总结而理论提升，建构中国自主的自然资源知识和理论体系。

（二）

如何处理现代化过程中的经济发展与生态保护关系，是人类至今仍然面临的难题。自《寂静的春天》（蕾切尔·卡森，1962）、《增长的极限》（德内拉·梅多斯，1972）、《我们共同的未来》（布伦特兰报告，格罗·哈莱姆·布伦特兰，1987）这些经典著作发表以来，资源环境治理的一个焦点就是破解保护和发展的难题。从世界现代化思想史来看，如何处理现代化过程中的经济发展与生态保护关系，是人类至今仍然面临的难题。“自然资源与生态文明”译丛中的许多文献，运用技术逻辑、行政逻辑和法理逻辑，从自然科学和社会科学不同视角，提出了众多富有见解的理论、方法、模型，试图破解这个难题，但始终没有得出明确的结论性认识。

全球性问题的解决需要全球性的智慧，面对共同挑战，任何人任何国家都无法独善其身。2019 年 4 月习近平总书记指出，“面对生态环境挑战，人类是一荣俱荣、一损俱损的命运共同体，没有哪个国家能独善其身。唯有携手合作，我们才能有效应对气候变化、海洋污染、生物保护等全球性环境问题，实现联合国 2030 年可持续发展目标”。共建人与自然生命共同体，掌握国际社会应对资源环境挑战的经验，加强国际绿色合作，推动“绿色发展”，助力“绿色复苏”。

文明交流互鉴是推动人类文明进步和世界和平发展的重要动力。数千年来，中华文明海纳百川、博采众长、兼容并包，坚持合理借鉴人类文明一切优秀成果，在交流借鉴中不断发展完善，因而充满生机活力。中国共产党人始终努力推动我国在与世界不同文明交流互鉴中共同进步。1964 年 2 月，毛主席在中央音乐学院学生的一封信上批示说“古为今用，洋为中用”。1992 年 2 月，邓小平同志在南方谈话中指出，“必须大胆吸收和借鉴人类社会创造的一切文明成果”。2014 年 5 月，习近平总书记在召开外国专家座谈会上强调，“中国要永远做一个学习大国，不论发展到什么水平都虚心向世界各国人民学习”。

“察势者明，趋势者智”。分析演变机理，探究发展规律，把握全球自然资源治理的态势、形势与趋势，着眼好全球生态文明建设的大势，自觉以回答中国之问、世界之问、人民之问、时代之问为学术己任，以彰显中国之路、中国之治、中国之理为思想追求，在研究解决事关党和国家全局性、根本性、关键性的重大问题上拿出真本事、取得好成果。

是为自然资源部推出“自然资源与生态文明”译丛、“自然资源保护和利用”丛书两套丛书的初衷之二。文明如水，润物无声。期待学蜜蜂采百花，问遍百家成行家，从全球视角思考责任担当，汇聚全球经验，破解全球性世纪难题，建设美丽自然、永续资源、和合国土。

（三）

2018年3月，中共中央印发《深化党和国家机构改革方案》，组建自然资源部。自然资源部的组建是一场系统性、整体性、重构性变革，涉及面之广、难度之大、问题之多，前所未有。几年来，自然资源系统围绕“两统一”核心职责，不负重托，不辱使命，开创了自然资源治理的新局面。

自然资源部组建以来，按照党中央、国务院决策部署，坚持人与自然和谐共生，践行绿水青山就是金山银山理念，坚持节约优先、保护优先、自然恢复为主的方针，统筹山水林田湖草沙冰一体化保护和系统治理，深化生态文明体制改革，夯实工作基础，优化开发保护格局，提升资源利用效率，自然资源管理工作全面加强。一是，坚决贯彻生态文明体制改革要求，建立健全自然资源管理制度体系。二是，加强重大基础性工作，有力支撑自然资源管理。三是，加大自然资源保护力度，国家安全的资源基础不断夯实。四是，加快构建国土空间规划体系和用途管制制度，推进国土空间开发保护格局不断优化。五是，加大生态保护修复力度，构筑国家生态安全屏障。六是，强化自然资源节约集约利用，促进发展方式绿色转型。七是，持续推进自然资源法治建设，自然资源综合监管效能逐步提升。

当前正值自然资源综合管理与生态治理实践的关键期，面临着前所未有的知识挑战。一方面，自然资源自身是一个复杂的系统，山水林田湖草沙等不同资源要素和生态要素之间的相互联系、彼此转化以及边界条件十分复杂，生态共同体运行的基本规律还需探索。自然资源既具系统性、关联性、实践性和社会性等特征，又有自然财富、生态财富、社会财富、经济财富等属性，也有系统治理过程中涉及资源种类多、学科领域广、系统庞大等特点。需要遵循法理、学理、道理和哲理的逻辑去思考，需要斟酌如何运用好法律、经济、行政等政策路径去实现，需要统筹考虑如何采用战略部署、规划引领、政策制定、标准规范的政策工具去落实。另一方面，自然资源综合治理对象的复杂性、系统性特点，对科研服务支撑决策提出了理论前瞻性、技术融合性、知识交融性的诉求。例如，自然资源节约集约利用的学理创新是什么？动态监测生态系统稳定性状况的方法有哪些？如何评估生态保护修复中的功能次序？等等不一而足，一系列重要领域的学理、制度、技术方法仍待突破与创新。最后，当下自然资源治理实践对自然资源与环境经济学、自然资源法学、自然地理学、城乡规划学、生态学与生态经济学、生态修复学等学科提出了理论创新的要求。

中国自然资源治理体系现代化应立足国家改革发展大局，紧扣"战略、战役、战术"问题导向，"立时代潮头、通古今之变，贯通中西之间、融会文理之璧"，在"知其然知其所以然，知其所以然的所以然"的学习研讨中明晰学理，在"究其因，思其果，寻其路"的问题查摆中总结经验，在"知识与技术的更新中，自然科学与社会科学的交融中"汲取智慧，在国际理论进展与实践经验的互鉴中促进提高。

是为自然资源部推出"自然资源与生态文明"译丛、"自然资源保护和利用"丛书这两套丛书的初衷之三。知难知重，砥砺前行。要以中国为观照、以时代为观照，立足中国实际，从学理、哲理、道理的逻辑线索中寻找解决方案，不断推进自然资源知识创新、理论创新、方法创新。

（四）

文明互鉴始于译介，实践蕴育理论升华。自然资源部决定出版"自然资源与生态文明"译丛、"自然资源保护和利用"丛书系列著作，办公厅和综合司统筹组织实施，中国自然资源经济研究院、自然资源部咨询研究中心、清华大学、自然资源部海洋信息中心、自然资源部测绘发展研究中心、商务印书馆、《海洋世界》杂志等单位承担完成"自然资源与生态文明"译丛编译工作或提供支撑。自然资源调查监测司、自然资源确权登记局、自然资源所有者权益司、国土空间规划局、国土空间用途管制司、国土空间生态修复司、海洋战略规划与经济司、海域海岛管理司、海洋预警监测司等司局组织完成"自然资源保护和利用”丛书编撰工作。

第一套丛书“自然资源与生态文明”译丛以“创新性、前沿性、经典性、基础性、学科性、可读性”为原则，聚焦国外自然资源治理前沿和基础领域，从各司局、各事业单位以及系统内外院士、专家推荐的书目中遴选出十本，从不同维度呈现了当前全球自然资源治理前沿的经纬和纵横。

具体包括：《自然资源与环境：经济、法律、政治和制度》，《环境与自然资源经济学：当代方法》（第五版），《自然资源管理的重新构想：运用系统生态学范式》，《空间规划中的生态理性：可持续土地利用决策的概念和工具》，《城市化的自然：基于近代以来欧洲城市历史的反思》，《城市生态学：跨学科系统方法视角》，《矿产资源经济（第一卷）：背景和热点问题》，《海洋和海岸带资源管理：原则与实践》，《生态系统服务中的对地观测》，《负排放技术和可靠封存：研究议程》。

第二套丛书“自然资源保护和利用”丛书基于自然资源部组建以来开展生态文明建设和自然资源管理工作的实践成果，聚焦自然资源领域重大基础性问题和难点焦点问题，经过多次论证和选题，最终选定七本（此次先出版五本）。在各相关研究单位的支撑下，启动了丛书撰写工作。

具体包括：自然资源确权登记局组织撰写的《自然资源和不动产统一确权登记理论与实践》，自然资源所有者权益司组织撰写的《全民所有自然资源资产所有者权益管理》，自然资源调查监测司组织撰写的《自然资源调查监测实践与探索》，国土空间规划局组织撰写的《新时代“多规合一”国土空间规划理论与实践》，国土空间用途管制司组织撰写的《国土空间用途管制理论与实践》。

“自然资源与生态文明”译丛和“自然资源保护和利用”丛书的出版，正值生态文明建设进程中自然资源领域改革与发展的关键期、攻坚期、窗口期，愿为自然资源管理工作者提供有益参照，愿为构建中国特色的资源环境学科建设添砖加瓦，愿为有志于投身自然资源科学的研究者贡献一份有价值的学习素材。

百里不同风，千里不同俗。任何一种制度都有其存在和发展的土壤，照搬照抄他国制度行不通，很可能画虎不成反类犬。与此同时，我们探索自然资源治理实践的过程，也并非一帆风顺，有过积极的成效，也有过惨痛的教训。因此，吸收借鉴别人的制度经验，必须坚持立足本国、辩证结合，也要从我们的实践中汲取好的经验，总结失败的教训。我们推荐大家来读“自然资源与生态文明”译丛和“自然资源保护和利用”丛书中的书目，也希望与业内外专家同仁们一道，勤思考，多实践，提境界，在全面建设社会主义现代化国家新征程中，建立和完善具有中国特色、符合国际通行规则的自然资源治理理论体系。

在两套丛书编译撰写过程中，我们深感生态文明学科涉及之广泛，自然资源之于生态文明之重要，自然科学与社会科学关系之密切。正如习近平总书记所指出的，“一个没有发达的自然科学的国家不可能走在世界前列，一个没有繁荣的哲学社会科学的国家也不可能走在世界前列”。两套丛书涉及诸多专业领域，要求我们既要掌握自然资源专业领域本领，又要熟悉社会科学的基础知识。译丛翻译专业词汇多、疑难语句多、习俗俚语多，背景知识复杂，丛书撰写则涉及领域多、专业要求强、参与单位广，给编译和撰写工作带来不小的挑战，丛书成果难免出现错漏，谨供读者们参考交流。

编写组

感谢西尔维娅(Silvia)、弗朗切斯科(Francesco)和安娜(Anna)。
感谢你们带来的所有的爱、欢笑和泪水,感谢那些不眠的夜、凌乱的日子和无尽的故事。

致　谢

我只向上帝祷告过一次，很短的一次：主啊，让我的敌人荒唐吧。上帝应允了。

——伏尔泰（Voltaire）

如果没有至亲的支持，写这本书是不可能的，甚至是不敢想象的。感谢我的妻子西尔维娅（她已经写了一本更好的书），我的孩子弗朗切斯科和安娜（他们长大后会写更好的书，可能他们已经在写了），我的父母格拉齐亚（Grazia）和米凯莱（Michele），我的兄弟欧金尼奥（Eugenio），还有孔奇（Conci）和布鲁纳（Bruna）。

感谢我的朋友，任环境变换，事业起伏，情随事迁，时运流转，你们都是我的今生挚友。

感谢施普林格（Springer）团队在出版过程中的支持。

在过去的几年里，我有幸在不同的场合和高度刺激的环境中与许多顶级的研究人员及从业者交流合作。这里要提及的人太多了，而且总有无意中忘记某人的风险，所以我在此感谢所有人，感谢你们的启发和不断开展的工作——你们知道我在说谁。

当然，这些年来，我也遇到了一些水平一般、名不副实的“顶级”研究人员。某种程度上我也要感谢他们，因为他们让我体会到了二者的天壤之别。

序　言

1969 年无疑是 20 世纪最引人注目的年份之一。理查德·尼克松(Richard Nixon)于 1 月 20 日就任美国第 37 任总统。水门事件(Watergate Scandal)[①]后,他转瞬成为史上第一位辞职的美国总统。美国各地的大学校园里纷纷举行学生抗议活动,要求维护公民合法权利并反对不断升级的越南战争。11 月 15 日,该国历史上最大规模的反战示威爆发了,50 万人在华盛顿特区游行。然而事与愿违,美国还是在 12 月 1 日举行了自第二次世界大战以来的首次抽签征兵活动,召集公民服兵役。欧洲也无法置身事外。前一年 5 月[②],法国经历了大规模的示威和罢工,包括占领工厂和大学,其激烈程度使许多人担心革命将至。戴高乐(De Gaulle)总统被迫离开该国数小时。始于 1968 年的意大利"热秋"(Hot Autumn),在这一年达到了高潮,同样,这场社会运动也伴随着大规模罢工、占领以及学生和工人的联合示威活动。

7 月 21 日,尼尔·阿姆斯特朗(Neil Armstrong)和巴兹·奥尔德林(Buzz Aldrin)在月球表面行走,创造了载入史册的奇迹,这是"个人迈出的一小步,却是人类迈出的一大步"。据估计,全世界大约有 5 亿人观看了这一盛事。伍德斯托克(Woodstock)音乐节于 8 月 15～18 日在当时名不见经传的纽约州贝瑟尔镇(Bethel)附近举行。这次活动堪称现代流行文化中最重要的事件之一,超过

---

① 或称"水门丑闻",是美国历史上最不光彩的政治丑闻事件之一。在 1972 年的总统大选中,为了取得民主党内部竞选策略的情报,1972 年 6 月 17 日,以美国共和党尼克松竞选班子的首席安全问题顾问詹姆斯·麦科德为首的 5 人潜入位于华盛顿水门大厦的民主党全国委员会办公室,在安装窃听器并偷拍有关文件时,当场被捕。由于此事,尼克松于 1974 年 8 月 8 日宣布于次日辞职,从而成为美国历史上首位因丑闻而辞职的总统。——译者注

② 指 1968 年 5～6 月在法国爆发的一场学生罢课、工人罢工的群众运动,又称"五月风暴"。发生的重要原因是整个欧洲各国经济增长速度缓慢而导致的一系列社会问题,具体是在戴高乐总统执政后期法国经济失调、社会危机严重、执政党派内部出现分裂等原因所面临的社会问题。——译者注

40万人参与其中。另一个事实在当时似乎没有引起大众媒体的注意，但回过头来看，可以认为同样重要：10月29日，加州大学洛杉矶分校的一台计算机史无前例地向斯坦福研究所的另一台计算机发送信息。这是用美国高级研究计划署网络(Advanced Research Projects Agency Network，ARPANET)完成的，这个为军事目的开发的分组交换网络正是现在互联网的前身。

尽管对今昔的人来说，这些事件无疑是重要的，但无论多么重要，它们也许仅会被后代的历史学家视为偶发事件，而非决定性的历史时刻。也许公元1969年将因另一个原因被铭记。根据最新估计，这是历史上迄今为止全球生态足迹(ecological footprint)与全球生态承载力(biocapacity)之比低于1的最后一年。这听起来有点复杂，但实际上概念很简单。任何已知人口(某个个人、一个城市或一个国家)的生态足迹是指在当前技术和资源管理条件下，生产这些人口消耗的所有资源与吸纳这些人口产生的所有废弃物所需要的具有生物生产力的土地和水域面积。[1] 生态承载力是指生态系统利用当前的管理方案和提取技术，生产人类使用的生物材料和吸收人类产生的废物的能力(Global Footprint Network，2018)。这一比率1969年为0.95，到1970年已达到1.01。这意味着，从那时起，人类消耗的资源已经超过了整个地球系统能够再生的资源，此后情况进一步恶化：该比率1980年是1.19，1990年是1.29，2000年是1.37，2014年是1.69。换言之，自1969年以来，我们正愈发迅速地消耗着人类作为一个物种赖以生存的有限资源存量。

当然，将人类作为整体来谈论全球平均值可能会让很多人想起意大利诗人特里卢萨(Trilussa)[2]关于鸡的著名的十四行诗。这首诗写道，如果有个人有两只鸡，而另一个人没有，他们仍然平均每人有一只鸡。[3] 例如，2014年，美国人均

① 此概念是1992年雷斯(Rees)和他的学生瓦克纳格尔(Wackernagel)提出并于1996年完善的。——译者注

② 意大利诗人，化名卡罗·阿尔贝托·萨鲁斯特里(Carlo Alberto Salustri)(罗马，1871～1950)，以其罗马方言诗歌和十四行诗而闻名，这些诗的特点是尖锐的语言和对权力及当代政治的讽刺批评。

③ 原诗全文为“你知道统计学是什么吗？是用来记录新生儿的、生病的、死去的、被囚禁的、结婚的故事。但对我来说，有趣的统计数据发生在玩家进入游戏时，即使对于那些没有钱的人来说，平均值也总是相同的。也就是说，根据当前的统计数据，你每年应该吃一只鸡：如果你的预算不允许，统计数据允许，因为其他人会吃两只鸡”。——译者注

生态足迹为8.4Gha[①]，而意大利为4.3Gha，中国为3.7Gha，印度为1.1Gha，厄立特里亚为0.5Gha。如果世界上每个人的消费模式都与美国人的"平均水平"一样，那么人类需要四个以上的地球才能维持生存。况且，据估计在美国尚有4 300多万人生活在贫困之中。

目前的全球发展模式在长期(甚至短期)内是不可持续的，这已不再只是少数环保主义学者或激进分子的观点。这是基于热力学定律的事实，我们无法逃避。智人，在生存了大约30万年后(与地球上生物进化的时间尺度相比只是沧海一粟)，可能正把自己引向自我毁灭的边缘。我们究竟是数百万年进化的巅峰，还是一个注定要灭绝的失败实验？这完全取决于我们现在和不久的将来做出的选择。而这些选择又取决于我们对目前生物基础加速消耗模式的深层原因的理解。如果我们想应对这个过程，就必须做一些事情：学者必须了解支撑生产和消费模式的动力、生态系统的运作方式以及人类活动对生态系统支撑人类生活能力的影响机理；决策者必须探讨这个不断成长的知识体系并采取相应的行动；我们每个人都必须反思目前的生产系统和消费模式，并意识到区域、民族和国家的相互依存性以及这种相互依存性如何决定目前物质资源基础的开发水平。

这是一个巨大的挑战，但我们唯有迎难而上。

① "Gha"经常作为"global hectare"的缩写来使用，译为全球公顷，代表具有全球平均生产力的可标准化公顷数。——译者注

目　　录

第一章　立于巨人之肩：重拾规划传统中的生态学方法

本章提出本书的目的：在生态学基础上重塑空间规划理论和实践，或将规划纳入生态理性(ecological rationality)的范式。有意使用“重塑”一词，是因为深刻的生态思想从一开始就存在于规划传统之中——这要归功于杰出的学者和博学的思想家——但在发展为主流理论和实践的过程中，生态思想在很大程度上已经被丢掉或忽视了。因此，我们首先回顾帕特里克·格迪斯(Patrick Geddes)、刘易斯·芒福德(Lewis Mumford)、伊恩·麦克哈格(Ian McHarg)等学者为规划生态学基础的发展做出的贡献，并特别阐述芒福德与历史唯物主义和其他马克思主义概念的联系。另外，我们还根据生态危机的最新发展和所掌握的新工具与新知识，讨论推进生态规划理论化的必要性。

第一节　引言和大纲

当即将完成本书初稿时，我偶然看到了两本迥然不同的出版物，它们的领域大相径庭，但都与本书的论点有关。第一本是政府间生物多样性和生态系统服务科学政策平台(Intergovernmental Science-Policy Platform on Biodiversity and Ecosystem Services，IPBES)的《生物多样性和生态系统服务全球评估报告之决策者摘要》(*Summary for Policymakers of the Global Assessment Report on Biodiversity and Ecosystem Services*，以下简称《决策者摘要》)。IPBES是一个全球性的政府间组织（由 132 个[①]成员组成），负责评估生物多样性状况和自然对人类的贡献，并基于不同的社会经济情景给出未来解决方案。《决策者摘要》浓缩了《2019 年生物多样性和生态系统服务全球评估报告》（*2019 Global Assessment Report on Biodiversity and Ecosystem Services*）的关键信息。该评估报告是一项大规模的研究工作，通过跟踪过去 50 年的变化以及政策、技术、治理、行为变化和实现全球保护目标的选择与路径，评估自然保护现状，全球数十位顶级科学家参与其中。形成的大量重要结论中有这样一个事实：在过去 50 年中，全球自然界的变化速度是史无前例的，与之相应的是，1970 年以来**土地利用变化**[②]对自然产生的负面影响也是前所未有的；按照目前的轨迹，将无法实现保护和可持续利用自然以及可持续发展的目标（IPBES，2019）。报告还总结了实现可持续发展的方法和可能采取的行动及路径，其中包括“促进可持续耕作方式，如良好耕作方式、农业生态学研究等，此外还有多功能**景观规划**”以及“利用广泛、积极的参与式景观**空间规划**，优先考虑有利于平衡和进一步保护自然的土地利用方式，保护和管理关键的生物多样性区域……”（IPBES，2019，第 32～33 页）

第二本更具地方色彩，传播范围也不那么广泛，是一份网络杂志对意大利城市化研究院（Italian Institute of Urbanism）院长的采访（空间规划学科在这个国家仍被提及）。其中，院长谈及了他对当前环境问题的发展态势和规划作用的看法。根据这位意大利规划学者和从业者代表的说法，空间规划“任务是确定资源使用的目标和行为限制，并确定预防和适应措施……，以维护自然资源及其良好状态对人类和动物福祉的有益影响”。此外，应修改空间规划立法，摒弃旧有的城市转型模式，“该模式以土壤消耗为特征，在已经危机四伏的城市市场中攫取巨额租金和盈余，20 世纪 90 年代末和 21 世纪初的持续扩张便是这样一种错误的模式……可以肯定的是，城市的分散和蔓延已经造成景观、土壤及相关生态系统服务的损失，并且经证实，这也是能源密集型的……毋庸置疑，城市形态是影响环境可持续性和城市韧性（resilience）[③]的主要因素之一……委托单个专业学

① 该数据为截至本书英文版出版时的统计数据，后续一直在增加。——译者注

② 本书正文中的黑体文字，除特别说明之外，均为作者标注。——译者注

③ Resilience 在全书频繁出现，其在生态领域翻译为“恢复力”居多，在城市规划领域翻译为“韧性”居多，本书据此进行相应翻译。——译者注

科负责部门解决方案看似取巧，实则总是导致黔驴技穷和效力的整体降低。在这方面，空间规划处于一个具有趋同性的、技术与决策相结合的阐释和规划领域的中心，成为必不可少的参照和不可或缺的工作领域……然而，这需要对该学科进行实质性的改变……应建立新的解释框架以及发现新的方法和工具……”(Greenreport.it，2019)

撰写 IPBES 报告的科学家来自众多学科，包括生物学、生态学、农学、地理学，但无一专门涉及空间规划。尽管如此，人们仍坚信空间规划是可以为解决全球生态危机做出关键贡献的一个实践领域。如访谈所示，规划学者和从业者也逐渐认可这一点。一切昭然若揭，但同时，人们心照不宣的是，空间规划迄今为止尚未付诸行动，至少在其主流实践和理论中如此。这就是为什么一些规划学者和从业者在认可应将生态思维置于规划中心时，呼吁在该学科中进行“实质性的改变”。同样从上述报告中也可以清楚地看出，这种改变需要该学科向其他知识领域开放、不同专业知识交叉融合、理论和实践相互印证。简言之，本书旨在为此做出贡献：寻求在规划、生态学和其他知识领域之间建立桥梁，为更可持续的、生态上更理性的行动路线提供洞见。我认为规划和其他学科之间的交流应是相互的：规划人员在吸收不同来源的知识和分析工具的同时，也应贡献自己的专业知识。正如德拉姆施塔德等(Dramstad et al.，1996，第 9 页)所写：

> 土地规划师和景观设计师是如此独特，他们严阵以待，随时准备在社会中扮演关键角色，提供新的解决方案。这些专注于土地的专业人士和学者，解决问题，设计和创建计划，展望未来。……他们是综合者(synthesizers)，将各种需求编织成一个整体……通达美学或经济学，了解人类文化在设计或计划中的不可或缺，并且知晓土地**生态**完整性(**ecological** integrity)[①]的至关重要。

事实上，空间规划在**综合(synthesis)**不同专家知识的作用方面具有很大的

① 利奥波德(Leopold)在一篇关于土地伦理学的文章中首先提出了与生态系统完整性相关的概念：“人类活动朝着保护生物群落完整性、稳定性和美感等方向发展时是正确的，相反，是错误的。”目前人们主要从生态系统组成要素、系统特性两个不同的角度来理解生态系统完整性的内涵。(参阅：黄宝莱、欧阳志云等：“生态系统完整性内涵及评价方法研究综述”，《应用生态学报》，2006 年第 11 期。)——译者注

3

潜力，可以为化解 IPBES 报告中强调的生态危机做出贡献。

因此，本书的目的是效仿其他学科，帮助在生态学范式下重建规划学科。两个学科典范要数生态经济学（Ecological Economics）和农业生态学（Agroecology）。在生态经济学中，经济系统的概念嵌入了生物物理根基，除货币角度外，经济过程还要从生物物理角度进行分析，社会代谢（socio-metabolism）的概念由此应运而生（Martínez-Alier and Muradian，2015）。同时，农业生态学则被定义为一门科学、一种实践和一场社会运动：与生态经济学类似，在农业生态学中，农业系统可视为一个整体，并作为更广泛的生态系统的一部分；该学科研究和推广基于当地可再生资源可持续利用、当地农民的知识与生物多样性利用的实践（Agroecology Europe，2019；Altieri，2018；Wezel et al.，2009）。这两个学科也明确考虑到经济的社会性和农业系统与生态系统之间的相互关系，并积极开展分析和行动研究[①]。两者都以交叉学科和专业研究领域之间的取长补短为基础；两者都认同整体大于部分之和，因此，通过促进知识共享和行动，推动不同参与者在研究、实践和运动中的互动。简言之，我们在此倡导的正是促成空间规划的类似进步。

为了能够解决问题，我们需要深入了解导致问题的潜在过程及原因。本书将用相当多篇幅探讨这方面内容。我们将从规划视角，努力从总体上探讨生态危机的较深层原因以及它们在主要相关现象中的表现，即城乡景观的改变。这是我向读者呈现之旅的一部分，但不会是起点：首先，必须明确定义一个指导范式，借用政治学的表述，我称之为生态理性，将在下一章详细介绍；接下来，我们将展示生态理性的范式如何从一开始就存在于规划传统中，尽管没有使用这个特定的术语。我们将重新审视著名规划学者和从业者的见解——特别是帕特里克·格迪斯、刘易斯·芒福德和伊恩·麦克哈格，他们对规划的生态学基础进行了详细阐述。

4

第二章将定义和讨论生态理性。作为一个指导性的概念，生态理性在理论上是合理的，在实际决策环境和规划实践中也是可操作的。政治学讨论的是决

① 原文为 action-research，疑同第七章的 research-action，译为“行动研究”，是指以某些行动对组织系统的影响为主要对象的研究活动。——译者注

定社会决策和行动方式的不同形式的理性，因此，本章首先重温理性概念在该学科领域的起源；然后，着重讨论作为当前主导理性形式的经济理性，以揭示其引致的问题及其与生态危机的关系；接着，继续研究这些不同的理性如何在空间规划中共存并决定规划结果；随后更详细地讨论生态理性，引出其构成原则并讨论其与其他形式理性的区别。为此，还将扼要重述生态学和（生态）系统运作的部分重要原则，并讨论这些原则对决策体系的意义以及与决策体系的联系。

这样，我们就可以在第三章中考察目前的社会决策系统（规划体系是其中的一部分）是否能实现生态理性选择。如果不能，深层原因是什么？虽然截至此刻，论证还主要通过运用（严格意义上的）非空间规划的学术见解来进行，但此后，我们将开始在既定的规划主题和正逐渐成形的生态理性概念之间建立联系。在勾勒出这些联系并讨论其意义之后，将回到最初的问题：总体上，目前的决策体系是否有利于生态理性的行动路线；特别是，空间规划体系是否如此？正如读者们将会感受到的，这些问题有哗众取宠之嫌，我也不会借助预测这两个问题的答案都是“否”来添油加醋。因此，本章接下来不专门讨论“如果”问题，而是调查“为什么”。这里将最大限度地利用格迪斯、芒福德、麦克哈格和其他学者的真知灼见。回顾他们的生活和工作，这些“巨人”都有一个共同特点：博学多才，对空间和城市规划有突出兴趣，但又不断从不同学科洞见中汲取营养。他们在方法论上的主要贡献就根植于此，他们努力将规划领域作为一门独立的、具体的学术学科，以包容来自不同领域的概念并产生强大的综合效应。在此，我们将效仿他们，努力解决其上述阐述中的部分局限，以此来丰富自身理论。因此，我们将在规划理论和其他科学领域之间建立联系，努力阐述格迪斯、芒福德和麦克哈格在他们的著作中倡导的整体框架。事实上，综合是优秀空间规划师的必备素养：从不同的学科中汲取不同知识（地质学、土壤学、人口学、住房市场、交通等），并将它们整合到地区[①]的整体设计中。

5

① 本书涉及 territor-的词汇中，具有主权属性和欧盟相关文件固定说法的翻译为“领土”，例如，Territorial Cohesion，Territorial Impact Assessment；突出土地用途转换含义的翻译为“国土”，例如 territorial transformations/governance；非“领土”的空间尺度中，酌情翻译为“区域”或“地区”，例如 rural/urban territory；local territory 翻译为“辖区”；突出地方地域差异的翻译为“地域”。在此统一说明，后不赘述。——译者注

第四章致力于识别生态危机的深层原因及其在区域层面的表现：前三章的所有见解将浓缩在空间规划的生态理性总体框架之中。我们将从总体上挖掘环境耗损的较深层原因，从规划角度研究它们在与之相关的现象中的表现形式，即城市和乡村景观的改变。本章尝试从当地面临的特异性[①]和地方性中抽象出一些基本的、一般的过程，并利用在第三章中与其他学科交叉融合所得到的全部知识和工具来识别、解释及分析这些过程。第四章论证的范围将保持一般性，第五章则将聚焦过去30年所识别的潜在过程在欧盟的表现和部署。特别是，我们将用统计数据、相关文献来佐证城市增长（urban growth）、农业集约化（agricultural intensification）[②]和撂荒[③]（land abandonment）这三个关键现象。

但由于政策是我们提出的框架的关键组成部分，仅有第五章还不够充分，所以第六章将研究欧盟空间规划中生态理性方面的相关政策。其目的，不仅是把这些政策作为些许严格的自上而下的需要在地方规划中遵守的要求来分析，而是更富想象力地将它们作为设计师们编制那些通过确保和提高景观生态完整性来辅助问题解决的规划的工具来分析。政治学家可能会不以为然，因为政策不是工具，但我用这个词只是为了澄清，我们需要知道哪些政策可能阻碍生态规划，哪些可能促进生态规划，并将其作为工具来使用，以支持我们的选择。特别是，我们将考虑“自然指令”[指《栖息地指令》（*Habitats Directive*）和《鸟类指令》（*Birds Directive*）]、《水框架指令》（*Water Framework Directive*）、《欧盟2020年生物多样性战略》（*Biodiversity Strategy Towards 2020*）以及欧盟最大

---

① 本书中表示“特殊性，个异性”意思的相近词有 specificity，particularity，peculiarity，idiosyncrasy。其中，在本书语境中，specificity 与 particularity 相对类似，都是与普遍相对应，specificity 侧重地方作为较低层级所具有的具体性质，翻译为“特异性”，particularity 侧重地方的特殊性和与众不同，翻译为“特殊性”；peculiarity 与 idiosyncrasy 类似，均体现个体差异，统一翻译为“个异性”；但实际上，本书对几个词未做严格区分。——译者注

② 本书中的农业集约化“指作物和非作物植被及农场管理实践的变化过程。植被的变化包括减少作物种类和品种的数量，限制树木、诱捕作物和杂草的生长。当地管理方面的其他变化包括增加化学农药和化肥的使用，增加耕作和灌溉以及加强机械化。在景观层面，强化包括将自然栖息地转化为农田、破坏边缘栖息地、简化景观、避免休耕和破碎自然栖息地”。[参阅：Philpott SM (2013) Biodiversity and pest control services in Simon A Levin encyclopedia of biodiversity (Second Edition). Academic Press, p 373.]——译者注

③ 针对不同地类发生 abandonment 的行为，翻译不同。本书中主要指农地的废弃，因此，统一翻译为“撂荒”。——译者注

规模且财政投入更充足的政策，即共同农业政策（Common Agricultural Policy，CAP）。每个案例都将讨论这些政策在不同尺度上对空间规划的作用及其如何直接和间接地通过规划来支持、解释、实施与提供更多的生态行动路线。

最后，第七章将总结本书论点，提出关于空间规划中生态理性的五点主张并概括主要的理论要求，强调一些有关规划教育、培训的实际问题，重申学术界的重要作用。

第二节 复兴规划传统中的生态学方法

6

按照欧盟区域规划部长级会议（CEMAT，1983）的说法，空间规划可视为一门科学学科、一种行政技术和一项政策，并演变成一种旨在均衡区域发展，根据总体战略进行空间物理组织的跨学科综合方法。由此，其是社会的经济、社会、文化和生态政策的地理表达。在本书中，该术语包含诸如土地利用规划、城市规划、景观规划、综合（或参与式）土地利用规划、区域规划等的其他定义[参阅梅特尼希（Metternicht，2018）的概述]。关于空间规划的一个不言自明的事实是：它是一项关系到人类对其自然资源根基影响的重要活动。14 年前，福利等（Foley et al.，2005）发表的一篇论文被广泛引用，描述了主要由地方规划和实施的土地利用活动在全球尺度上产生的影响。这些影响包括碳循环和水文循环的变化、气候的改变、生物多样性的丧失以及传染病的传播。作者认为：

> 土地利用是赐予我们的一把双刃剑。一方面，许多土地利用活动对人类来说是必不可少的，因为它们提供关键的自然资源和生态系统服务，如食物、纤维、住所和淡水；另一方面，某些土地利用方式正使我们赖以生存的生态系统和服务退化。这自然引出一个问题：土地利用活动是否可能有损生态系统服务、人类福祉乃至人类社会长期的可持续发展，并最终对全球环境造成损害？

作者的结论很明确：目前的土地利用活动，虽然增加了短期的物质产品供应，但从长远看，有可能在全球范围内破坏生态系统服务。因此，土地利用政策必须评估和加强不同土地利用活动的可持续性。为应对持续的退化趋势，同时保持并尽可能地增加社会效益和经济效益，亟须在一系列空间和生态尺度上采取政策行动（Foley et al.，2005）。

当前，空间规划肯定不是决定土地利用变化的唯一活动。地方的土地利用可能受到全球现象的驱动，这至少看似与空间规划无关。其会因谈判达成的全球层面的贸易协定而变化，也会随着数千千米以外的消费者偏好改变而变化。例如，在过去10年里，藜麦（*Chenopodium quinoa* Willd.）的消费量在全球范围内激增，主要就是由欧洲和北美的素食主义者需求增加而致。在最大的藜麦生产国秘鲁，与需求热潮前相比，用于生产藜麦的农业用地扩张速度增长了43%（Bedoya-Perales et al.，2018）。这一现象是最近才出现的，这意味着只有再过几年才有可能对其后果有清晰的认识。然而，许多影响已经显现，如土地占用的压力、传统农业模式的放弃、遗传多样性的枯竭、害虫扩散风险的增加或农药使用的增加（Bedoya-Perales et al.，2018）。玻利维亚的状况同样令人担忧。讽刺的是，在富裕国家大多数吃藜麦的人坚信，与富含肉类的饮食相比，他们正在支持更可持续的消费模式。这个例子预示了本书将讨论的主题。土地利用动态本身是复杂的，呈现出许多相互依存、相互交织的因素和驱动力；因果关系以非线性和难以预见的方式作用于各种空间与时间尺度。所有这些问题都是决策者和空间规划师面临的挑战。我们将在下面的章节中再次讨论这些概念。

虽然认为空间规划是土地利用变化的唯一抑或主要决定因素难免过于片面，但忽视这一因素同样是错误的。再回到福利等（Foley et al.，2005）的观点，当地的土地利用为现实世界提供了社会利益和经济利益，同时也可能在一定程度上造成生态退化。作者指出："社会面临的挑战是制定何种战略，可以在保持社会利益和经济利益的同时，减少土地利用在多种服务和尺度上对环境的负面影响。"（Foley et al.，2005，第572页）如果真是这样，那么空间规划无疑是构想和实施这种战略的领域之一。

本书名为《空间规划中的生态理性》，但也可以称其为《生态理性中的空间规划》。解释一下其中的原因将有助于我阐述本书的论点以及该论点在接下来的章节中是如何展开的。当一个人要求自己写一个主题，而这个主题显然已经有很多人写过时，从认可已有作品开始是明智之举。我首先要说的是，生态学和空间规划之间的关系这一主题在过去确实已经被很多杰出的作者讨论过了:回顾这些见解,不仅有助于为论点建立更坚实的基础,而且还为了表明,很多这种认识最近已被主流规划理论和实践所抛弃或至少是忽视,因此有必要恢复并加以推广。确定一个类似于“大爆炸”[①]概念的起点,而后触发后续研究,这并非易事,尤其是在空间规划这种定义上处于几个学科交叉点的领域。但我们的起点也许应是承认,想从生态学视角了解规划的人,都应花时间来研究帕特里克·格迪斯(1854～1932)的工作。格迪斯,贴着“生物学家和植物学家”的标签,却代表了苏格兰跨学科研究传统的最高典范之一。他被他的弟子芒福德称赞为“同代人中杰出的思想家之一”(Mumford,1934,第475页),是20世纪城市规划史上最令人着迷的人物(Goist,1974),是掌握了大量学科和科目知识的博学家(Law,2005)。他周游世界,学习和工作的足迹遍布他的祖国苏格兰(爱丁堡和邓迪)以及伦敦、都柏林、巴黎、蒙彼利埃,还有欧洲以外的墨西哥、巴勒斯坦和孟买。他是激烈的反军国主义者,在印度反对英帝国主义,并为革命者和无政府主义者提供庇护[Reynolds,2004;转引自劳(Law,2005)]。他没有留下一部条理清晰的**代表作**,这成为他招致学科内批评的部分原因,但他的思想却散见于大量的书籍、文章、调查和规划文件之中。在整理他的思想和推动其在规划界复兴方面,英国城市规划师、景观建筑师、编辑和教育家杰奎琳·蒂里特(Jaqueline Tyrwhitt,1905～1983)功不可没(Shoshkes,2017;Welter,2017)。 8

格迪斯思想的一些精髓与本书语境极为相关,我们应予以珍视。一是,格迪斯在1915年明确地将城市和景观定义为耦合的**社会生态系统(socio-ecological systems)**(Crowe,2013),指出不能孤立地解决城市、生态和经济问题,而要通过各部分的**相互关系(interrelationships)**来解决(Young,2017)。二是,他研究了城市化和郊区化过程的**新陈代谢**成分,用来描述能量的耗散和生命的退化。我们将看到,**新陈代谢**(能量和物质的流动)的概念在我们的论证中起着核心作用。三是,他采用了一种进步的世界观。**“正如把现在理解为过去的发展,难道我们不同样也可以把未来理解为现在的发展吗?”**(Geddes,1904)用更正式的术语来

---

① 指“大爆炸宇宙论”(The Big Bang Theory),其认为宇宙是由一个致密炽热的奇点于137亿年前一次大爆炸后膨胀形成的。——译者注

说，这体现了他对复杂系统路径依赖性的理解，即一个系统的当前和未来的发展取决于过去的状态（Eisenman and Murray，2017）。这是系统理论的一个核心概念，对理解和管理生态系统、城市与景观有深远的影响。四是，他提出了一种为空间规划提供信息的分析方法，称为**“区域和历史调查”（Regional and Historical Survey）**，该方法基于一种结构化的工作，以收集关于地区的自然资源、居民与环境互动的方式以及物理和文化景观的形成方式的信息。他建议通过当地社区的参与和对当地知识的整理，以参与性的方式开展这种调查。这种调查理论基础源自“场所、工作和人”（place，work and folk）的概念，由格迪斯从法国先驱社会学家弗雷德里克·勒普莱（Frédéric le Play，1806～1882）的 *lieu*，*travail and famille*（Woudstra，2018）翻译而来，他也将其称为“环境、功能和有机体”[1]。在格迪斯的思想中，这三个要素解释了人与环境关系的相互依存和相互作用。

格迪斯在生态学基础上对经济理性（economic rationality）进行了尖锐的批判[著名的生态经济学家马丁内斯-阿列尔（Martínez-Alier，1987）也认同这一点]，我们在接下来的两章中也会对经济理性进行广泛批评，指出两种理性之间的内在矛盾性。他批判了金融资本及其在加速自然资源耗竭方面的作用以及战争对当代工业社会的支撑作用，并将该社会描述为**旧技术时代（Paleotechnic era）**[2]，认为其在城市空间生产方面的主要物质产出是贫民窟和超级贫民窟。他对该时代进行了详细的分析和生动的描述，并提出需要向一个更高效的新技术时代（Neotechnic era）过渡，更细致更节约地驾驭自然界的能量。在这之后，人类将迈入一个地生态技术时代（Geotechnic era）[3]，在这个时代，新技术科学将与“生命科学”（生物、林业）融合，以培育一种基于可再生能源使用、紧凑发展和现

[1] 这源于他的生物学背景。生物学研究的实质就是了解这基本三要素持续不断的相互作用，这可以说是格迪斯把生物学方法用于研究社会的第一步。——译者注

[2] 格迪斯在《进化中的城市》中提出，“如同‘石器时代’现在被划分为‘旧石器时代’（Palaeolithic）和‘新石器时代’（Neolithic）两个阶段一样，‘工业时代’也需要划分为两个阶段，……简单地将‘石器’（-lithic）替换为‘技术’（-technic），我们可以将工业时代中前面的一个粗野的阶段称为旧技术时代（Paleotechnic era），把刚刚开始的一个阶段分解出来，称作新技术时代（Neotechnic era）”。——译者注

[3] 格迪斯提出，“在 Geotechnic era，技术将与地球和环境的需求协调一致”。[参阅：Goujon P（2001）From biotechnology to genomes：the meaning of the double helix. World Scientific Publishing.]因此，此处翻译为“地生态技术时代”。（参阅：刘易斯·芒福德著，陈允明等译：《技术与文明》，中国建筑工业出版社，2006 年。）——译者注

在所说的参与式治理的发展模式。

在过去的十年里，格迪斯的工作在规划领域重新受到关注，这一点在规划期刊和书籍的几篇论文中得到了证实（Batty and Marshall，2009；Khan，2011；Hysler-Rubin，2013；Woudstra，2018）。《景观与城市规划》（*Landscape and Urban Planning*）特刊“规划生活城市：帕特里克·格迪斯在新千年的遗产”（Young and Clavel，2017）的刊发将这次复兴推向高潮。这篇文章赞扬了格迪斯的工作对当代规划问题的重要意义。在文中，扬（Young，2017）强调了格迪斯思想的新颖性，包括民主区域主义思想——建立以技能为基础、灵活生产、更亲密和被赋予更多权力的工作场所关系的地区组织——以及将区域和公民调查[①]作为更生态及更民主的社会规划的基础。事实上，格迪斯的方法比目前关于社会生态系统的讨论早了几十年。他建议：**“对一个地方的所有方面和特征进行全面研究，始终利用科学方法，使结果相互关联，并尽可能以图形形式呈现……一项充分的调查……应包括乡村和城市这两个要素及其相互关系。”**他提议专业人士和公民共同进行该项调查，这远早于现在关于知识共同生产、**公民科学**和公民赋权的激烈辩论。此外，扬（Young，2017）将格迪斯关于“技术”（technics）的思想系统化，将其定义为一种文化。该文化包含了科技、材料和能源生产及其使用的社会和生态影响，并形成于任何特定的生产和消费历史阶段。然后，他将格迪斯的旧技术（Paleotechnics）、新技术（Neotechnics）、地生态技术（Geotechnics）、生命技术（Biotechnics）与过去和现在的发展模式及环境论述精妙地联系起来。其中，旧技术时代与工业革命破坏性的区域发展有关，该发展以煤炭、蒸汽、贫民窟和能量耗散为基础。新技术时代与技术和效率提高有关（电力、废物回收、公共交通、有价值景观的保护）。地生态技术时代需要将新技术时代关于技术改进与“有机科学”（生物、林业、农业）结合，并可与当代关于可再生能源、绿色基础设施或紧凑型城市发展的讨论联系起来。最终，这将引导我们进入一个**生命技术时代（Biotechnics age）**，在这个时代，生命的价值应优先于金钱或任何其他纯粹的物质价值。

克罗和福利（Crowe and Foley，2017）介绍了格迪斯的作品及思想的关键方

---

① 即前文所说的“区域和历史调查”。——译者注

面，包括在制订计划之前了解地区主要变化驱动因素的重要性、公民的参与、地方—区域—全球的关系，这些都可以启迪“城市韧性”的概念，而这一术语似乎正成为城市研究中一个新流行语。沃德斯特拉（Woudstra，2018）强调了格迪斯的方法在景观设计学科形成中的作用及其对该学科具有杰出代表性工作的影响，其中便包括约翰·蒂尔曼·莱尔（John Tillman Lyle，1934～1998），他是《环境再生设计：为了可持续发展》（*Regenerative Design for Sustainable Development*）等重要书籍的作者（Lyle，1996）。简言之，对规划的生态重建感兴趣的学者和从业者至少应阅读《进化中的城市》（*Cities in Evolution*）。[①] 格迪斯的写作风格、离题倾向以及有人说他缺乏重点的问题可能会让你无法忍受，但作为回报，他极具洞察力的见解将使你茅塞顿开。

格迪斯最杰出的弟子是美国城市规划师、历史学家、社会学家和哲学家刘易斯·芒福德（1895～1990）。规划师们当然已经知道他的巨著《城市发展史》（*The City in History*）（Mumford，1961）——它本身就是规划师的必读之作——而他的整个工作是对生态学思想的根本性贡献，以至于当英国记者安妮·奇泽姆（Anne Chisholm）在写一本关于对当时新生的环境主义运动最有影响力的思想家的书时，将芒福德置于首列[Chisholm，1972；转引自古哈（Guha，1991）]。芒福德虽然被主流生态学术界广泛忽视，但实际上对生态学思想发展的贡献巨大（Guha，1991）。事实上，他对人类社会演变（包括城市的兴起和发展）的历史叙述深深根植于这种对社会的**生态学**理解上，即关于社会对自然资源的依赖、使用或滥用的分析。正如古哈（Guha，1991，第 74 页）所指出的，芒福德的一些著作——《技术与文明》（*Technology and Civilization*）（Mumford，1934）和《城市文化》（*The Culture of Cities*）（Mumford，1938）——“从根本上说，应被解读为是现代西方文明崛起的**生态**史”（着重部分为原著强调）。

在《技术与文明》中，芒福德（Mumford，1934）指出了工业社会发展的三个主要阶段，即始生代技术（Eotechnic）[②]时代、旧技术时代和新技术时代，其中，后两个阶段他借鉴自格迪斯。始生代技术时代指的是现代世界的大部分技术和社

---

① 参阅：帕特里克·格迪斯著，李浩等译：《进化中的城市》，中国建筑工业出版社，2012 年。——译者注

② 参阅：芒福德著，宋俊岭、倪文彦译：《城市发展史》，中国建筑工业出版社，2004 年。——译者注

会创新已经被使用或预见的时代（大约从公元1000年到1800年）（Guha，1991）。每个时代都是根据社会中的时代烙印来考察的，包括其改变景观、变换城市物理布局、使用特定资源、评估特定商品和活动路径以及通用技术传承更迭的方式。他与导师格迪斯一样，也采用一种基本的新陈代谢方法，根据支撑人类发展的能量和物质的普遍流动来描述每个时期的特征：始生代技术时代是“水能—木材”体系，旧技术时代是“煤炭—钢铁”体系，而新技术时代是“电力—合金”体系（Mumford，1934）。因此，始生代技术时代对生态系统功能的影响非常有限，因为资源基础主要由可再生资源构成，但接下来的旧技术时代完全改变了这一局面：人类越来越依赖有限的、不可再生的资源（化石燃料和矿石）**存量（stock）**，而不是自然过程提供的源源不断的可再生资源**流（flow）**。

也许更重要的是，芒福德明确指出并阐述了社会（作为一个整体）利用自然资源的方式与社会中人们**内部（within）**关系的组织方式之间的联系。在这个意义上，他认为旧技术时代最重要的发明不是磨坊或蒸汽机，而是时钟，因为它可以测量和量化时间，从而将时间作为人类工作的**度量标准（metric）**。时间成为一种**抽象概念（abstraction）**，不是一种创造性的活动，而是一种可以买卖的商品，“测量时不考虑其文化、生物物理和合作维度……而是将其所有内涵抽象化、平均化以及忽视掉，只考虑一个因素：作为生产普通商品的平均劳动时间的价值”（Moore，2016）。这一点在一篇刊登在《自然》（*Nature*）杂志上的涉及历史上人和技术关系的论文（Mumford，1965）中得以明确阐述。在这里，芒福德不再强调工具制造在史前时代**智人**征服自然过程中的作用，而是强调象征性和非物质成分——语言艺术、符号和仪式的重要性。他认为，真正的革命并非随着犁或其他类似工具的发明发生的，而是随着第一台复杂的、高功率的“巨机器”的诞生而发生的。这种机器的碎片从未在任何考古挖掘中发现过，因为它几乎完全是由人类组成的：人类劳动的等级组织、细之又细的分工、强制下的重复工作、与所有其他社会或生物活动的隔离，从早到晚的轮回。这使得建造金字塔或埃及、美索不达米亚的豪华宫殿以及后来的太空火箭和核武器成为可能。但是，他继续说，巨机器所达到的效率并不意味着它的最终目的是合理的或可取的：就像埃及的“巨机器”最终不是为了生产食物或使所有人摆脱匮乏，而是为了建造坟墓一样，目前的“巨机器”忽略了这样一个事实，**“生物体、社会和人不过是调节能量并**

11

使之为生命服务的精密装置”（Mumford，1965，第 928 页）。现代的“巨机器”不为人服务，反而征服了人类。他的结论是，我们必须拆除它，将权力和权威重新分配给人类控制的小单元，而进一步的技术发展应以在人类成长的每个阶段重新实现**自治（autonomy）**为目标，这也是生物体的理想目标。

在《城市发展史》中，芒福德（Mumford，1961）为我们提供了关于城市在人类历史中演变的杰出历史记述：虽然这部不朽著作有历史主义[①]倾向，但上述的生态框架是清晰可辨的。特别是在该书第三卷中，作者描述了“焦炭城”（Coke-town）——具有贫民窟和可怕卫生条件的工业革命之城——的崛起，“郊区”（Suburbia）——资本主义社会的最新城市形式——的扩张，以及“大都市”（Megalopolis）的未来。芒福德对工业城市的描述具有权威性，他认为工业城市不如中世纪的城市健康。但与我们目的更相关的是对郊区的兴起和演变的描述。郊区在最初的设想中是用来逃避城市地区不健康状况的更健康、更绿色、更宽敞的街区，但很快就变成了同质化的地方，遍布着千篇一律的房子，居住着大同小异的人群，同时失去了密集城市地区和乡村两者的优点。与格迪斯相比，芒福德更明确地指出了城市形态演变与资本积累动态之间的联系。正如下文所述，他通过广泛地（尽管并不总是明确地）运用马克思主义的分析方法来做到这一点。格林（Green，2006）详细分析了芒福德对马克思主义概念的**“挪用”（appropriation）**，他首先承认“**马克思主义对他作品的强烈影响尚未被注意到，尽管这构成了他对技术和城市分析的重要部分**”。第一处明显“挪用”在于承认物质条件和环境（一般意义上是指工作环境、城市、居住邻里）影响了人们的意识。不管是当芒福德描述贫民窟的状况及其对工人的不良影响时，还是当他研究郊区的物质结构如何产生“郊区心态”（suburban mentality）[②]时，马克思的唯物主义方法都体现得淋漓尽致。**“开始时，人们走向郊区是逃离（城市的不健康状况）的**

12

① 历史主义是 20 世纪 50 年代末产生的一种科学哲学思潮，60 年代后逐渐开始流行。历史主义的产生被认为是科学哲学发展中的一场“革命”，在许多问题上，它都与逻辑经验主义背道而驰。历史主义以“描述科学实际如何，科学家如何做”为目的，结果使得其科学哲学失去规范意义。——译者注

② 芒福德这样总结“郊区心态”：“做独一无二的自己，建造自己独特的房子和景观，以自我为中心地生活在阿恩海姆乐园，私人的幻想和任性可以公开表达，简言之，如同和尚一样隐居，像王子一样生活，这是最初郊区创造者的目的。”[参阅：Smith CT (2011) D. J. Waldie's Holy Land: redeeming the spiritual geography of suburbia. Renascence: essays on values in literature, USA, Jun 22.]——译者注

一种路径，但最终适得其反。原先想获取自治和首创精神的动力，现在荡然无存，只剩下对私家车的依赖；但这本身就是生存在郊区的一个强制性和不可避免的状况。"[①]（Mumford，1961，第493页）

郊区建筑空间的同质性反映了其阶级构成的同质性。它成为某种意义上的中产阶级聚居区，与城市的多样性和异质性，矛盾、冲突与合作，博物馆、歌剧院、大学、艺术馆等的魅力形成了鲜明反差。为了这一切，郊区要依赖城市并依赖私家车辗转往返。因此，郊区远离城市中心的脏乱与喧嚣的同时，也远离了城市中心所有的创造力量：**"郊区真正的生物学上的一些好处，被心理的和社会的缺陷所破坏，最重要的是，到郊区不可能真正隐避"**[②]（Mumford，1961，第494页）。实际上，社会矛盾与郊区隔离开来，这只是幻觉。人们对繁荣抱有幻想，却对其背后的阴影熟视无睹：后果是，郊区不仅营造了以孩子为中心的环境，而且是基于**"一种孩子气的世界观，在这里，快乐高于一切，至于现实，是可以牺牲的"**（Mumford，1961，第494页）。而郊区生活方式兴起的后果是循规蹈矩、社会交往的退化以及将家庭——甚至个人——视为主要的社会参照群体。调节郊区扩张的唯一规则是城市物质——房屋、高速公路、购物中心、停车场的**积累（accumulation）**，而毫无设计或规划可言。这导致了最大限度的空间浪费、对单一交通方式（私家车）的依赖以及城市形态的分隔。城市功能在空间上的分割造成了区域的极端专业化：成千上万的仅供居住的建筑中没有商店或服务，而巨大的购物中心和大型工业集聚区却过度集中了零售功能。最大限度利用汽车的需求导致了非常低的密度，这反过来又妨碍了城市功能区的建立。

芒福德对马克思主义关键分析范畴的另一处明显借用是异化（alienation）的概念。芒福德（Mumford，1970）认为，机械意识形态需要工人遵守资本主义的机械纪律，从而**"生产出没有人类价值的商品"**（Mumford，1970，第173页），这

① 参阅：芒福德著，宋俊岭、倪文彦译：《城市发展史》，中国建筑工业出版社，2004年。——译者注
② 同①。——译者注

与生产过程和产出——即产品——的分离相呼应，而这正是马克思异化[①]概念的核心所在。在体现马克思主义政治经济方法的一篇主要文章中，芒福德认为不仅城市开发商在促进连接新郊区的铁路扩张方面发挥了作用，反之亦然：新郊区的建设是为了促成电网或运输工具——即工业资本——的扩张或证明该扩张的合理性。这颠覆了“资本扩张响应需求增长”的经典解释，并强调了一个在本书中描述和解释城市与景观转变的关键概念：诱导需求为资本扩张提供出路。

13

在描述大都市崛起的另一篇发人深省的文章中，芒福德触及了一个关键点，我们将在第四章深入探讨，即城市空间的演变（我们将看到，乡村也同样）是资本固定（capital fixation）的一种方式（Mumford，1961，第538页）：

> ……大都市房地产的抵押业务成为储蓄银行和保险公司的主要支柱，而房地产的价值由大都市的持续繁荣和增长来“担保”。为了保护他们的投资，这些机构必须打击任何减少拥挤的企图，因为这将降低靠拥堵产生的价值。请注意，1933年后罗斯福政府制订的清除贫民窟和重建郊区计划是如何被如下事实所破坏：政府在制订上述计划的同时设立了另一个机构，该机构的主要目的是保持现有抵押和利率的结构不变。[②]

芒福德将现代大都市的发展总结为一个普遍过程的结果。在这个过程中，机械过程通过强制手段取代了有机过程，取代了有活力的形态，只鼓励那些可以有利地依附于生产机制的人类需求和欲望：无论是盈利和权力，如早期的风险资本主义，还是安全和奢华，如福利资本主义。《城市发展史》尽管出版已近60年，但仍是一本令人印象深刻的现代著作。最重要的是，它指出了空间规划中生态重建的一个关键原则：我们将更仔细地研究城市（和乡村）经济的驱动力，并在一个更普适的框架内解释它们。**“现在让我们用更通俗的语言来谈谈大都市的情**

---

① 按照马克思的意思，异化是指一个人、一个团体、一个机构、一个社会通过一种活动（或处于一种状态中）变成（或保持）异在于a.自己活动的结果或产物（以及活动本身），及（或）异在于b.其生活的自然，及（或）异在于c.其他人，另外，通过a～c的任何一项或全部，也异在于d.其自己（异在于其自身创造历史的人的可能性）。（参阅：汤姆·博托莫尔著，陈叔平等译：《马克思主义思想辞典》，河南人民出版社，1994年。）——译者注

② 部分参阅：芒福德著，宋俊岭、倪文彦译：《城市发展史》，中国建筑工业出版社，2004年，第549页。——译者注

况:一些人所说的城市爆炸实际上只是一种相当普遍的状况——取消量的限制。这标志着从有机系统向机械系统的转变,从有目的的增长到无目的的盲目扩张。"(Mumford,1961,第540页)这能帮助我们识别,在特定的、更明显的国土转型进程下暗藏的普遍过程以及这些过程的生态影响。

1968年,芒福德收到了一位苏格兰景观设计师和空间规划师的手稿草稿,该设计师曾接受格迪斯的编辑杰奎琳·蒂里特的培训。手稿的标题是《设计结合自然》(*Design with Nature*),作者是伊恩·麦克哈格。麦克哈格把手稿寄给芒福德,请他写序言,芒福德热情地答应了。芒福德对麦克哈格赞不绝口,称他不仅是个训练有素的城市规划师,更是富有灵感的"生态学家",不仅意识到了人类在改变地球面貌方面的破坏性作用,而且还意识到不加辨别地应用技术知识也会造成环境的破坏。他继续说,《设计结合自然》不仅详细地概括了这一点,还通过具体的例子描述了如何将技术和科学知识用于空间规划之中,以生态的方式调和人与自然的关系。**"这本书的独特贡献正是将科学洞察力与建设性的环境设计相结合**"(Mumford,1961),芒福德精辟地指出了麦克哈格作品的重要意义以及称其为生态理性空间规划师的里程碑的原因。　14

麦克哈格在书中没有明确提到格迪斯,尽管他同胞的影响显而易见,特别是在其采用的区域方法中(Woudstra,2018)。芒福德的影响反而更加明显,麦克哈格也明确地谴责人类的贪婪和资本积累是环境枯竭的主要驱动力,而经济理性则是一种过于狭隘甚至盲目的认知形式,无法解释生态关系的丰富性和复杂性,正如这篇文章所述(McHarg,1969):

> 经济学家,除了少数例外,都是商人的奴才,他们和商人一起,厚颜无耻地要求我们的价值体系适应他们的价值体系。无论关爱与怜悯、健康与美丽、尊严与自由、美德与快乐都无足轻重,除非它们能被定价……经济模式残酷无情地朝着对生命越来越多的掠夺、丑化与抑制的方向发展。①

因此,麦克哈格深谙生态危机的根本原因,书中也有一些深刻的哲学和道德方面的论述,但我认为《设计结合自然》的主要优点在于以清晰而严谨的方式解

① 参阅:麦克哈格著,芮经纬译:《设计结合自然》,天津大学出版社,2006年,第32页。——译者注

释了湿地、沿海沙丘、河岸地区等关键生态系统的主要功能原理，从而不仅在保护方面，也在建设性设计方面提出了环境友好规划的规则和方向。他既不强调人的一面（**设计**），也不强调环境的一面（**自然**），而是强调一个连接词“**结合**”，这使他的方法成为真正的生态方法。重要的是，他展示了空间规划师应如何在深入了解关键生态过程（如水文循环、海岸侵蚀和沉积物积累、植物生长和栖息地形成）的基础上，来周密绘制这种建设性设计。他对线性基础设施的分析方法从单纯的经济成本效益分析转向了社会价值和经济价值的全面分析，展示了如何将基础设施公共投资作为一项政策，因地制宜创造新的生产性土地用途——前提是要有一个全面整体的规划方法指导它们的设计。

他的地图叠加方法通过综合表现地区的环境限制（坡度、地表和土壤排水、基岩地基、侵蚀敏感性），来为规划提供信息，这比当前的地理信息系统（Geographic Information Systems，GIS）分析早了 20 多年，对规划实践做出了关键贡献。该方法同样适用于绘制生态和社会价值的复合地图，包括土地利用、风景、娱乐潜力等。《设计结合自然》在很大程度上也从系统理论中衍生出了生态规划的处方，强调自然的内在变异性，其各部分的相互依存性（“自然是一个相互作用的单一系统……任何部分的变化都会影响整体的运行”），重视**社会代谢**，认为人类可以通过操纵空间来改变物质和能量的流动。他即使没有使用现在如此普遍使用的“生态系统服务”（Ecosystem Services，ES）这一特定术语，也已清楚地将其概念化：“有理由认为，自然界在没有人类投资的情况下为人类工作，这种工作（确实）代表了一种价值”（McHarg，1969）。将此陈述与当前对 ES 的定义（即人类从生态系统的正常运作中受益）进行比较，可以认为麦克哈格的书比科斯坦萨等（Costanza et al.，1997）的著名论文出版早了近 30 年。他正是使用了我们今天所说的 ES 方法来描述规划区域的特征，确定更适合开发的区域，对不同土地用途之间进行潜力权衡：**“一项完整的研究将包括识别自然演进过程对人所起的作用，分清哪些为人类提供保护，哪些对人类不利，哪些是独特的……属于第一类的有促进自然净化水，驱散大气污染，改善气候，储存水体，控制洪水、干旱和侵蚀，促进表土积累，森林和野生动物数量增加等作用”**（McHarg，1969，第 57

页[①])。综上,《设计结合自然》应是任何规划课程的必修课。如果您是一名不熟悉生态过程的规划师,却被要求在有限时间内就规划提案的环境后果提供建议,我的首要建议是,在阅读其他书籍之前先读这一本。

当然,还有一些作者为奠定生态规划的理论和实践基础做出了贡献。正如芒福德本人所认同的那样,克鲁泡特金(Kropotkin,1899)[②]预见了电网和更快交通工具的进步将促进小单元城市的分散发展,这将有可能对抗工业革命带来的不受控制的城市扩张进程。受克鲁泡特金影响,埃比尼泽·霍华德(Hebenezer Howard)的"田园城市"(Garden City)关于城市发展新路径的主张也做了相关贡献。他提出通过建立农田绿地环绕的小而自治的城市中心,并采用**"限制性"(limit)**的指导原则,来克服城市和乡村之间的分裂。如芒福德所说,该指导原则现在在可持续性讨论中非常普遍,如今我们更多地称之为承载力(carrying capacity)。1971年,芒福德收集了他的朋友和同事、规划师及建筑师亚瑟·格里克森(Artur Glikson)的主要著作,编辑了一本名为《规划的生态基础》(*The Ecological Basis of Planning*)的书(Glikson,1971),其中也包含了非常相关的材料,特别是在关于区域规划的内容中。**景观都市主义(Landscape Urbanism)**是将景观取代建筑作为城市设计基本组成部分的学科调整,莱维(Levy,2011)在讨论格迪斯和芒福德对该主义的重要意义时,将二者与美国规划师、林学家和环保主义者本顿·麦凯(Benton MacKaye)放在一起。麦凯从流动角度深入研究了城市区域与周边景观之间的关系。

然而,这一介绍性章节的目的并非要对文献进行全面回顾,而是要指出,我们的研究基础早已蕴藏在规划理论的生态思维传统之中。同时,我们感到遗憾的是,总体上,规划理论和实践对这一传统关注甚少。正如规划史学家海斯勒-鲁宾(Hysler-Rubin,2009,2013)所述,有关格迪斯在规划理论中的角色和重要性的评价多年来一直摇摆不定。同时代的规划学者对他的《进化中的城市》并不买账,认为他是一个"门外汉",在许多方面都和蔼可亲,但其实际成就大多是失败的(Hysler-Rubin,2009,2013)。英国著名建筑师和规划师帕特里克·阿伯克

16

① 原著此处为"第 XX 页",此处做了校正。——译者注

② 彼得·克鲁泡特金(1842～1921),俄国无政府主义者,地理学家。——译者注

龙比(Patrick Abercrombie)在一段被多次引用的引文中指责格迪斯在“复杂的噩梦——爱丁堡”[①]中折磨他人。格迪斯的工作在他1932年去世后的至少20年中，几乎被淹没在了主流规划学界，但在20世纪70年代重获赞誉：在这十年中，他在印度和巴勒斯坦的规划努力被重新评判为是其崇高规划理想的表现，然而这赞誉主要来自社会学界，而非规划学界。

上述的格迪斯思想最近的复兴，即他最近被“重新发现”这一事实表明，主流规划理论在很大程度上忽视了他的见解，更不用说实践了。正如霍尔(Hall，1998)所谴责的那样，他的一些最重要的见解“**被埋没了，而一半以上都被遗失了**”[Hall，1998；转引自克罗和福利(Crowe and Foley，2017)]。回顾美国15所顶级大学规划专业课程，只有5门课程包含了格迪斯的原创工作(Young，2017)，还基本就是一页纸的内容。芒福德和麦克哈格的作品也遇到了类似的情况：前文提到的古哈(Guha，1991)的论文标题为“刘易斯·芒福德，被遗忘的美国环保主义者：一篇复兴的文章”，这并非偶然。格林(Green，2006)在称赞芒福德哲学观点的广度和重要性的同时，也承认他目前仍然是一个相对边缘的人物。莱维(Levy，2011)抱怨说，格迪斯、芒福德和麦凯“**经常为景观都市主义者所忽视，也许是因为这些理论家的警告在后工业化城市领域显得过时了**”。

总之，我们有一座思想、见解和阐述的“金矿”，可以利用它在生态基础上重建规划。然而，如果止步于此，本书将只是这些主要作者的观点重述，是一篇庞大的“复兴论文”。站在这些巨人的肩膀上时，我们也必须承认他们的阐述可能存在局限性；但反过来，能看到这些局限性，正是因为我们从他们的肩膀上获得了更广阔的视野。我们要做的是将他们理论中需要批判性检查和完善的方面提出来。简言之，我们必须在他们指出的道路上继续走下去并尝试走得更远。最紧迫的任务是在当前的生态危机中理解他们的观点。我们今天面临的许多环境问题这些作者早已明确指出，但如今已经由量变转向了**质变**。格迪斯担忧“焦炭城”的不良影响，芒福德也对此感到担忧，但在芒福德和麦克哈格活跃的一生中，他们最关心的是全球核战争。不能说我们现在完全安全了(在撰写本书时，美国和俄罗斯刚刚退出了里根与戈尔巴乔夫在1986年签署的核条约)，但气候变化

① 爱丁堡旧城研究是格迪斯的代表性研究成果。——译者注

和生物多样性的丧失正在更紧迫地威胁人类的生存。同时，我们现在对许多现象和生态系统的运行有了更好的理解。快速计算机、统计模型、GIS 软件和许多其他工具使我们能够以 30～40 年前不可想象的方式模拟复杂（生态）系统的行为。卫星图像和监测系统现在每天向我们提供大量的环境信息，这些信息比 20 世纪 60 年代可处理的信息多出几个数量级。

17

除了技术发展之外，我们还对耦合社会生态系统的演变有了更广泛的认识：我们拥有了更多关于社会、经济、人口和生态趋势的数据、度量及统计信息。我们可以使用这些记录来论证并完善有关理论。所有这些知识都可用来提高我们理解和解释所面临复杂性的能力。那么，从这个有利的角度来看，理论的局限性是什么？需要进一步阐述什么？劳（Law，2005）很好地讨论了格迪斯理论框架的主要不足。如前所述，格迪斯的社会学建立在“场所、工作和人”三要素之上，而该概念又源自弗雷德里克·勒普莱的 *lieu*，*travaill*，*and famille*。勒普莱曾以家庭收入为主要变量，对欧洲工人阶级家庭进行了比较研究。格迪斯为这项工作所吸引和影响，但拒绝了勒普莱保守地将**家庭**作为主要社会群体的观点，而用人取而代之。“**……格迪斯试图将个人置于文化和社区中。但作为一个概念，它是一个远不如勒普莱的‘家庭’精确的分析单位。……模糊地将‘人’作为社区中的个体存在方法上的缺陷……虽然格迪斯强烈反对所有抽象和形而上学的系统，但他自己的进化社会学追求解释的封闭性，特别是他对‘场所、工作和人’三要素的过度依赖，以及以此为基盖筑的用于掌握地理、历史、人类学、科学和技术变化的摇摇欲坠的大厦。**”（Law，2005）

如前所述，格迪斯虽然对所处的社会非常挑剔，但始终拒绝将劳动分工和阶级斗争作为人类剥削自然资源的关键决定因素，也不接受马克思主义的框架和范畴。正如劳（Law，2006）所说：“**由于格迪斯拒绝了阶级观念，使他失去了解释城市——被理解为人类社会的同义词——形成的机会，因为城市的形成植根于不同阶级的利益纷争。格迪斯没有遵循与韦伯类似的研究路线，而是专注于个人与环境的互动，认为个人行动和更庞大的社会群体行动之间的协调将跨越甚至超越社会阶级。**”我们只能补充说，其有效性并不仅限于城市的塑造，对整个地区都是如此。格迪斯提出了一个某种程度上模糊的“公民”（Civics）的概念，即男性在地方尺度上改良社会的主要干预形式，但他对政治参与总是不屑一顾。

当我们审视他关于妇女在社会中的作用的看法时,这一点就很明显了:在《性的进化》(*Evolution of Sex*)中,格迪斯和汤普森(Geddes and Thompson,1889)认为,性别是由生理决定的,女性的养育角色对于塑造文明进化的整个环境至关重要,而他们拒绝承认女性的任何政治作用。总的来说,**"格迪斯……认为妇女'天生'更适合做非政治性的公民"**(Law,2005)。格迪斯和汤普森(Geddes and Thompson,1889,第 267 页)辩称,**"议会法案无法废除在史前原生动物中决定的东西。"**总之,格迪斯没有详细说明人对人的统治(及其最明显的表现,即一个性别对另一个性别的统治)与对自然的支配或剥削之间的联系。

18

同样,格迪斯认为,经济进化的自然史可以从消费开始追溯,而非从生产开始。**"格迪斯通过提出消费决定生产的观点,给后来被称为消费者主权[①]的概念带来了进化上的转折。在这里,他再次运用个体发生和系统发育分析来追溯经济起源。"**(Law,2005,第 9 页)我们今天所说的"消费者主权"与之一脉相承,都未考虑从生产方面影响消费的强大力量——这是本书的关键论点。

相反,正如上文提出的"巨机器"的论点,芒福德发现了阶级统治和自然资源剥削之间的内在联系。与他的导师相反,芒福德接受了马克思主义的理念,他认识到生产对消费的影响至少与消费对生产的影响一样重要,并讨论了这对建筑和乡村环境的影响。在《技术与文明》中,芒福德调和了他关于"有机意识形态"和当代资本主义社会的"机械意识形态"的观点,后者**"助长了工业主义的贪婪扩张,诱使人类走向自我毁灭的消费和操纵"**(O'Gorman and Hill,2013)。重要的是,对芒福德而言,这种机械意识形态是一种视角,同时也是一种**权力体系(power system)**(O'Gorman and Hill,2013)。就像金字塔的建造是由巨机器(即劳动的等级和强制组织)实现的一样,机械意识形态预设了一种预定社会关系的存在——在这种关系中,人要征服他人。这正是马克思于大约 70 年前在《资本论》(*The Capital*)中所肯定的:资本主义生产下的任何生产关系首先是一种社会关系。同样,芒福德关于"时钟是现代更重要的发明"的著名论断,是对马克思

① 消费者主权(consumer sovereignty)是诠释市场上消费者和生产者关系的一个概念,是消费者通过其消费行为以表现其本身意愿和偏好的经济体系。换言之,即消费者根据自己意愿和偏好到市场上选购所需商品与服务,这样消费者意愿和偏好等信息就通过市场传达给了生产者,生产者根据消费者的消费行为所反馈的信息来安排生产,提供消费者所需的商品和服务。——译者注

价值规律的主要支柱之一的重新表述，即具体劳动——一种具体的、特定的活动——与**抽象劳动**——作为在劳动力市场上出售的商品——之间的区别。

根据格林(Green,2006)的观点，马克思和芒福德关于思想与符号在空间生产中作用的理论之间存在冲突：芒福德承认物质条件强烈地影响着文化和符号的生产，但也认为城市——它的制度、物质形态——反映了孕育它的思想观念。理想城市在芒福德的概念中主要是象征意义上的，而格林(Green,2006)则认为，马克思不会将这些物质条件注入像芒福德那样的象征性的狂热。芒福德与马克思都认为社会的变革只有通过社会秩序的实质性改变才能实现，只有通过艰苦的斗争才能实现，但芒福德认为人内在意识的变化同样重要，因此他强调精神以及个体在社会斗争中的重要性，而马克思则没有。

格林(Green,2006)继续说，第二个背离是关于机器在后资本主义世界中的作用：按照芒福德的说法，马克思过于强调生产资料在社会中的作用。这位美国作家在前文引用的发表在《自然》上的文章中明确指出(Mumford,1965,第924页)，马克思"**……将生产工具置于人类发展的中心位置，并赋予它指导人类发展的功能，这是错误的**"。芒福德赞扬马克思将生产限制在必要的和有用的产品上的观点，但批评他的物质乌托邦"建立在机器的持续扩张之上"[Mumford,1970;转引自格林(Green,2006)]。 19

格林(Green,2006)的叙述准确且令人信服。我同意他的观点：芒福德对马克思(和荣格)见解的有针对性的吸收、修改和摒弃，促成了他对当前社会的批判，其重要性被远远低估了。与本书特别相关的是，芒福德"**部分地接受了马克思的物质精神动力学说，但将其扩展到建筑、技术和城市规划领域**"(Green,2006,第60页)。同时，他摒弃了单一因果关系，接受了精神和物质条件之间的辩证关系。

但芒福德对马克思主义范畴的使用有一个缺陷：他对马克思的引用总是相当含蓄，有时甚至是隐藏的。例如，马克思只在《城市发展史》的657页中被引用了一次，而且是**顺便**引用。芒福德在他的精彩散文中花了很多篇幅来论述"焦炭城"的话题，但纵使恩格斯的《英国工人阶级状况》(*Condition of the Working-Class in England in 1844*)(Engels,1887)对"焦炭城"住房状况的描述可谓精辟至极，该论著也仅被引用了一次。在已引用的《自然》的论文中，芒福德(Mumford，1965）以批评马克思为起点开始论述，但随后在论文的其余部分没有提及马克思，尽管他在描述社会分工和巨机器的建造时很大程度上借鉴了马克思的见解。总的来说，芒福德在背离马克思时往往更明确，而在运用马克思概念的时候往往比较隐晦。格林（Green，2006）说芒福德“挪用”马克思的术语，而非更中性的术语，并非偶然。一个可能的原因是，在芒福德那个时期的美国，仅仅**引用**马克思的话就可能导致一个人受到“共产主义”的指控，并断送职业生涯。虽然我同意格林的观点，即芒福德在某些方面将马克思主义和其他（如荣格）的概念纳入了一个强有力的、更先进的综合体之中，但我认为，芒福德大多数对马克思的批判实际上都是针对他在一生中目睹的对马克思主义的教条解释，而非针对马克思最初的阐述。例如，在物质条件决定人类意识的问题上，芒福德所拒绝的单一因果关系是对马克思主义历史唯物主义的过于简单化的解释，而实际上它应更准确地称为历史**辩证**唯物主义（historic **dialectic** materialism）。马克思和恩格斯确实认识到象征性维度的重要性以及物质与精神之间复杂的相互作用。请看恩格斯（Engels，1890）在马克思去世后几年写的这段话：

> 根据唯物史观，历史过程中的决定性因素归根到底是现实生活的生产和再生产。无论是马克思或我都没有肯定过比这更多的东西。如果有人在这里加以歪曲，说经济因素是唯一决定性因素，那他就是把这个命题变成毫无内容的、抽象的、荒诞无稽的空话。经济状况是基础，但是对历史斗争的进程产生影响并且在许多情况下主要是决定着这一斗争的形式的，还有上层建筑的各种要素：阶级斗争的政治形式及其成果——由胜利了的阶级在获胜以后确立的宪法等。……这里表现出这一切因素间的相互作用，而这种相互作用归根结底是经济运动作为必然的东西通过无穷无尽的偶然事件……向前发展。否则将该理论应用于任何历史时期，就会比解一个最简单的一次方程式更容易了。[①]

20

① 《恩格斯致约瑟夫·布洛赫》写于1890年9月21～22日，公认的恩格斯晚年的历史唯物主义通信之一。[参阅：中共中央马克思恩格斯列宁斯大林著作编译局译：《马克思恩格斯全集》（第37卷），人民出版社，2020年。]——译者注

在19世纪末和20世纪初，辩证唯物主义已经被庸俗化，芒福德的批评应是针对这种“简单的一次方程式”的解读。再次转向恩格斯(Engels，1890)：

> 青年们有时过分看中经济方面，这有一部分是马克思和我应当负责的。在反驳我们的论敌时，我们常常不得不强调被他们否认的主要原则，并且不是始终都有时间、地点和机会来给其他参与相互作用的因素以应有的重视。但是，只要问题一关系到描绘某个历史时期，即关系到实际的应用，情况就不同了，就不容许有任何错误了。可惜人们往往以为，只要掌握了主要原理——而且还并不总是掌握得正确，就算已经充分理解了新理论并且立刻就能应用它了。在这方面，我是可以指责许多最新的“马克思主义者”的，而他们也的确造成过惊人的混乱……①

说得一清二楚。关于所谓马克思过度强调生产资料的问题，芒福德批评的理由是，马克思的后资本主义社会思想**“依赖于机器的持续扩张”**(Mumford，1970，第210页)。格林(Green，2006)所言甚是，芒福德所做的整体潜在批判是，在马克思的乌托邦中隐藏着人类支配自然的思想，而机器是这种思想的最高体现。但同样，我们可以认为这是对马克思和恩格斯关于人与环境之间关系的更复杂阐述的过于简单的解释。这里的问题在于，马克思和恩格斯关于自然的思想——或者更确切地说是关于**生态(ecology)**、人与自然关系的思想——分散在各种著作中，很难将其系统化。但是，正如史密斯(Smith，1984)所指出的，一旦做出这种努力，结果将发现其思想是对本体论二元论(ontological dualism)的强烈挑战以及对人类征服自然的简单化观点的摒弃。马克思始终将人类置于自然之中并作为其组成部分之一：

> 自然界是人的无机的身体……人靠自然界生活，这就是说，自然界是人为了不致死亡而必须与之处于持续不断地交互作用过的、人的身体。所谓

① 《恩格斯致约瑟夫·布洛赫》写于1890年9月21～22日，公认的恩格斯晚年的历史唯物主义通信之一。[参阅：中共中央马克思恩格斯列宁斯大林著作编译局译：《马克思恩格斯全集》(第37卷)，人民出版社，2020年。]——译者注

人的肉体生活和精神生活同自然界相联系，不外是说自然界同自身相联系。[①] (Marx，1990)

这段话以及其他段落告诉我们，马克思的分析比简单地简化公式要复杂得多。本引言的目的并非要论述本体论问题，即社会领域和自然领域是否应被视为独立的领域，还是作为辩证关系的一部分(无论如何都会预先假定它们作为独立的范畴存在)，抑或认为存在一个单一的本体论层面。这里的重点是，对生态理性的任何讨论都应建立在对人与环境之间相互构成关系的深刻理解之上，我们可以利用芒福德[②]的框架和其他引用的“巨人”的见解来批判性地重新阐述。我们要做的是提高我们对人类与环境相互塑造方式的解释和说明能力，以及利用这些为空间规划中生态理性的理论更新提供信息。在下一章中，我们将进一步阐述生态理性及其与其他理性形式的区别。

21

参考文献

Agroecology Europe (2019) Our understanding of agroecology. http://agroecology-europe.org/our-approach/our-understanding-of-agroecology/

Altieri MA (2018) Agroecology: the science of sustainable agriculture. CRC Press

Batty M, Marshall S (2009) The evolution of cities: Geddes, Abercrombie and the new physicalism. Town Plan Rev 80(6):551–574. https://doi.org/10.3828/tpr.2009.12

Bedoya-Perales N, Pumi G, Mujica A, Talamini E, Domingos Padula A (2018) Quinoa expansion in Peru and its implications for land use management. Sustainability 10(2):532

Chisholm A (1972) Philosophers of the earth: conversations with ecologists. Sidgwick and Jackson, London

Conference of Ministers Responsible for Regional Planning (CEMAT) Resolution No 2 on the European regional/spatial planning charter (Torremolinos Charter). 6th European conference of ministers responsible for regional planning (CEMAT) (Torremolinos, Spain: 19–20 May 1983) on "Prospects of development and of spatial planning in maritime regions"

Costanza R, D'Arge R, De Groot R, Farber S, Grasso M, Hannon B, Van Den Belt M (1997) The value of the world's ecosystem services and natural capital. Nature 387(6630):253–260. https://doi.org/10.1038/387253a0

Crowe PR, Foley K (2017) Exploring urban resilience in practice: a century of vacant sites mapping in Dublin, Edinburgh and Philadelphia. J Urban Des 22 (2):208–228

Dramstad W, Olson JD, Forman RT (1996) Landscape ecology principles in landscape architecture and land-use planning. Island Press, Wasgington, DC

Eisenman TS, Murray T (2017) An integral lens on Patrick Geddes. Landsc Urban Plan 166:43–54. https://doi.org/10.1016/j.landurbplan.2017.05.011

---

① 参阅：马克思著，中共中央马克思恩格斯列宁斯大林著作编译局译：《1844年经济学哲学手稿》，人民出版社，2018年。——译者注

② 原文为 Mumfors，应该是 Mumford。——译者注

Engels F (1887) The condition of the working-class in England in 1844. Leipzig: 1845. Trans. London: 1887

Engels F (1890) Letter to J Bloch. Available at: https://www.marxists.org/archive/marx/works/1890/letters/90_09_21.htm

Foley JA, DeFries R, Asner GP, Barford C, Bonan G, Carpenter SR, Chapin FS, Coe MT, Daily GC, Gibbs HK, Helkowski JH, Holloway T, Howard EA, Kucharik CJ, Monfreda C, Patz JA, Prentice IC, Ramankutty N, Snyder PK (2005) Global consequences of land use. Science 309(5734):570–574

Fjord Levy S (2011) Grounding landscape urbanism. Scenario 01: Landscape Urbanism. https://scenariojournal.com/article/grounding-landscape-urbanism/

Geddes P, Thompson JA (1889) The evolution of sex. London: Walter Scott

Glikson A (1971) The ecological basis of planning. Springer, Dordrecht

Green A (2006) Matter and psyche: Lewis Mumford's appropriation of Marx and Jung in his appraisal of the condition of man in technological civilization. History Human Sci 19(3):33–64

Greenreport.it (2019) L'urbanistica come mezzo per una transizione ecologica e solidale in Italia. Interview to Silvia Viviani by Luca Aterini. http://www.greenreport.it/news/economia-ecologica/lurbanistica-come-mezzo-per-una-transizione-ecologica-e-solidale-in-italia/

Goist PD (1974) Patrick Geddes and the city. J Am Plan Assoc 40(1):31–37. https://doi.org/10.1080/01944367408977444

Guha R (1991) Lewis Mumford: the forgotten American environmentalist: an essay in rehabilitation. Capitalism Nat Social 2(3):67–91

22

Hall PG (1998, 2002). Cities of tomorrow, 3rd edn. Blackwell Publishing, Oxford

Hysler-Rubin N (2009) The changing appreciation of Patrick Geddes: a case study in planning history. Plan Perspect 24(3):349–366

Hysler-Rubin N (2013) The celebration, condemnation and reinterpretation of the Geddes plan, 1925: the dynamic planning history of Tel Aviv. Urban Hist 40(1):114–135. https://doi.org/10.1017/S0963926812000661

IPBES (2019) Summary for policymakers of the global assessment report on biodiversity and ecosystem services of the Intergovernmental Science-Policy Platform on Biodiversity and Ecosystem Services. https://www.ipbes.net/news/ipbes-global-assessment-summary-policymakers-pdf

Khan N (2011) Geddes in India: town planning, plant sentience, and cooperative evolution. Environ Plan D: Soc Space 29(5):840–856. https://doi.org/10.1068/d5610

Kropotkin P (1899) Fields, factories, and workshops: or industry combined with agriculture, and brainwork with manual work, 1st edn. Boston: 1899. Revised Ed. London: 1919

Law A (2005) The ghost of Patrick Geddes: civics as applied sociology. Sociol Res Online 10(2). https://doi.org/10.5153/sro.1092

Lyle JT (1996) Regenerative design for sustainable development. Wiley

Martínez-Alier J (1987) Ecological economics: energy, economics, society. Basil Blackwell, Oxford

Martínez-Alier J, Muradian R (2015) (eds) Handbook of ecological economics. Edward Elgar Publishing. https://doi.org/10.4337/9781783471416

Marx K (1990, original ed. 1867) Capital: Vol 1 Penguin, London

McHarg IL (1969) Design with nature. New York: American Museum of Natural History

Metternicht G (2018) Land use and spatial planning—enabling sustainable management of land resources. Springer briefs in earth sciences. Springer Nature, Switzerland, p 116

Mumford L (1934) Technics and civilization. Harcourt Brace, New York

Mumford L (1938) The culture of cities. Harcourt, Brace and company

Mumford L (1961) The city in history: its origins, its transformations, and its prospects (vol 67). Houghton Mifflin Harcourt

Mumford L (1965) Technics and the nature of man. Nature 208(5014):923–928

Mumford L (1970). The myth of the machine II — the pentagon of power, New York, NY, Harcourt Brace

Moore JW (2016) The rise of cheap nature. In: Moore JW (ed) Anthropocene or Capitalocene? PM Press, Oakland, pp 78–115

O'Gorman TE, Hill IE (2013) Burke, Mumford, and the Poetics of technology: Marxism's influence on Burke's critique of techno-logology. In: Burke in the Archives: Using the Past to Transform the Future of Burkean Studies. University of South Carolina Press

Reynolds S (2004) Patrick Geddes's French connections in academic and political life: networking from 1878 to the 1900s. In: Fowle F, Thomson B (eds) Patrick Geddes: the French connection. White Cockade Publishing and The Scottish Society for Art History, Oxford

Shoshkes E (2017) Jaqueline Tyrwhitt translates Patrick Geddes for post world war two planning. Landsc Urban Plan 166:15–24. https://doi.org/10.1016/j.landurbplan.2016.09.011

Smith N (1984) Uneven development: nature, capital and the production of space. The University of Georgia Press, Athens

Welter VM (2017) Commentary on "thinking organic, acting civic: the paradox of planning for cities in evolution" by Michael Batty and Stephen Marshall, and "Jaqueline Tyrwhitt translates Patrick Geddes for post world war two planning" by Ellen Shoshkes. Landsc Urban Plan 166:25–26. https://doi.org/10.1016/j.landurbplan.2017.06.020

Wezel A, Bellon S, Doré T, Francis C, Vallod D, David C (2009) Agroecology as a science, a movement and a practice: a review. Agron Sustain Dev 29(4):503–515

Woudstra J (2018) Designing the garden of Geddes: the master gardener and the profession of landscape architecture. Landsc Urban Plan 178:198–207. https://doi.org/10.1016/j.landurbplan.2018.05.023

23 Young RF (2017) "Free cities and regions"—Patrick Geddes's theory of planning. Landsc Urban Plan 166:27–36

Young RF, Clavel P (2017) Planning living cities: Patrick Geddes' legacy in the new millennium. Landsc Urban Plan 166:1–3. https://doi.org/10.1016/j.landurbplan.2017.07.007

第二章　生态理性的概念及其在空间规划中的应用

本章将从政治学的真知灼见出发，探讨不同形式的理性。我们研究了五种主要的理性形式——技术、经济、法律、社会和政治，并讨论它们与空间规划的联系，接着分析这些理性形式的主要局限性，然后根据系统理论描述了生态系统和景观的主要特征，并识别了其涌现性(emerging properties)——相互依存性(interdependence)、复杂性(complexity)、自组织性(self-organization)、开放性(openness)、适应性(adaptation)、内稳态(homeostasis)、恢复力(resilience)、多样性(diversity)和秩序创造(creation of order)。在此基础上，引入并讨论生态理性的概念：一种以生态学为坚实基础的关于行动、组织和最终目的或价值的思考形式。整体论是这种理性形式构建的认识论根基。

第一节　理性的概念

自霍布斯时代[①]以来，**理性**的概念就受到社会学家、政治学家、哲学家和其他学者的极大关注(Bartlett，1986)。在20世纪，马克斯·韦伯(Max Weber)为该定义做了大量的理论工作，提出了形式(formal)理性和实质(substantive)理性之间的重要区别，随后吉登斯(Giddens，1981)对其进行了分析和讨论。

① 指崇尚霍布斯自然法的时代。霍布斯的自然法思想建立在“性恶论”基础上，而自然法是建立在理性之上的普遍法则，用来禁止人们毁灭自身或放弃保存生命的手段。——译者注

诺贝尔奖得主、经济学家和政治学家赫伯特·西蒙(Herbert Simon)也在理性的概念上投入了大量的时间和精力。西蒙(Simon,1964)认为,理性主要是功能行为(functional behaviour)的一个属性。在行为主体拥有并能够处理信息的前提下,其行为如果有利于实现既定目标,那么就是理性的。行为主体对决策环境的感知继而可以视为其信息源和计算能力等因素的函数(Simon,1964)。这意味着行为主体的行为会随着时间的推移而演变,因为其信息源和处理信息的能力可能会发生变化。例如,在过去30年里,我们利用计算机和模型模拟了从化学到天文学等多个领域的复杂系统,实现了计算能力的指数级提升。因此,学习是一个关键过程,因为它可以通过积累经验和获得管理信息的新能力来改变功能行为。行为主体可以是个人、一小群人或复杂的组织。

26

西蒙概念的核心是对**实质理性(substantive rationality)**和**程序理性(procedural rationality)**[①]的区别。实质理性是指为实现既定目标而选择的行动方案的适当程度。一旦目标确定,行为的理性只取决于行为发生的环境特征。另外,鉴于上述人类认知能力的局限性,程序理性涉及用于选择行动的程序的有效性(effectiveness)。当行为是适当考虑的结果时,它就是程序理性的,也就是说,它的程序理性取决于引致它的过程(Simon,1964)。在经典的决策理论中,在理性经济人知识完备的假设前提下,效用的最大化取决于做出**什么**决策,而非如何做出决策。相反,随着决策环境复杂性的增加,确定性假设失效,决策的方式以及程序理性的应用类型成了突出问题。

这里有两个关键的限制因素:首先,搜寻额外的信息是一项代价高昂的活动;其次,行为主体能够处理和管理的信息总量是有限的。因此,正如西蒙所述,程序理性问题的本质可以有效地概括为:“我们如何利用有限的信息和有限的计算能力来处理我们几乎无法掌握全貌的巨大问题”(Simon,1978,第13页)。一个直接的后果是,我们必须使用大量信息来解决复杂问题,但在大多数情况下,该信息量仍低于做出“充分知情”(fully informed)决策所需的信息量。然而,更糟糕的情况是,即使我们能获得更多的信息,我们可能也不知道需要多少信息才能做出一个即使不是最优,至少是令人满意的决策。

---

① 即上文提到的形式理性。——译者注

现在我们可以回到引言中藜麦的例子：鉴于国际对藜麦的需求不断增加，秘鲁的土地利用规划师和政策制定者是否应在沿海地区推广藜麦种植，并取代传统上在该地区种植的水稻？一个谨慎的行为主体，即决策者或个体农民，可能希望在获得有关经济和环境问题的足够信息后再做定夺。其中的一个问题当然是对两种作物售价的预测。水资源短缺是该地区另一个主要的环境问题，而农业是水资源消耗的主要方式。因此，两种作物的灌溉需求也是一个相关信息。我们谨慎的行为主体首先会发现，2013～2014 年，支付给农民的价格和出口的藜麦价格分别上涨了 21%和 26%，均超过了水稻的价格。其次，水稻每公顷平均需要 15 000 立方米的水，而藜麦仅需 6 000 立方米/公顷[数据来源于贝多亚-佩拉莱斯等(Bedoya-Perales et al.，2018)]。在这一点上，我们谨慎的决策者可能会感到满意；根据已收集的相关信息，扩大藜麦种植显然是一个双赢的解决方案，因为它增加了农民收入和出口储备货币收入，同时减少了用水方面的环境压力。此外，可以认为价格和用水量数据在有限的努力下可快速获得。有关该问题其他方面的更详细信息可能更难获得，至少不会立即获得并且需要付出一定的代价，例如进行特别研究、调查和收集实地数据。 27

然而，如上所述，与藜麦的扩大种植相关的一些负面影响也已初见端倪，而且只有在一段时间后才变得明显。这些影响包括杀虫剂使用的增加、传统耕作体系的消失、食物种类的减少以及可能出现的安全问题。这里的问题是，这些影响是复杂的因果关系网络的结果，其识别需要整体的、系统思考的方法。然而知易行难，我们将在本书后面详细讨论这一点。这里的主要观点是，复杂问题的解决方式千差万别。我们可能只关注经济问题，也可能主要关注行为的社会后果，抑或旨在实现这两者之间的平衡。在复杂的决策背景下，不同的参与者，如现代政府和大公司，会通过不同的视角来看待同一个问题。用决策科学家的话来说，他们会运用不同形式的理性。我们将在下一节中介绍和讨论这些。

第二节 不同形式的理性和当前经济理性的主导地位

政治学家保罗·迪辛(Paul Diesing)在其代表作《社会中的理性——五种决策

类型及其社会条件》(*Reasons in Society—Five Types of Decisions and Their Social Conditions*,1962)中详尽地研究了不同形式的理性。根据迪辛的说法，理性是根据其在产生特定价值方面的"有效性"来定义的。思维体系和文化特征演变正如物种和基因的进化，塑造当代社会最有效的[生态学家会说最**适合**的(the highest **fit**)]演变往往需经年累月。迪辛将**"秩序原则"(principle of order)**定义为支撑所有理性概念的原则。有序或负熵(negative entropy)即理性，理性规范即秩序原则。[①] 迪辛确定了五种主要的有效性类型，从而体现了五种形式的理性：技术、经济、社会、法律和政治理性。所有这些形式都适用于当代组织和决策体系[②]，并且都与空间规划相关。我们将在下文中逐一研究。

鉴于经济理性是迄今为止当代社会中最主要的理性形式，我们将从它入手，并用一些篇幅来讨论。事实上，经典的微观和宏观经济理论都植根于经济理性的范式。其主要基本原则是，理性行为人(rational actors)或实体的目标是利润(profit)或效用(utility)的最大化。这可适用于任何层次或组织，从个人到公司、企业，甚至像国家这样更大的集合体。在后一种情况下，需要对不同的偏好进行某种形式的聚合(aggregation)，但基本原理大同小异。其他类型的行为将被认为是不理性的，基于此获得的所有理论和结果也劳而无功。

28

要实现利润或效用最大化，对其衡量是必不可少的。经济理性运作的一个基本前提是，一切都需要用单一的衡量标准，即用货币来表示。第二个前提是，在这个范式下，劳动力、资本和自然资源主要被概念化为生产要素(factors of production)。替代(substitution)的概念同样重要；生产要素在某种程度上可以被替代，更多的资本可以替代劳动力，反之亦然。对替代可能性的限制只存在于生产的技术过程中。当一种自然资源变得稀缺时，它将通过技术和价格体系的作用而被替代；当一种资源供应不足时，它的价格将上升到生产者对其使用不再有利可图的程度，从而引发技术进步，提供替代品。

因此，在经济理性下，如果某物没有价格，则必须运用技术来推导出价格。

---

① 《社会中的理性——五种决策类型及其社会条件》中相关内容表述为"对于功能理性，最简单的概括就是理性即秩序或负熵，理性规范即秩序原则。当构成所有社会的关系按照某种原则进行排序时，这个社会在某种意义上就是理性的"。——译者注

② 迪辛认为"我们一直在区分理性的两个阶段，即组织的理性和决策的理性"。——译者注

在某个时点，生产系统对环境的负面影响变得如此明显，以至于古典经济学被迫将其纳入框架中。“外部性”(externalities)概念的引入使其得以实现，即没有反映在服务/商品(service/good)的最终市场价格中且由生产者以外的他人承担的生产过程成本。这方面的典型例子是污染，例如将化学残留物排放到河流中或将污染气体排放到大气中，这是由制造商造成的，而制造商并没有在货币意义上为此付费。经济学家花费了大量精力来寻找“将外部性内部化”(internalise the externalities)的方法，即定义价格或产权，以便在经济计算时将外部性纳入其中[参见诺贝尔奖获得者、经济学家科斯(Coase)[①]的工作]。

为非市场化商品和服务定价的需求通常涉及环境产品[②]和服务，如生态系统提供的清洁空气和水、景观设施和游憩。经济学家已经开发出多种技术来为自然定价，从而将生态学纳入经济学之中。这里值得总结一下，因为除了实际用于与空间规划(如保护或创建绿地)高度相关的决策过程外，这些技术还提供了经济理性发挥作用的明显例子。已经熟悉这些方法的读者可以跳过下面的段落。这些方法通常被分为两大类：显示性偏好法[③](revealed preference methods)、陈述性偏好法[④](stated reference methods)。前者包括生产率法(productivity method)、特征价格法[⑤](hedonic valuation method)、旅行成本法(travel cost method)、避免损害成本法和替换/替代成本法(damage cost avoided replacement/substitute cost method)；后者涉及条件价值法(contingent valuation method)、条件选择法(contingent choice method)和效益转移法(benefit transfer method)。

生产率法基于这样一个事实：即使生态系统商品/服务没有在市场上直接交易，也可以识别一些市场上需要生产这种生态系统商品/服务的其他商品/服务。正如经济学家所说，如果一个生态系统的商品/服务是某种(市场上的)商品的生

---

① 原文为 J. Coase，疑似笔误，应指罗纳德·哈里·科斯(Ronald Harry Coase)。——译者注

② 《英汉汉英环境科学词典》(2007)将 environmental goods 翻译为“环境商品”，此处采取国内公认的固定说法，翻译为“环境产品”。——译者注

③ 显示性偏好理论由美国经济学家保罗·萨默尔森(Paul Samuelson)提出。该方法以个人的真实行为为基础，通过考察市场上人们的选择行为来推测其偏好，即利用公共品和市场化产品之间的互补性与替代性关系来推断出私人品市场交易过程中归属于公共品的价值。——译者注

④ 这一方法通过问卷调查表直接询问被试者关于公共品价值的问题，即被试者愿意为假想的非市场化产品和服务的得利或损失补偿多少货币。——译者注

⑤ 又译“享乐价格法”。——译者注

29 产要素，那么该商品/服务的质量或数量变化将影响总生产成本，而总生产成本将反映在最终的价格上。例如，土壤中的养分必须可供植物生长、成熟并将太阳能转化为可供人类消费的生物质——至少，生态学家会这样说。在古典经济学术语中，土壤是（经济理性的）农民种植的农作物的固定生产要素。生态学家会担心过度开发可能导致土壤特性退化，而古典经济学家则完全不会担心，因为追求利润最大化的农民可以很容易地在市场上购买到化肥，化肥可与健康土壤中养分起到同样的作用。化肥作为生产要素，是健康土壤提供的天然养分的理想替代品。化肥的价格是已知的，因此，一旦知道养分供应和作物产量的函数关系，就可以通过权衡花在所需化肥上的金额和作物产量增加带来的收入增加来估计该生产要素的价值。

特征价格法用于评估反映在房地产价格中的生态系统商品/服务和自然环境特征的货币价值。其假设是，住宅的价格不仅由其固有的特征（如大小和房龄）决定，而且在很大程度上取决于周围环境的特征——这是大多数空间规划师应该熟悉的考虑因素。因此，环境产品/服务（如绿地）的“价格”，可以通过查看房屋价格相对于其邻近程度的变化来确定。在“其他条件相同”的情况下（古典经济学中必须如此），房价随着绿地的临近而上涨，因此总剩余价格代表该区域的货币价值。

旅行成本法用来确定用于娱乐休闲目的的生态系统和自然区域的价值，方法是考察到达这些地区所产生的旅行成本。旅行成本可根据汽车每千米行驶的价格或公共交通的成本（如果有的话）来估算。关于来自不同地区的访问频率的信息可以用来得出“购买服务”的“价格”，即作为访问该地点的距离函数。这成了经济学家用来定义价格和场地总价值所需的需求函数，该总价值由需求函数下的总面积给出。为了提供更精确的估计，该方法也得到了改进：不仅可以计算场地的整体价值，而且可以计算其某些特定特征的价值。这些改进的方法包括个人旅行成本法和随机效用法，它们在分析中引入了更多的因素，例如个人条件（如收入）、选择和偏好，而基本原理保持不变。

避免损害成本法和替换/替代成本法通过考察使用现有技术提供相同服务所需的成本来估计提供特定服务的生态系统的价值。例如，如果湿地提供水净化服务，其价值将等于社会在建造和运营净化等量水的水处理设施时所产生的成本。

30

条件价值法需要通过调查、问卷调查和访谈直接询问人们，愿意为某种生态系统商品或服务支付多少费用，或者希望为其损失获得多少补偿。这种方法被广泛使用，因为它是可用于评估环境服务的非使用价值的唯一方法，即人们对其存在所赋予的价值，即使他们并不直接使用它（或认为他们不使用）。事实上，所有其他描述的方法都假设环境产品/服务被人们实际使用。然而，一系列观察导致经济学家甚至那些坚持经济理性范式的经济学家承认，人们偶尔（有时经常）**愿意**为他们不直接使用的东西付费。这些非使用价值通常分为以下三类：①**选择价值（option value）**，人们为了保持未来从环境产品/服务中受益或使用的可能性而赋予它的价值，即使他们目前没有使用或受益；②**遗产价值（bequest value）**，愿意为维持商品/服务而付费，以使其为子孙后代所用；③存在价值（existence value），是指仅仅因为**知道**某种物品/服务的存在而赋予它的价值或使其获益，即使愿意为其存在付费的人知道（或假设）他们永远不会使用或看到它。例如，人们可能希望确保大堡礁继续存在，尽管他们无意参观大堡礁或没有后人会参观大堡礁。

条件选择法与条件价值法相似，不同之处在于，人们不会直接被问及他们将为处于危机中的生态系统商品/服务支付多少钱，而是要在不同的方案或场景之间进行选择和权衡。这种方法通常用于对可能的土地利用方案进行排序，如有害土地利用（焚烧炉、垃圾填埋场）和自然区域保护方案，而非得出最终的货币价值。

最后，效益转移法是指在不同背景下（例如在其他地点）针对所讨论的商品/服务进行的类似生态系统商品/服务的研究或调查中获得的可用信息。

对这些方法的介绍有助于我们阐明经济理性的三个基本原则：①价值的可通约性（commensurability of values）；②复杂性的还原论（reductionism of complexity）；③对未来的折现（discounting the future）。第一个原则涉及这样一种考虑，即如果一切都有价格，那么一切都可以用金钱进行交易。例如，污染造成的损害可以通过实行污染者付费原则来补偿。一旦估算出栖息地所提供的生态系统商品和服务的总货币价值，开发商就可以补偿社区因新建住宅或工业发展而造成的栖息地损失。类似的办法也适用于人类健康情景。一旦确定了为人类生命估值的方法(例如通过计算一个人的预期剩余生命的预期收入或死亡时支付的保险费),将经济理性应用于这些情景便顺理成章。假设规划师被要求为城31市地区的新焚烧炉确定最佳位置。现有数据显示,焚烧炉离城市核心区越远,垃圾运送成本就越高。据估计,就人类健康而言,焚烧炉会使一定半径范围内的人口死亡率增加0.2%。因此,距离市区越远,受影响的人口比例就越低,死亡人数就越少,而运送成本随着距离的增加而增加。所以,在所有其他因素相同的情况下,最佳距离即是死亡人数减少所带来的边际减少值等于运送成本的边际增加值时的距离。

在某种程度上,第二个还原论原则是第一个原则的"技术"后果,但也是现代社会更深层次的本体论组成部分,我们将在本章中讨论这一点。目前,相关的考虑是,如果要尽可能精确地衡量和评价自然的贡献并做出经济上理性的选择,就必须降低生态系统的内在复杂性。例如,富含养分和有机质的健康土壤,不仅能单纯地促进市场上出售的植物生长,还提供了各种生态功能。即使从人类中心主义的角度来看,人类也能从土壤中的氮和碳循环运作中获得诸多好处——从自动净化到吸收温室气体。同样,绿地提供的好处不仅是多种娱乐机会,还可能是传粉者的栖息地、候鸟迁徙的垫脚石或碳汇等。问题是,随着事情变得更加复杂和相互关联,货币估值技术的应用变得更加困难。必须考虑的变量太多,而且每增加一个新的变量,不确定性就会增加。因此,必须让事情保持简单和独立。在小麦生产中,**必须**将土壤特性的复杂性降低为与小麦生长相关的单一生产要素,否则就无法将其纳入特定生产过程的经济核算中。经济学家最多会承认,这是对资产总价值的低估,而通过对所有服务求和才能获得更准确的估价。

第三个原则是对未来的折现。未来的损益不如现在的损益重要,这种观点在所有估值技术中很常见,在一般的古典经济学中也有采纳。折现率是经济行为主体赋予当前相对于未来的权重。折现率越高,与遥远未来相比,现在或近期产生的收益或成本的权重就越高。即使对于非专业人士来说,这也是一个众所周知的经济学原理,因此我们不做赘述。可以说,折现率的高低在某种程度上是一种政治选择,在经济评估中可能会有所不同。但在任何情况下,它都会大于0。经济理性的时限本质上就是受限的。

鉴于经济理性在当代社会中的突出地位，在给予经济理性应有的篇幅之后，我们现在开始讨论其他形式的理性。

技术理性与经济理性一样，关注的是有效地实现一个单一的目标，这需要一系列的技术步骤和任务。工业生产过程是按技术理性组织系统的突出例子。在这种情况下，目标是用一组投入（原材料、人力、能源）最有效地生产一种产品。通常，这会导致系统的每个部分专门从事一项任务，以提高效率和生产率。“这些操作旨在避免浪费，即最大限度地将材料和操作部件转化为产品。这是一种客观的秩序，人类和非人类材料（human and non-human materials）都适用。”（Diesing，1962，第 236 页）这种类型的理性超越了机器，包括“工厂、医院、学校、一个人的日常安排、生活区、规划的城市、娱乐和宗教活动”（Diesing，1962）。

32

法律理性认为，理性行为的主要决定因素是特定背景下的规则和规范，并由有权执行这些规则和惩罚违规行为的合法当局来保证。在这种范式下，理性行为可以防止或最大限度地减少法律纠纷和诉讼。重要的是，由于法律制度是由正式的规则构成的，法律理性的行为主体所关注的是对这些规则的正式遵守，而非由此产生的实质性结果。根据迪辛（Diesing，1962）的说法，法律理性是一种有关可得性（availability）的秩序。它决定了每个法人可以获得哪些资源，可以依靠哪些人去执行哪些行动以及每个人必须执行哪些行动。与经济理性的情况一样，法律理性发挥作用也需要一些先决条件。首先，法律制度必须是清晰、一致、详细和技术性的（Bartlett，1986）。其次，如上所述，这一制度背后必须有某种形式的权威（通常是国家）来保证其运作和执行。此外，还必须有一个最低限度的对侵权行为进行惩罚的推定。理想情况下，法律必须涵盖所有的问题和情形，尽管在现实社会中，我们可以看到这种情况很少发生，特别是当一种新技术出现时。在这种情况下，法律制度通常会落后于技术的进步，造成的法律空白可能需要数年才能填补。法律理性可能是一些决策者和行为主体（如法官、立法者和律师）的主要或唯一理性来源。在许多情况下，法律理性不会与经济理性相冲突，但在很多情况下也可能发生——毕竟所有大型经济实体都有一个律师团队和一个经济学家。在这种情况下，法律制度可以充当“无约束”的经济理性的约束体系。于是，理性行为的根本问题从“我如何使利润最大化”转变为“鉴于现有法律法规体系，我如何使利润最大化”？

在实践中，这并不一定意味着始终遵守法律。可以通过平衡预期的经济收益与违法行为造成的损失来进行取舍。如果大公司考虑到所有可能的好处，认为支付制裁是值得的，他们可能会决定不遵守反垄断法规。近年来，类似的情况在欧洲和美国屡见不鲜，毫无疑问，这是经过深思熟虑（即理性）选择的结果。

社会理性是“**人际关系和社会行动的理性，是社会关系和社会制度的整合，使社会行动的完成成为可能并具有意义。……（它）是一种相互依存的秩序**”（Bartlett，1986）。社会理性的人“**参与联合行动，分享经验并相互理解。不断分享行动和经验的人是相互依存的……他们不断地相互适应，不断地变化。一个相互依存的系统的各个部分相辅相成**”（Diesing，1962，第236～237页）。因此，社会理性行为最适合于存在相互依存社会关系的特定社会。这里的社会具有更广泛的含义——从家庭这样的小实体到整个国家。回到迪辛自己的话：

33

> 一个相互依存的系统的各个部分相辅相成。冲突和分离都会破坏互惠，因此是不存在的。此外，这样一个系统的参与者必须每个人都有相同的系统认知地图，否则地图的分歧会导致行动中的冲突或分离。由于认知地图的一致性，某一部分的每个动作都得到其他部分的理解和认同，接受、支持、执行，直到完成。（Diesing，1962，第237页）

在小型社会中，更有可能存在一个共同的心理框架，作为行为和选择的决定因素，社会理性也会更突出。在这些情况下，血缘关系和家庭成员关系很可能被认为比经济和法律更强大。而在大型社会中，例如国家，不会存在共同的心理框架，这意味着社会理性行为（例如政府的行为）倾向于试图将社会紧张局势最小化或将其保持在可接受的范围内，而不会导致社会不稳定——罢工、暴动、起义和真正的革命。同样，我们可以想到许多例子，从严格的经济角度来看，这些政府采取的措施看来不可理喻，但却是出于“社会”理性而实施。与经济理性相反，社会理性显然是基于多元价值的，这意味着没有一个单一的函数或指标可以使其最大化。与法律制度一样，理想的社会理性应是完整和一致的。在任何特定情况下，都应有一种社会可接受的行为和应对方式。在这种情况下，也应有对违反社会规则可能带来的弊端的推定。

最后，**政治理性**是决策体系的理性——一种讨论和决策的秩序。政治理性的制度是能够解决其面临的集体问题的制度。首先,这需要获取和处理信息,进而为要实施的行动提供建议;然后对这些建议进行分析、测试、修改和组合,以产生最终的选择,通常是以折中的形式。这个过程不是线性的,而是涉及循环和反馈的,在各个阶段都可能进行检查和纠正。因此,如果一项制度能够有效地**"收集和检查信息,……创造和审视建议,以及……将建议组合成决策"**(Diesing,1962,第237～238页),那么它就是理性的。在民主国家,政治舞台通常是被明确设定的,一些参与者在决策过程中拥有一定份额的权力,因此,寻求主要政治参与者之间的共识是政治理性制度的一个特征(Dryzek,1987)。但与此同时,如要维持稳定,对制度的反对程度必须控制在一定水平以下。迪辛(Diesing,1962)认为,对政治制度的共识越强,其解决问题的能力就越强。然而,正如德雷泽克(Dryzek,1987)所指出的,要达成广泛的共识,或者类似地,避免过高程度的不满情绪,往往意味着诉诸调解和妥协,而牺牲为复杂问题找到有效和最终解决方案的实质性能力。从掌握政治权力的机构(政党、政府)来看,政治上的理性行为可以使这个机构随着时间的推移而壮大或保持其权力。根据具体情况,这可通过谈判、讨价还价、严格控制、独裁以及"胡萝卜加大棒"的手段来实现。

34

我同意哈特温(Hartwing,2006)的观点,他说迪辛的概念模型构成了社会科学的整体框架,但未得到应有的重视。这个框架的解释力是引人注目的,特别是当它用于空间规划时,这一点我将在下面讨论。迪辛所确定的五种理性形式显然不是独立或相互排斥的。它们共存于决策之中,正如我们承认社会、法律和经济制度共存于社会之中一样。它们相互联系,相互交织,可能契合,也可能发生冲突。一个单一的行为主体,无论是个人还是复杂的组织,在不同的情况下可能会根据不同类型的理性行事,事实上也经常如此。如果一个微小的个人投资者试图在股票市场上赚钱,他将只对卖价和买价之间的差价最大化感兴趣,而很可能不会关心使股票市场得以存在的法律制度,也不会关心他们的选择可能带来的社会影响。他们可能会进行网上交易,而不关心使这种交易成为可能的技术体系。

一个与经济理性的小投资者在同一市场上运作的大公司,如果正在寻求收购竞争对手的公司,它可能不会仅考虑经济理性。法律因监管资本集中和大公司的大量股份收购行为而就位,这使法律理性具有重要意义。在某些情况下,这些收购将导致重组、劳动力流失、缩减规模和裁员，如果管理不当，可能会导致无法控制的社会紧张局势。若一个公司在运输和能源等被视为“国家战略资产”(national strategic assets)领域运营时，外国公司对其进行的收购可能因政治原因而受阻或得到支持。它的最终行动方案将是这些不同理性共同作用的结果。

所有形式的理性都对人类系统的组织和复杂决策系统行动方案制定有影响。当然，这也适用于科学学科和知识领域。虽然每种形式理性的相对重要性会因领域而异，但实际上每种情况都会出现不止一种形式。只有在极少数情况下，技术理性会成为一门学科的唯一组织原则，例如在纯硬科学(物理学、数学、理论化学)中。即使是严格意义上的技术学科，如工程学，也必须处理技术过程中的经济和法律问题，因此也必须符合经济和法律理性。法律理性自然是法学中的主要理性形式，其中通常还包括一些政治经济学和法律社会学。类似地，经济学科虽然植根于经济理性，但必须包括一些法律规范和政治学的基本知识。反过来，政治科学学院也把经济学纳入他们的课程，等等。然而，没有哪个学科像空间规划这样，所有形式的理性共存、同样重要和相互关联。我们将在下面的小节中详细说明这一点。

第三节　不同形式的理性和空间规划

空间规划是一份技术性文件，其制定无疑必须符合技术理性。例如，制图是空间规划的关键组成部分，而地图是根据精确的技术规则制作的。首先，分区是一项技术工作，为提供规划的背景信息而进行的所有初步分析也是如此：人口动态研究、建筑物状况和年限调查、自然特征绘图以及指数和参数的计算(例如不同类型的人均服务的可得性)。交通模型越来越成为空间规划的关键组成部分，需要进行地质调查以确定新开发区域的适宜性。城市设计受到各种技术因素的制约，例如建筑物之间的距离、街道的宽度等。这些都是技术过程，好的规划师会用最有效和最高效的方式，即运用技术理性的方法。

经济力量显然是土地需求和土地用途转换(land-use transformations)的主要驱动力之一。毕竟，土地是一种可交易的资产。虽然经济学家承认，与其他商品相比，土地具有一些具体的个异性，但它仍然有价格和市场。它可以被出售、购买、出租、没收和抵押。它趋于稀缺并可产生租金。如前所述，它可被视为经济活动的固定生产要素。预期收益、租金、租差和土地收入在规划抉择中的作用一直是众多研究的主题，在此不予赘述。开发商对零售活动、工厂和交通基础设施的选址主要由经济因素决定；尽管其他因素也交织在一起，但经济因素将始终存在。

即使在经济理性的范式下，空间规划也是一个过于复杂的对象，无法用单一的经济价值指标来衡量。即使是最激进的新古典主义的芝加哥学派[①]也会发现，很难从一个规划所建立的土地利用方案中实现单一功能的最大化。尽管如此，在相关土地上拥有经济利益的个体行为人，即土地所有者和开发商，确实可能出于其自身利润最大化的考虑行事，并试图相应地影响决策。我们指的不是黑幕交易、勾结、贿赂等，而是指利益相关者的合法（至少根据法律理性）需求，这些需求是受规划影响的社区诸多利益和意见的一部分。规划师和决策者可能会迎合、部分迎合或反对，但不能忽视这些利益。因此，即使一项规划不能仅在经济理性的范式下构思，它也将受到利益相关者的综合力量的影响，这些利益相关者各自按照经济理性的目标行事。 36

然而，经济理性也可能与规划过程本身有关。例如，它可能是有关公共服务的规划决策的主要决定因素。前文焚烧炉选址的例子显然有些极端，但它清楚地说明了规划选择是如何受经济理性所影响。再如，图书馆等公共服务的规模和布局可能会受到经济测算的影响，这些测算会考虑建筑和维护成本以及潜在用户数量。棕地再开发和新公园创建的规划决策，可通过采用上节所述的估值方法测算修复成本和新公园的货币价值而得出。这种类型的项目不胜枚举。

空间规划与法律理性相关[②]，因为它们涉及大量的法律问题。规划是由一系列的规范、指令、规定和指示组成的。土地利用规划确立了地块的建筑权和产权，这种规划很大一部分是由一套关于建筑规范、不同程度的土地用途转换、特定建筑保护、自然和景观元素限制及规范构成的。受影响群众的诉讼一触即发；

① 芝加哥经济学派的成员坚定地支持新古典经济学价值理论的经济分析，在其政策建议中频现以“自由市场”为基础的自由主义思想，同时一贯反对滥用数学形式主义。——译者注

② 原文为“与社会相关”，疑似笔误，应指“法律理性”。——译者注

土地所有者的既得权利也必须予以考虑，而且不易更改。规范以多种方式对若干规划方面进行规定，例如，它们可以与规划的技术方面有关，规定某些类型的土地用途（如墓地、河流）选址的最小距离、不同等级街道的最小宽度、公共区域的最低人均面积以及新开发项目的居民数量。

规划**审批(approval)**是法律规定的程序，这是规划中法律理性的另一个方面。例如，这包括要求收集公众意见并对其做出充分回应以及从公共机构（如环境机构、文化遗产机构）获得授权并接受其具有法律约束力的法令制约。法律理性的第三个重要方面是，规划过程被嵌入一个具有多个规划工具层次的治理体系之中，这意味着较低层级的规划必须符合较高层级或部门规划，其中包含必须遵循或实施的规定。环境法规在这方面也发挥着重要作用。在欧洲以及世界上越来越多的国家中，空间规划必须受到战略环境评估（Strategic Environmental Assessment，SEA）的约束——这是一个识别、评估和减轻可能因规划实施而产生的环境影响的过程——在许多情况下，这本身就是法律规定的明确程序。在欧盟，影响 Natura 2000 保护区[①]的空间规划需接受另一种形式的环境评估，即适宜性评估，根据现行法规，这种评估可能（也可能不）被纳入 SEA。这套规范、更高层次的规划、部门规划和程序性法规可能非常复杂，以至于法律理性，即采用旨在确保合规和最大程度降低不合规风险的行为策略，很可能成为负责规划审批的公共管理部门公务员的主要理性形式。在这种情况下，关注的焦点从规划的实质性结果转向对规范和程序的**正式遵守(formal** adherence)。

37

相反，社会理性的规划师和决策者将对规划过程的实质性结果感兴趣，即其对受影响人口的社会影响。同样，规划文献提供了大量的概念、理论框架和实证研究，说明规划抉择与社会结构如何相互影响。城市在很大程度上是阶级斗争和社会不平等的舞台。正如洛·皮科洛和托马斯(Lo Piccolo and Thomas，2012，第 5 页)所说，“空间的定义和使用与更广泛意义上的社会正义息息相关”。提供与获得公共服务、住房和庇护所的权利一直是世界各地社会运动的诉求。社会分层几乎总是有明确的空间划分；我们都有过这样的经历，在一个城市的不同街区之间，中心与边缘、高标准住宅区与贫民区、贫民窟或低收入郊外居住区之间

① 根据 1992 年的《栖息地指令》设立，见第六章。

存在差异。正如洛·皮科洛的那句名言,决定房子价格的主要变量有三个:位置、位置、位置。此外,公共产品和服务在空间上的分布并不均匀。无论是具体的公共资产(如绿地、社会服务、学校、医院等),还是那些被认为非常重要的公共产品的非物质资产(如美景、安全和保障),都是如此。**"哪一个街区最漂亮,值得参观?"**和**"这个地区是否足够安全,可以在晚上独自行走?"**是人们去一个新城市时常问的典型问题。

当然,这种考虑不限于城市环境,对任何地区都奏效。公共服务和基础设施的可得性可以决定很多事情,**尤其是可以**决定乡村地区的边缘化或活力的程度。规划选择可以为特定景观和自然区域赋予特定的保护地位,这些决定可以影响附近居民的福利。同样,某些类型的土地用途的确定,如垃圾填埋场、焚烧炉、产生污染的工厂和新交通基础设施,可以导致社会高度紧张和抗议运动。事实上,正是在这种情况下,孕育了一些最具战斗力、最持久的社会运动。它们有时被贴上"别在我的后院"(not in my back yard,NIMBY)综合征[①]的标签,但在许多情况下这只是一种肤浅的解释。人类活动对环境的负面影响在一个地区是如何产生和分布的,这确实是个空间因素,也与社会因素密切相关。在美国,环境正义运动众所周知;同时,在世界其他地方,类似的运动也越来越多地出现。这些团体揭露了这样一个事实,即不健康的环境影响负担被蓄意地由社会中最贫穷的人,有时是特定的族裔群体承担了。 38

因此,社会理性在空间规划中具有突出的作用,事实上,有时可能是影响规划抉择的主要理性形式。规划师、学者和从业者经常会发现自己置身于社会紧张关系及冲突环境中(Lo Piccolo and Thomas,2012),他们可能主要关注来自规划抉择的利益分配,如公共服务的选址和规模、休闲绿地、潜在不健康生产活动的开发场地选址以及社会住房提供。在这种情况下,没有一个单一指标能够衡量社会效用函数的最大化。这时将需要遵循一些规范,例如人均公共区域的最低供应量,但规划师不会仅仅满足于遵守最低标准(整个地区的平均水平)。因此,还需遵循其他指标,包括与公共服务和设施的平均距离、不同地区此类服务

---

① 指居民或当地单位因担心建设项目(如垃圾场、核电厂、殡仪馆等邻避设施)给身体健康、环境质量和资产价值等带来诸多负面影响,从而激发人们的嫌恶情结,采取强烈和坚决的、有时高度情绪化的集体反对甚至抗争行为。——译者注

的人均面积、主要公共基础设施（医院、学校）的配置和距离、人口密度以及公共交通的可得性和频率等。

最后，规划无疑是一个内在的政治过程。规划是公共机构和地方政府的责任。在许多情况下，这些机构和政府都是选举产生的，它们根据政治愿景和选举授权来运作，目标通常是在下一轮选举中连任。制定地方土地利用规划是地方政府最重要的任务之一，而且往往是一项敏感的任务。一系列具体的利益就摆在这里，政治一词来源于希腊语 *polis*，即城市，公民的共同体（*politēs*），这也就不足为奇了。因此，规划结果在一定程度上总是取决于政治理性。无论规划师是地方政府的内部公务员还是外部顾问，都没区别，因为他们还是会迎合雇佣他们的政治当局。在政治理性下，规划选择在技术上或经济上可能显然是不理性的，但由于各种不同的原因，却被认为对地方政府有利：响应社区的具体需求，在特定的利益相关者中寻求共识，维持（或破坏）权力平衡。空间规划，特别是地方土地利用规划，要将租金机会和成本分配给社区，并设立建筑权，这使其具有内在的政治性，特别是在经济资源匮乏的社区。规划师必须做出权衡，在大多数情况下，这将决定谁的境况更好，谁的境况更糟；毕竟，这就是政治的本质。

现在，与大多数决策过程一样，这些不同形式的理性相互关联，并在空间规划领域中争夺影响力。它们很可能相互冲突，例如，经济上理性的规划选择可能会导致社会紧张；公共区域服务即使没有通过经典的成本效益分析审查，也可能因社会或政治原因而进行规划和维护。此外，还有许多例子表明，原本非常合理的规划因不符合法规或可能由于审批过程中的程序缺陷而被公民或协会告上法庭，最后被判决无效并被驳回。

39

在我们的讨论中出现了一个关键的问题：我们是否需要另一种形式的理性？毕竟，如果没有一种单一的理性形式足以在复杂情况下决定什么是最有效的行动方案，也许将这五种形式有意识地进行组合能做到这一点。更具体地说，我们可能会问，假设我们在更广泛意义上的决策中需要生态理性，那么在空间规划的具体案例中是否需要它？

要回答这些问题，我们首先要对生态理性进行描述，并讨论其主要特征及其与其他理性形式的区别。我们将在下面的小节中进行讨论。

第四节　生态学、生态系统和景观：定义及主要概念

在讨论了理性的含义之后，要定义生态理性，我们现在必须谈谈“生态学”。德国生物学家、博物学家和哲学家恩斯特·海克尔(Ernst Haeckel)于1866年提出**“生态学”(ecology)**一词。三年后，他将其定义为**“生物体与周围外部世界的环境之间相互关系的所有科学，在广义上，所有的生存条件都包含其中，部分是有机的，部分是无机的”**。随着时间的推移，生态学的定义主要聚焦在三个类型：第一类包括与海克尔类似的定义，强调生物与环境之间的关系；第二类源于安德鲁阿萨和比尔(Andrewartha and Birh，1954)最初提出的定义，**“研究生物分布和丰度的科学”**；第三类根植于奥德姆(Odum，1963)的**“研究自然的结构和功能的科学”**，其核心是对生态系统的研究。最近的定义试图涵盖所有三个方面，同时考虑将它们相关联的重要性，例如，“生态学是研究**对影响生物体分布和丰度的过程、生物体内部和生物体之间的相互作用以及能量和物质的转化及流动的科学”**(Cary Institute，2018)。

生态学以其他科学为基础，包括物理学、化学和生物学，这些科学研究调节分子和生物体组织的日益复杂的规律。总的来说，生态系统是生态学和环境科学的基本研究单位。可以说，对生态系统的认识和识别是目前我们认识自然的主要手段(Christian，2009)。严格来说，这不是一本视生态学为一门科学学科的书。有许多优秀的文本和手册可供读者参考，如奥德姆(Odum，1994)的《生态系统》(*Ecological Systems*)。然而，我们仍将回顾生态学的一些基本原则，这将有助于以后讨论它们对空间规划的影响和重要性以及在生态理性的基石上重建规划理论和实践。

生态系统是生态学的基本研究单位。自该术语在20世纪30年代中期由坦斯利(Tansley，1935)提出以来，已存在诸多定义。然而，所有这些定义都围绕着三个主要组成部分：①生物成分；②非生物成分；③它们之间的相互作用。奥德姆和巴雷特(Odum and Barret，1971)都是20世纪最有影响力的生态学家之一，他们对生态系统给出了以下定义：**“如果在一个单元中，共同栖居的所有生物(即**

'群落')与其物理环境之间的相互作用导致能量流动，进而在系统内部形成了明确的营养结构、生物多样性和物质循环(即生物部分和非生物部分之间的物质交换)，这样的单元便可称为生态的系统(ecological system)或生态系统(ecosystem)"。在这个定义中，生态系统在地理上是可识别的，因此，具有明确的空间组成成分(Christian，2009)。其他一些作者强调了生态系统的概念组成而非空间组成(Allen and Hoekstra，2015)。在本书中，我们将坚持使用奥德姆的定义，因为它对于空间规划领域是最适合的。

首先需阐明的一点是：规划师更习惯于从**景观(landscape)**而非生态系统的角度来思考问题。术语上的这种差异不应使我们气馁，因为仔细研究就会发现，这种区别并非障碍。根据《欧洲景观公约》(*European Landscape Convention*)的著名定义，景观是"**一片被人们感知的区域，是人类活动、自然进程或人与自然互动的产物**"(ELC，2000)。这一定义与上述生态系统的定义完全一致。在这种情况下，生物部分包括人类，因此，生物和非生物部分之间的相互作用也包括人类和环境之间的相互作用。这里的额外因素是，该区域是由人感知的，但这同样与生态系统的定义完全不矛盾。事实上，所有动物都有对其周围景观的感知能力，这决定了它们的行为以及它们在构成生态系统或景观的相互关系网络中的位置。与**生态系统**相比，**景观**的决定性特征在于明确的空间维度(在关于生态系统的某些定义中不太明显)以及对人类能动性和人类文化心态的更多关注——所以，景观不仅仅是一种自然现象(Bastian et al.，2014)。

因此，一旦适当考虑了空间和人的因素，景观和生态系统的概念就可以协调一致：在实践中，鉴于人类的规模和生理特征，就规模而言，景观通常包含一个或多个生态系统。事实上，在经典生态学中，景观被定义为"由一系列相互作用的生态系统组成的异质区域，这些生态系统在整个过程中以类似的方式重复出现"(Forman and Godron，1986)。所以，景观可以被认为是一个或多个生态系统，其中的生物部分包括人类。在这个概念下，一个原始地区，只要人类存在(即使不是永久形式)并感知到它，那它也是一种景观，因为观察行为本身已经是与自然部分相互作用的形式。我们在下面赋予生态系统的所有属性也可以很容易地应用于景观。

41 生态系统的第一个重要特征是**相互依存性**。生态系统的三个部分通过关系网络相互连接。这些关系主要用能量、物质和信息的流动来描述。每个生态系统可识别出不同层次的组织:细胞、有机体、种群、群落,这些组织形成一个相互联系和嵌套的层级结构。每一层级都与上面和下面的层级相互作用。能量以太阳辐射的形式进入系统,植物通过光合作用(初级生产)将其转化为生物质。在整个系统的不同营养层级之间发生着物质循环和能量流动:食草动物吃植物,并将植物生物质转化为肉类生物质(二次生产);食肉动物吃食草动物,并将其部分生物质转化为其他生物质,依此类推。热力学定律决定了在能量从一个层级到另一个层级的每一次传递中,都会有一些能量通过降解为热量而损失。上述的嵌套层级结构在空间上是可识别的(个体→生态系统→景观→区域→生物群落→生态圈),因此,不同的分析**尺度(scale)**也是可以识别的。

在不同的生态系统组成部分和组织层级之间建立的关系很少是线性或单向的。它们往往是"**非线性的、互惠的、间接的、循环的、概率性的、偶然的、延迟的、倍增的、交互的和协同的**"(Bartlett,1986,第230页)。生态系统中相互关系网络的复杂性导致所谓**涌现性**的出现,即如果单独检查单个部分,无法观察到系统整体的属性或行为。对于跨尺度和任何特定分析尺度来说都是如此。某一层级的组织的**涌现性**——无论是功能的还是空间的——不能仅通过检查下一层级的属性完全推导出来。生态系统(以及景观)遵循**不可还原性(non-reducible property)**:整体的属性不能还原为各部分属性之和(Odum and Barret,1971)。为了解释跨尺度的**不可还原性**,我们可以想象一个城市街区:它由一定数量的建筑组成,但是即使我们把分析局限于我们的**感知**范围内——**地方感(sense of place)**,街区的整体特征也不能**仅**由构成它的各个建筑的特征来推导。约根森等(Jørgensen et al.,1992)在解释某一分析尺度的不可还原性时,将其与制图进行了类比(很适合本书)。他们指出,在一张地图上提供一个景观的所有自然、生物和文化特征的细节是不可能的,因为这是一个不断变化的动态系统。但制作几张具有特定特征或子系统(地质、道路或土地利用)的地图是可能的,每张地图都有不同的用途。每个地图都是整体的,它代表整个地区而非单个部分,因此,通过组合单个地图,可以全面反映该区域的情况。但不同地图提供的信息仍然是不完整的,因为总会有某些特殊的特征无法完全展示。在系统生态学方面,我们面临着类似的情况(Jørgensen et al.,1992)。

总之,在研究复杂系统时,还原论的方法是失败的。因此,整体论是生态学和生态理性的认识论范式;这一事实对任何基于生态理性的决策体系都有深远的影响。这意味着对复杂系统的任何描述都必须是多元的,即包含不同的观点(Jørgensen et al.,1992)。然而,这些不同的观点必须被塑造成一个连贯的(即使是不完整的)图谱,以便能够理解整个系统。虽然现代科学在专业化和还原论方面取得了惊人的成果,但生态理性需要一种反还原论的方法。

42

生态系统的另一个关键特征是它们表现出一定程度的**自组织性**和**协调性(coordination)**。乍一看,这似乎与热力学第二定律相悖,该定律明确指出,熵永远不会减少。引用阿瑟·爱丁顿爵士[①](Arthur Eddington,1882～1944)的一句名言:“**如果有人向你指出,你心爱的宇宙理论与麦克斯韦方程不符,那么麦克斯韦方程可能搞错了。如果它与观察相矛盾,好吧,这些实验学家有时确实会把事情搞砸。但是,如果你的理论违背了热力学第二定律,我敢说你没指望了;你的理论只能在最深的耻辱中崩溃。**”最终是热力学定律统治着生态系统。然而,生态系统确实表现出反熵行为并创造出结构秩序(请回忆迪辛讨论的秩序原则)。在有生命的和无生命的系统中,某种形式结构秩序的出现是“**自然的、不可避免的,而且在很大程度上与所涉及的物质基质无关**”(Jørgensen et al.,1992)。这里的重点是,热力学第二定律适用于**孤立(isolated)**的系统,即不能与外部环境交换物质或能量的系统。而生态系统是开放系统,它们与周围环境交换能量和物质。因此,**开放性**是生态系统的另一个基本特征,只有在不断从外部获得能量供应的开放系统中,才可能出现涌现性、反熵行为、秩序创造。换句话说,从长远来看,孤立的系统注定会失去秩序和特性(在这一点上,社会科学家本可以理解这一属性的重要性,并将其置于人类系统及其开放或封闭程度联系之中,例如移民政策或闭关自守)。

在一定程度上,生态系统可以通过赋予自身**内稳态**行为的自动调节机制来适应不断变化的条件和外部输入。这可以有两种形式:**抵抗力(resistance)[或稳健性(robustness)]**和**恢复力**。其中,抵抗力是抵制外部胁迫的能力,而恢复力是在胁迫引起的系统改变发生后恢复到初始状态的能力。特别是恢复力,近年来

---

① 英国天文学家、物理学家、数学家,第一位用英语宣讲相对论的科学家。——译者注

已经成为一个流行的术语，包括在空间规划领域。在斯高帕斯（Scopus）数据库的文章标题中简单搜索"resilient cities"，结果就出现了164篇文章（2019年10月），其中1/3是在2018年和2019年发表的。然而，在这些文献中，有时会将恢复力与抵抗力（根据上述定义）相混淆。在任何情况下，抵抗力和恢复力都是由负反馈实现的，负反馈在生态系统中的功能得益于扩散控制机制。一个典型的例子是捕食机制：猎物数量的过度增加会导致其捕食者数量的增加，而捕食者数量的增加反过来又会抑制猎物数量的增加。当我们想到农村或城市等人类景观时，这些生态系统特性是显而易见的。在这些情况下，原始生态系统显然经历了沉重的转变过程，遭受了外部胁迫，但仍能够维持生命，并在一定程度上维持关键的生态过程。

43

然而，生态系统的适应能力是有限的。这里的一个主要问题是，生态系统动力的非线性也反映在其走向崩溃的模式中。崩溃很少以平稳、渐进的方式发生。更常见的情况是，即使在压力增加的情况下，生态系统也会倾向于保持一定的平衡，在达到一个临界点后突然崩溃。这对管理和决策具有重要意义，因为它表明一旦崩溃迹象变得明显，再干预可能为时已晚。

生态系统的最后一个重要特性是，内部多样性程度越高，它们往往越稳定、越有抵抗力和恢复力。一般来说，生态系统中基因、有机体、物种和栖息地的多样性程度越高，意味着它可以支持的生态过程越多，适应外部胁迫和从外部胁迫中恢复的能力就越强。从更以人类为中心的角度来看，生物多样性是生态过程和功能的基础，这些过程和功能可转化成为人类提供的生态系统服务。这是以欧盟实施的生态系统服务的测绘和评估（Mapping and Assessment of Ecosystem Service，MAES）等倡议的概念框架为基础（Maes et al.，2013）。此外，《欧盟2020年生物多样性战略》也明确了这一概念，指出：**"生物多样性——我们周围的生态系统、物种和基因的多样性——是我们生命的保障，为我们提供食物、淡水和清洁的空气、住房及药品，减轻自然灾害、虫害和疾病，并有助于调节气候。"**（EU，2011）

综上所述，相互依存性、复杂性、不可还原性、自组织性、开放性、适应性、内稳态、恢复力、多样性和秩序创造（负熵）是生态系统的涌现性，也是生态理性的构成原则。这种理性形式的基础认识论是整体论，认可整体大于部分之和，还原论或"**退回简单**"[1](Jørgensen et al.,1992)不足以解释(更不用说管理)复杂的生态系统，尤其是那些与空间规划和相关决策机构相关的生态系统(即景观)。

鉴于此，我们现在需更详细地研究政治学中提出的生态理性的概念。

第五节 生态理性的概念

这个概念首先由康芒纳(Commoner,1971)提出(尽管他没有使用这个术语)，随后由其他社会和政治科学家发展，特别是巴特利特(Bartlett,1986)和德雷泽克(Dryzek,1983,1987)。德雷泽克指出，生态上的理性结构是能够持续为其组成部分提供良好的生命支持的结构。因此，生态理性行为是促进或保护生态系统功能理性、稳定性或内稳态的行为(Dryzek,1983)。按照类似的思路，巴特利特(Bartlett,1986)将其定义为生态系统的理性，即生命系统与其环境之间关系的秩序。

44

因此，生态理性以生态学为基础，但正如巴特利特(Bartlett,1986)强调，它不是生态学的同义词，而是"**一种关于行动、关于组织、关于最终目的或价值的思考方式**"(Bartlett,1986,第229页)。整体论原则是生态理性的主要组织原则，因此，生态理性应采取一种包容的、协同的和综合的视角。生态理性的时间跨度很长，这与在生态系统中观察到的基本过程的时间框架是一致的，后者可以延续数百年或数千年。这些特征使得与其他形式的理性相比，生态理性远没有那样以人类为中心(Bartlett,1986)。虽然它仍然是一种人类的思维方式，但由于它们将维护广泛的生态系统(包括但不限于人类)作为关注的焦点，它的原则和目的超越了人类的特异性。

巴特利特认为，生态理性既有坚实的科学基础，也有道德和伦理层面的内容。尽管他将生态理性的原则追溯至东方文字出现以前先民的一些哲学、宗教

---

① 约根森等(Jørgensen et al.,1992)提出："……我们把生态学作为科学的回应看作是退回简单(retreat into simplicity)。这是一种回避，科学家们不知所措、沮丧不已，但仍在继续老路上的实用主义。对变化的回避，对基本的复杂性的否认，以及对它的退避，继续追求19世纪优雅的经验主义的简单。"——译者注

和组织，但他引用了马克思对“生态理想”(ecological ideal)的定义，即维持人与环境之间健康的、提高生活质量的互动，这就要求人们理解系统的某些最低要求。生态理性的基础是科学的推理以及经验证据的收集、预测、解释和验证。基于迪辛的定义，巴特利特指出：“**当一个决定或行动考虑到特定情况的可能性和局限性并对其进行重组，以孕育、提升或保持一种良好的状态，即生物群落的容量、多样性和恢复力，亦即长期维持生命的能力时，生态理性就体现出来了。**”(Bartlett，1986，第234页)实质理性和程序理性之间的区别也适用于生态理性；孕育、提升或保持生态系统长期维持生命的能力的组织，在生态上是理性的(Bartlett，1986)。

既然我们已经概述了生态理性的原则和组织概念，现在可以回顾之前提出的问题：是否需要生态理性作为一般决策(特别是空间规划)的主要理性来源？要解决这个问题，我们可以问，是否应认为上述所有形式的理性具有同等价值？或者是否一种形式的理性优先于其他形式的理性？迪辛认为，政治理性是复杂政治体系中理性的首要基本原则：

> 政治理性是一种基本的理性，因为它涉及决策体系的维护和改进，而决策体系是一切决策的源头。……政治理性与任何其他类型的理性之间不可能存在冲突，因为政治问题的解决使得破解任何其他问题成为可能，而严重的政治缺陷可能妨碍其他问题的解决或使所有努力化为乌有。(Diesing，1962，第231～232页)

因此，政治理性应被选为理性行为的最终源头，而其他形式则应被视为从属形式，用于在更广泛的理性政治体系框架内解决具体问题。在1985年的一次采访中，迪辛承认，如果他晚十年写这本书，他将加入第六种形式的理性，即生态理性(Hartwing，2006)。巴特利特(Bartlett，1986)和德雷泽克(Dryzek，1983，1987)都认为生态理性应是理性的主要形式，甚至是首要形式。引出的论据直截了当：如果按照迪辛(Diesing，1962)的观点，决策体系是所有决策的源头，而政治理性涉及决策体系的维护和改进，因此，政治理性是五种理性中最基本的理性。那么生态理性就更重要了，因为“**只有维护和保持生态维持生命的能力，才可能维护和改进决策体系，从而使政治理性和所有其他形式的理性成为可能**”

45

(Bartlett，1986，第 235 页)。与此类似，德雷泽克(Dryzek，1983)认为，维持人类赖以生存的生命支持系统是社会本身及其制度延续的先决条件，因此，生态理性高于其他形式。

在一般抽象层面上，这些论据听起来令人信服：如果所有生态系统都崩溃了，人类注定要灭绝——"在非常基本的层面上，人类的利益和生态系统稳定的利益是一致的"(Dryzek，1983，第 9 页)。但在不太抽象的层面上，比如空间规划，我们是否需要生态理性作为组织原则？这个问题不是蓄意挑衅，也非杞人忧天。例如，丹尼尔斯(Daniels，1988)就生态学在空间或景观规划中的作用提出了明确的论据。他的论文标题引人注目："生态学在规划中的作用：一些误解"。首先，他认为很有必要对作为政治立场的生态学和作为科学学科的生态学加以区分，只有后者才能在空间规划中发挥作用：**"既有的规划法律和程序规定了某些条件，必要时可以请生态学家提供可用于实施这些程序或满足法律要求的信息。"**(Daniels，1988，第 292 页)他继续说，从这个意义上说，生态学可以通过调查、评估和预测这三种形式为规划提供信息。调查的目的是收集有关现有情况的信息，例如动植物群落、稀有物种的存在以及导致目前观察到的情况的土地利用史。

然而，他认为，景观中稀有物种的存在本身并没有什么特别的价值，除非可以解释为什么该物种是稀有的以及为什么它应出现于特定区域。同样，多样性的标准也不能用来比较两地的"生态价值"。代表性、脆弱性或自然性的概念经常被环保主义者提及，但它们都包含一定程度的主观性。脆弱性不是一个生态学的概念，不能在广泛意义上应用。自然性，也非一个关键的概念，特别是在欧洲，因为许多公认为受到良好保护的生态系统实际上是与人类活动相互作用的结果[参阅哈拉达(Halada，2011)]。

46　生态学家可以通过预测某些行动方案的后果来帮助规划师，这"可能是生态学家在规划领域中最重要的角色"(Daniels，1988，第 296 页)。预测通常涉及新的开发对现有社区的影响。在这个框架下，生态学家可以提供许多备选的管理方案，"但决定采用哪种管理方案不是生态学家的职责"(Daniels，1988，第 297 页)。因此，根据这种观点，生态学在规划中的角色不能是自然保护价值的倡导者，因为后者依赖于一些自相矛盾的观点、主观判断和替代方案。生态学在规划中的恰当作用应是评估某些选择的可行性及其影响，但“它不能用来为政策和政治问题给出准科学的答案”（Daniels，1988，第297页）。总之，生态学应为规划师提供事实信息，让他们做出政策决定。生态学家应提供“以供权衡的建议，而且不能根据期望的结果来调整其评估程序”（Daniels，1988，第299页）。

丹尼尔斯没有明确使用“理性”一词，但他的论点可以很容易地用上述的理性类型来框定。在他看来，政治理性至上，生态学的作用是提供技术信息。丹尼尔斯（Daniels，1988）在他的论文中强调了这一观念：生态学家在收集数据和进行评估时应严格把关；应明确区分事实陈述和主观判断；编制完整的生物清单显然是办不到的，因此应选取一个地点中最具代表性的物种，来描述该地的特征及状态。按照这种观点，生态学的作用应与其他收集数据并为规划师提供基础信息的特定学科相同，例如地质学，根据土壤的岩土特性指出哪些地点足以承载新的开发项目。当法律已有明确要求时，生态学可提供信息来支持规划师制定符合法律要求的行动方案（在我们的概念中，即在法律理性下运作）。

丹尼尔斯（Daniels，1988）的论点不容忽视。然而，这真是生态学在空间规划中必须扮演的角色吗？空间规划真是一门应避免干预政治的技术学科吗？这将假定，一旦生态学以调查、评估或预测的形式对空间规划做出（技术）贡献，现有的决策体系和基本理性就能产生对生态有利的决策，或者就能在生态价值和其他价值之间做出适当的取舍。事实果真如此吗？

德雷泽克（Dryzek，1987）解决了这个问题，他研究了现有的社会选择机制应对生态问题的能力。德雷泽克的论点和结论与本书的论据非常相关，所以值得总结并阐述其意义。德雷泽克将社会选择机制定义为人类解决问题的工具集合。接着，可以根据这些工具（解决问题的）能力来进行选择和评估，从而解决复杂的生态问题。德雷泽克的论述从制定一套指导评估的标准开始。值得玩味的是，他是从前一节所述的生态系统的涌现性中推导出来的。我们完全赞同下述基本论据：如果社会选择机制与生态系统具有相同属性，那么，这些机制就可以解决生态问题。特别是，他指出了以下五个标准：①负反馈；②协调性；③稳健性；④灵活性；⑤恢复力。　47

负反馈（尽管称“负”反馈，但实际具有正面意义）是指通过输入信号对偏离稳定状态的系统进行调整。负反馈可以有两种形式：在集中式系统中，输出信号由一个产生反馈信号的“总部”处理,例如大脑就是这种情况;在非集中式系统中,比如生态系统,不存在这样的中央“枢纽”,负反馈由分散的控制机制(diffused control mechanisms)保证。

负反馈,特别是分散的负反馈,要想发挥作用,需要在单一集体行动中的行为主体之间和不同的集体行动之间进行协调。为了解释行为主体之间的协调,德雷泽克求助于著名的囚徒困境:在没有协调(在此是指囚徒之间的沟通)的情况下,理性的个体行为主体会指控其他人而非合作,而如果他们决定合作,他们每个人都会有更好的结果。换句话说,个人理性的决定会导致负面的集体结果。不同社会选择之间的协调需求直接源于社会选择中生态层面的不可还原性和复杂性(Dryzek,1987)。决策和社会结构是由不同部分组成的复杂实体,必须通过协调才能有效地实现既定的行动方案。与负反馈的情况一样,可以通过集中或分散的机制来确保协调。负反馈和协调性是实现生态理性的必要条件,但非充分条件——社会选择机制可以利用它们来理性和有效地追求非常不可持续的可悲行动,如战争或大规模灭绝。

需要稳健性和灵活性来应对生态问题中典型的时空变异性。如上所述,稳健性是指系统在外部胁迫或干扰的条件下继续正常运行的能力。整个可能的外部胁迫范围很少是未知先验的,因此,与在且仅在有利环境下表现最佳的系统相比,稳健的系统更应是能够在不同的外部干扰下保持次优性能的系统。灵活性与稳健性互补,它要求系统有能力调整其结构参数和功能以响应外部环境变化。例如,灵活的社会选择机制应能够采用新形式的负反馈来接收新类型的信号并做出响应,或者建立一种新的协调机制来应对不可预见的问题。进而,灵活性要求一个系统能够迅速改变其配置,至少部分改变,因此,尽管抵制变化的社会机制可能是稳健的,但都不灵活。

如前一节所述,生态系统的恢复力是指生态系统受到外部干扰或胁迫后,恢复到初始状态的能力。类似地,德雷泽克将社会选择机制中的恢复力定义为社会选择机制在任何破坏生态系统事件发生后,采取行动以恢复生态系统功能的能力。与其他已确定的标准不同,恢复力是一个仅适用于极度失衡情况的或有

48

标准[①]。

总之，负反馈、协调性、稳健性、灵活性和恢复力是评估社会决策系统应对复杂生态问题能力的五个主要标准。同样，并非所有标准都处于同一层级。负反馈和协调性是生态理性决策体系的两个必要（但不充分）条件；这两个条件加上灵活性或稳健性就足够了，除非当系统处于不平衡的初始状态时，则还需要恢复力。灵活性和稳健性事实上是可以互换的，至少在某种程度上是如此，而恢复力是一项或有标准。

虽然德雷泽克研究的是一般的决策系统，但我们应将其更具体地应用于规划领域，确定当代规划理论和实践中缺失的内容，并进行充分支持生态理性范式的实践。对此，我们转向第三章。

参考文献

Andrewartha HG, Birch LC (1954) The distribution and abundance of animals (No. Edn 1). University of Chicago Press

Allen TF, Hoekstra TW (2015) Toward a unified ecology. Columbia University Press

Bartlett RV (1986) Ecological rationality: reason and environmental policy. Environ Ethics 8(3):221–239

Bastian O, Grunewald K, Syrbe R, Walz U, Wende W (2014) Landscape services: the concept and its practical relevance. Landsc Ecol 29(9):1463–1479. https://doi.org/10.1007/s10980-014-0064-5

Bedoya-Perales N, Pumi G, Mujica A, Talamini E, Domingos Padula A (2018) Quinoa expansion in Peru and its implications for land use management. Sustainability 10(2):532

Cary Institute (2018) Our definition of ecology. Available online: https://www.caryinstitute.org/news-insights/definition-ecology

Christian RR (2009) Concepts of ecosystem, level and scale. Ecology-Volume I, 34. EOLSS Publications

Commoner B (1971) The closing circle: man, nature and technology, vol 1, no 97. Knopf, New York, p 1

Daniels RE (1988) The role of ecology in planning: some misconceptions. Landsc Urban Plan 15 (3–4):291–300

Diesing P (1962). Reason in society: five types of decisions and their social conditions. Urbana, IL, University of Illinois Press

Dryzek JS (1983) Ecological rationality. Int J Environ Stud 21(1):5–10

Dryzek JS (1987) Rational ecology: the political economy of environmental choice. Basil Blackwell, Oxford

① 指依条件而定的标准，条件成立时才触发标准。——译者注

EU Ministers Responsible for Spatial Planning and Territorial Development (2011) Territorial Agenda of the European Union 2020—towards an inclusive, smart and sustainable Europe of Diverse Regions. http://www.eu2011.hu/files/bveu/documents/TA2020.pdf

Forman RTT, Godron M (1986) Landscape ecology. Wiley, New York, NY, USA

Giddens A (1981). A contemporary critique of historical materialism (Vol 1). Univ of California Press

Hartwig R (2006). Rationality, social sciences and Paul Diesing. Texas A&M University

Halada L, Evans D, Romão C, Petersen J-E (2011) Which habitats of European importance depend on agricultural practices?. Biodiver Conserv 20(11):2365–2378

Jørgensen SE, Patten BC, Straškraba M (1992) Ecosystems emerging: toward an ecology of complex systems in a complex future. Ecol Model 62(1–3):1–27. https://doi.org/10.1016/0304-3800(92)90080-x

Lo Piccolo F, Thomas H (2012) Introduction. In: Lo Piccolo F, Thomas H (eds) Ethics and planning research. Routledge, pp 1–10

Maes J, Teller A, Erhard M, Liquete C, Braat L, Berry P, Egoh B, Puydarrieux P, Fiorina C, Santos F, Paracchini ML et al (2013) Mapping and assessment of ecosystems and their services. An analytical framework for ecosystem assessments under action 5 of the EU biodiversity strategy to 2020. Publications office of the European Union, Luxembourg. https://doi.org/10.2779/12398

Odum HT (1994) Ecological and general systems: an introduction to systems ecology. Univ Press of Colorado

Simon HA (1964) Rationality. In: Gould J, Kolb WL (eds) A dictionary of the social sciences. Free Press of Glencoe, New York, pp 573–574

Simon HA (1978) Rationality as process and as product of thought. Am Econ Rev 68(2):1–16

Tansley AG (1935) The use and abuse of vegetational concepts and terms. Ecology 16(3):284–307

第三章　弥合隔阂：空间规划与土地利用学和政治生态学的融合

本章从规划理论和实践两方面对生态理性的概念与原则进行更为具体的研究。首先讨论目前的一般决策系统——特别是规划体系——在有效解决复杂生态问题方面的先天失能，为了解决这一问题并在生态理性的框架下重新定义规划，我们建议促进规划与土地利用学(Land-Use Science)和政治生态学(Political Ecology)两个同源学科之间更深层次的交叉融合；接着阐释并讨论这些学科的主要原则和概念以及与空间规划理论潜在的相互作用；然后讨论景观生态学的潜力和局限性，并提出可能的新研究方向，以使这些不同的学科领域相互促进，形成一个整体的概念框架。

第一节　规划体系和过程中的生态理性原则

现在我们将详细阐述生态理性原则的意义，更具体地说，是在空间规划领域中的意义。为此，先回顾下有关规划的学科文献。首先，同一或不同体系的行为主体之间的**协调**(或者说是缺乏协调)问题是规划师所熟知的。横向协调和纵向协调，即部门间规划的协调和上下级规划的协调，是空间规划领域的长期主题。事实上，在地区层面上追求协调是空间规划的目的之一。规划的拟定甚至进一步的实施，总是需要规划当局的不同机构之间进行一定程度的协调，否则很难实现既定的规划目标。这一问题已为众人广泛讨论，其中包括法吕迪(Faludi，2014)等，正如他所说(Faludi，2014，第299页)：

> 为了实现规划(目标),必须使通常依自己的优先事项行事的各机构保持一致。……负责制定规划的政府机构必须能够协调其他参与者。“其他参与者”可指其他政府机构,无论是同一级别的政府(横向协调)还是其他级别的政府(纵向协调)。私人参与者也同样需要协调。

52

在讨论规划的最基本目的时,法吕迪(Faludi,2014)对两种理想的空间规划进行了区分:项目规划(project plan)和战略规划(strategic plan)。前者是物质对象预期最终状态的蓝图以及实现该状态所需的措施。在这些情况下,规划过程中的互动主要集中在规划的通过(adoption)上。一旦通过,规划就被视为是实现最终预期结果的明确指南。规划的实施需要根据该指南分阶段进行。当然,在现实世界中,项目规划可能被误读或以不可预见的方式实施。为了避免这种情况发生,需要在规划中投入大量的精力,采用规范的表述,并明确规定和指令(回顾第二章中描述的规划中的法律理性因素)。

战略规划“涉及项目和众多参与者采取的其他措施之间的**协调**”(Faludi,2014,第303页)。这些参与者可以是其他政府机构或私人利益相关者。规划的目标是各部门做出的系列决策,其协调是一个持续的过程。因此,战略规划主要是协商的参考框架,是对已达成协议的临时记录,经常需要修改和重新考虑。

这两种规划形式都是理论上的类型,在现实中,它们可以在一项规划中共存,但最终目的是不同的。项目规划旨在通过实施规划内容实现预期的未来状态。战略规划的主要目的是在不确定和复杂的需参与者相互学习的情况下给予指导,是为了让决策者了解他们的处境以及他们能做些什么(规划即学习)。项目规划主要针对无生命的对象,而战略规划主要针对人类行为主体。后者有自己的世界观,这导致他们可能以与规划师不同的方式解释规划。

值得注意的是,法吕迪(Faludi,2014)根本没有诉诸上述不同理性的概念,也没有使用任何生态概念:“生态系统”“生态学或生态”甚至“(物理意义上的)环境”在他的论文中都没有出现。然而——这证明了迪辛、德雷泽克和巴特利特概念化的力量——很容易将他的论点与之前提出的概念框架联系起来。更具体地说,战略规划和项目规划这两种理想的规划形式,分别与协调性和负反馈的概念相关联。我们已经看到了协调性与战略规划的相关性。关于负反馈,我们可以想到法吕迪(Faludi,2014)的定义：项目规划[①]是对具体项目实施的指导。在实施阶段，这些项目的结果可能会偏离规划最初设想的目标。在这种情况下，反馈机制(例如监测计划、检查、环境评估程序)将向规划当局发出信号，以采取适当的措施。如果项目规划预计会产生确定的效果，则应建立一种机制来识别与预期结果的可能偏差，并采取纠正措施。例如，这是将在第四章中详细介绍的《战略环境评估指令》(*Strategic Environmental Assessment Directive*)(第2001/42/EC/号指令)的主要目标之一，该指令为任何可能产生环境影响的规划或方案制定了监测方案。

53

只有当规划当局能够以有效的方式应对时，负反馈的分散控制机制才奏效。这意味着政策制定者和规划师应能够纠正他们最初的决定并相应地修改规划，以应对不可预见的情况或意外结果。这就要求规划体系具备一定的灵活性。毫无疑问，在这一点上，读者可以想到许多可能出现这种情况的真实情形。有时，规划需要根据决策体系中较高级别的决策和事件进行更改与适应：新的分层规划(hierarchic plans)若生效，较低级别的规划就需修订；国家政策若改变，当地参与者所依赖的资金渠道可能会随之突然关闭。影响辖区的大型活动(例如奥运会、国际博览会)或巨型建筑(例如高速铁路)的组织可能在国家或国际层面决定。在其他情况下，自下而上的驱动力可能导致规划修改，例如当地社区的新需求或最初为实现规划目标而设想的实施程序存在问题。如果涉及生态问题，上述所有一般情况仍有效。新的环境保护政策可能会生效，地方层面需采取行动(我们将在第六章中详述)，新的大型项目或事件将不可避免地对环境施加始料未及的额外压力。实施机制可能要求在进行新开发项目时制定具体环境措施，例如使用特定材料或建立生态补偿区，这可能会引致开发商与地方当局之间的摩擦。

关于恢复力和稳健性(实际上共同处于恢复力标签下)，我们已经看到(第二章[②])，它们现在是空间规划领域中反复出现的关键词。毫无疑问，使恢复力在规划中主流化不仅是一项技术挑战，而且还需对体制机制和规划体系进行深刻

① 原文为“战略规划”，应是笔误，根据语义分析应是“项目规划”。——译者注

② 原文为“第一章”，应为笔误，实际内容在“第二章”出现。——译者注

变革。例如，谢里菲和山形（Sharifi and Yamagata，2018）提到需要减少官僚层级，采用共同设计和共同生产的方法，利用社会和社区资本，并强调采用"干中学"（learning by doing）[①]的渐进式方法。

总之，尽管生态理性的五个主要标准——负反馈、协调性、稳健性、灵活性和恢复力来自不同的角度，且不在一个独特而全面的概念框架内，但它们在空间规划领域似乎都是相关的，并在过去几年中引起了学者和从业者的注意。它们既涉及**规划**和**规划体系**，也涉及规划体系所处的更广泛的决策体系。

54

第二节　当前决策系统对实现生态理性的先天失能

我们现在回到本章开头提出的关键问题：当前的决策体系和机制是否能够按照这些原则运作？德雷泽克（Dryzek，1987）对照这些标准，详细研究了我们社会中运行的主要社会选择机制：市场、行政制度、多元民主（polyarchy）、法律制度、道德劝导（moral suasion）和国际关系。他的结论是，这些机制中任何单独一个都不能同时符合生态理性的五个标准。总结德雷泽克的主要论点并建立与空间规划的联系，将是大有裨益的。

在古典经济学理论中，市场应通过价格体系提供负反馈，并通过供求关系在参与者之间进行整体协调。然而，市场的一个固有特征是需要不断增长，无论是在利润方面，还是在对商品和服务的需求方面，这是一种**正**反馈（**positive** feed-back）[②]机制，明显违背了对物理和生态限制的认识。另一个削弱市场负反馈能力的因素是市场的短视。正如在第二章[③]讨论经济理性时看到的，仅仅是利率的存在，即未来损益的折现，就意味着要考虑经济主体的替代成本。因此，即使他们获得了某种行动会削弱**未来**开发经济可行性的信息，也只有当这些未来损

---

① 1962年，阿罗（Arrow）在著名的《干中学的经济含义》中提出了"干中学效应"（即"学习效应"），指人们在生产产品与提供服务的同时也在积累经验，从经验中获得知识，从而有助于提高生产效率和增加知识总量。——译者注

② 正反馈是指受控部分发出反馈信息，其方向与控制信息一致，促进或加强控制部分的活动，更加增大了受控量的实际值和期望值的偏差，从而使系统趋向于不稳定状态。——译者注

③ 原文为"第一章"，应为笔误，实际内容在"第二章"出现。——译者注

失可量化时,这些信息才会出现在成本效益分析中。

市场的**协调**能力在私人物品(private goods)和服务方面运作良好,但在涉及公共物品(public goods),特别是环境公共物品时,却被证明是失败的。自从哈丁(Hardin,1968)的"公地悲剧"被广泛引用以来,这已经成为许多文献研究的主题,因此不宜过多纠缠于此。但至少有一个关键问题值得强调,而这通常是许多误解的根源。马丁内斯-阿列尔和穆拉迪安(Martínez-Alier and Muradian,2015)有效地解释了这一点:哈丁的论文(及其审稿人)误认为公共资源是开放获取的(open access);但其实,为确保公地的可持续利用,公地的管理规则已经在欧洲和世界其他地区实施了数个世纪,从英国的草原到墨西哥的公共牧场,再到亚洲的沿海渔业或灌溉用水——诺贝尔奖获得者奥斯特罗姆(Ostrom,1990)对此进行了详细研究。

总之,在根据消费者的需求生产新商品和服务的能力方面,或者在通过营销和广告**创造**对新产品的需求方面,市场可能是灵活的,但市场的主要特征需保持稳定:私有财产、利率和不断增长的需求是市场不可替代的要素,这严重限制了其整体灵活性[①]。

与由众多追求自身利益的个体交易者组成的市场相反,行政机构(例如政府)应提供更高水平的协调,以使得问题可以细分为更简单的组成部分,并将每个组成部分分配给机构中的一个分支(如一个部中的不同部门),以此来解决复杂问题。这确实是现代政府和行政系统的运作方式。通过建立适当的监督体系,行政系统也应能够产生负反馈,并且从理论上讲,它们的行为**本身**不受短视局限。此外,行政管理,特别是公共管理部门,表现出相当程度的稳健性,原则上也兼顾灵活性:办公室可以重组、合并或取缔,权能和任务可以重新分配,人员也可以在办公室之间调动以实现人尽其才,等等。因此,原则上,行政系统有必要力求生态理性的行动。然而,在实践中,它们在这方面的失败是众所周知的。德雷泽克指出,主要问题的症结在于:纵向协调(下级公务员落实上级的政策和目标)很困难,复杂组织需要建立明确的日常工作程序,而这通常与解决突发非常规问题的可能性相冲突。行政部门为实现协调采取的主要机制是将复杂问题分

55

① 对应前文的正反馈机制。——译者注

解成许多更简单的问题，但是，正如第二章[①]中所看到的，整体总是大于部分之和，生态问题只有采取整体论和综合方法才能得以有效解决。负反馈也受阻，因为它意味着承认先前的错误，但为此负责的官员会倾向于隐瞒或将问题最小化，以避免受到牵连。因此，这些体系往往会使错误不了了之，直到它们以灾难性的方式暴露出来——但亡羊补牢，为时已晚。

在复杂的组织中，信息是权力的来源和讨价还价的筹码，所以，人们并不倾向于像有效的负反馈所需要的那样广泛地传播和分享信息。最后，复杂组织固有的等级制度和权威阻碍了有助于解决生态问题的公开对话和信息交流。总体而言，行政系统在管理日常事务方面是有效的，也许在完成明确界定（即使技术上很困难）的任务方面也是如此，但似乎并不足以解决生态问题。

多元民主（"多数人的统治"）一词由美国政治学家达尔（Dahl，1973）提出，用来描述在决策系统中有多元行为体参与的民主制度。多元民主的要素包括基本自由的存在、自由选举和政党的多元化、自由信息以及人们以有权在政策领域施加影响的不同形式（组织）结社的可能性。当代西方民主国家以及整个欧盟都可被视为多元民主。在多元民主制国家中，没有任何单一行为体——甚至政府——拥有过多的权力，决策是多方参与和谈判的结果。理论上，人们影响决策的可能性可以提供及时和分散的负反馈：每当资源或生态系统被过度开发时，依赖它或关注它的人（如环保组织）可以发声，将问题提上议程。正如本书序言所示，这确实已经发生，并蔓延世界各地，同时引发了政府和其他决策机构的反应。

56

理想的多元民主接近于波普尔（Popper，2012）关于**开放社会（open society）**的概念：提案和行动都要接受公众监督，改进要通过试错的方式实现，不同政策和措施的结果主要由受其影响的人评估。如前所述，集权的机构很可能无论如何都做不到协调，因此，在多元民主中，协调不是由集权机构来保证的，而是由渐进行动和相互调整[②]来弥合最初的分歧[Wildavsky，1966；Lindblom，1965，转引自德雷泽克（Dryzek，1987）]。

然而，再一次事与愿违。在当代民主国家中，施加影响的可能性显然没有平

① 原文为"第一章"，应为笔误，实际内容在"第二章"出现。——译者注

② 指通过谈判、沟通等各种方式，各方在行为和思想等方面的相互理解与必要的退让。——译者注

均分配给社会的所有部门;特定少数群体往往比其他群体具有更大的影响力,当他们关注对特定利益相关者具有高度和特殊重要性的特定问题时,反馈信号被更有效地传达。游说集团(lobbies)和有影响力群体(influence groups)在推动特定利益方面比一般性组织更有效。所有这些方面都严重削弱了真正多元民主中负反馈的有效性;此外,所有既有的多元民主都是在市场体系内运作的,因此所有先前强调的缺点都适用。即使在多元民主中,人们也倾向于更多地关注短期问题,而非长期问题;或对紧急情况做出反应,而非制定有前瞻性的政策来预防这些问题。此外,相互调适可能需要很长时间才能达成普遍接受的解决方案,这很可能与某些生态问题的紧迫性相悖。政府在应对气候变化问题上的惰性可能是最突出的例子。德雷泽克(Dryzek,1987)的结论是,多元民主比市场和行政体系更能解决生态问题,但还不足以有效解决这些问题。

我们在前一章中已经看到,法律制度与规划领域非常相关,因为规划本身就是一项具有重要法律影响的活动。当代民主制度的必要条件之一是法律体系独立于政治体系,因此将法律体系视为一种自主决策机制是有意义的。特别是在法官的决定涉及现有法律未详细涵盖的方面时,法律体系可以充当决策机构,从而为法官留下些许解释空间。随着时间的推移,以往对特定问题的裁决形成了一套规则,这些规则的发展风雨无阻、从未停歇。自 20 世纪 60 年代以来,当环保主义运动在政治舞台上得不到理想的回应时,他们就广泛地诉诸法律体系。当然,法院对解决环境纠纷的态度也可能随着时间的推移而变化,但总体而言,与政治体系相比,法律体系更具内在一致性,因此更加协调,特别是在多元民主国家中。法律体系也相当稳健:改变它们需要严格的程序,既定的权利不容轻易忽视。当然,这在多大程度上转化为生态方面的稳健性取决于规范的内容和既定权利,但原则上,法律体系本身并不存在固有的障碍,即法律在保障生态系统保护方面是严格的。另外,立法并非一成不变,它可以根据新的需要和情况进行更改及调整。正如所见,法官在解释法律时总有一些回旋余地,这增加了整个系统的灵活性。

57

法律可以通过三种方式保证负反馈:一是,如果个人或组织认为自己的权利受到侵犯,可以诉诸法庭,这里所指的权利当然也包括环境权。在当代民主国家,针对污染或不遵守环境和健康法规造成损害的集体诉讼越来越频繁,这可能成为对生产者和污染者的强有力的负反馈。少数群体和社会弱势群体为改善状况利用环境正义运动(尤其是在美国)的主要武器是,向法院提起诉讼并使自身获得正式的法律地位[例如参阅佩雷斯等(Perez et al.,2015)的一份关于环境正义运动演变的优质报告[①]]。二是,在司法辩论中,各方有可能充分展示他们的论点,这些论点可以比在政治辩论中得到更严格的评估。三是,法院即使受到影响,至少也比政治参与者更不易受到游说集团和特定利益集团的影响。

但是许多政治学家会争辩说,法律体系虽然形式上是自治的,但实际上是经济体系的上层建筑,因此倾向于将经济体系的主要需求写入法律,这与生态理性形成鲜明对比。此外,在实践中,诉诸法庭和雇佣律师是昂贵的,这往往蓄意地限制了弱势群体的发展可能。在现代社会中,一般法律、具体法规、指令、行政行为和不同法庭裁决之间的纠葛不断,破坏了法律体系的整体协调能力。最后,法律体系不是自发的行动,而是对某人的诉求做出回应,因此,它们在追求生态理性方面充其量只能说是被动的,而非主动的。由于所有这些原因,它们被认为总体上不足以实现生态理性。

沿着类似的思路,德雷泽克继续检验其他社会选择机制,如道德劝说和国际关系,结果不出所料,它们本质上比上述的机制还弱,甚至这些机制都不以追求生态理性为目标。德雷泽克并没有将空间规划作为一种特定的机制来讨论,但是,正如我们在前一章中所看到的,规划确实在某种程度上包含了支撑所研究机制的所有理性的形式,因此我们可以有把握地认为德雷泽克的结论对其是有效的。这并不意味着规划师和决策者不能将生态规划措施落实到位,而是说,从整体来看,目前的规划体系总是倾向于重复导致反生态选择的过程,或者为了对抗这些反生态选择过程,至少要面对各种力量持续的共同抵制。

58

德雷泽克的书最后提出了一种基于两个主要要素的新社会模式:①实践理性,即一种基于对政策和战略是否适合实现预期目标的逻辑考虑的社会选择形

① 我们在这里可以注意到,环境正义运动提交法院的案件往往涉及与空间规划直接相关的问题,如有害设施(垃圾场、污染源)的位置,更一般的是环境负面影响的空间分布。

式;②政府系统中的激进分权(回顾"小即是美"[1]的格言),其中相对自治的实体通过开放的合同谈判系统进行协调与合作,以确保维持生态系统支持人类生存的能力。德雷泽克论点的分析扎实且非常准确地描述了当代社会选择机制在生态理性方面的缺陷;《理性生态学》(*Rational Ecology*)出版已逾30年,后来发生的事件仅是一次次印证其论证的内容。然而,在我看来,**建构性部分(pars construens)**的展开还远远不够,这两个新社会模式只是被模糊地勾勒出来了。而由分散的自治实体系统来负责国土治理,这一呼吁当然会引起空间规划师的兴趣,值得详细讨论。因此,我们将在第五章中讨论这一话题。德雷泽克的分析在很大程度上遗漏了社会选择机制与支撑当代资本主义社会的深层基础结构之间的联系,即生产力和生产关系之间的联系。虽然他在讨论作为社会选择机制的经济理性和市场时,特别是在强调其不断增长的需求时,触及了这一点,但没有进一步对这一关键方面深入研究。无论对上层建筑和下层建筑(或基础)之间关系倾向于哪种解释,是古典马克思主义的,即前者在很大程度上由后者决定,还是韦伯主义的,即两者相互作用而没有一方占主导地位,如果我们只考察其中之一,都会有失偏颇。

尽管如此,如果土地利用管理者和规划师要推进分析并尝试建立基于生态理性的空间规划综合概念框架,在当代决策体系中以及在涉及规划选择的决策体系中,识别反对生态理性的**内在**因素仍是一个很好的出发点。在德雷泽克的开创性著作发表后,许多学者都强调了当代自由民主国家应对生态问题方面的失败[Plumwood,1995;Mathews,1995;Baber and Bartlett,2005;Naess,2005;另见博尼法齐(Bonifazi,2009)第3.1节的精彩综述]。多年来,德雷泽克丰富和完善了他的论述,并主张协商民主是解决生态问题的最适当的社会决策形式,这与越来越多的学者主张在当代民主国家中进行协商转向一致(Dryzek,2005,2009;Baber and Bartlett,2005)。在他的最新作品中,**反思性(reflexivity)**是决策体系的另一个关键要求,即一个体系或过程在对其失败进行审查后改变自身的自我批评能力(Dryzek,2016)。

---

① 《小即是美》(*Small Is Beautiful*)是英国经济学家修马克(Schumacher)发表的具有全球影响和颠覆性的经济学著作,其副标题为"以人为本的经济学",直指工业经济的问题,提出以人为中心,强调"小规模"的优越性,进行组织变革。——译者注

现在我们将向前迈出一步，首先，确定导致生态系统支持人类生存能力日益明显恶化的更深层次的潜在力量和基础体系；其次，判别这些力量和基础体系是如何以与空间规划师最相关的术语表现出来的，即识别和分析其空间组成部分以及对土地利用趋势和需求的影响。在此，我的主要论点是，为此目的，规划学者、从业者以及所有土地管理者都可以从**土地利用学**和**政治生态学**这两种彼此不同但相互关联的方法之理论融合中受益。因此，我们将踏上一段旅程，进入这两个领域的交会处。然而，这是个相当广阔的领域。在短短几页的篇幅内，要把相关讨论的复杂性和丰富性呈现出来，并从中理出一些关键的、首要的原则来建立上述的概念框架，似乎非常困难。也许，除非我们站在前面的巨人的肩膀上。为此，我们转到下一节。

第三节　土地利用学、政治生态学及其与空间规划的联系

在第二章，我们简明地描述了生态系统的主要特征和涌现性，即相互依存性、复杂性、不可还原性[①]、自组织性、开放性、适应性、内稳态、恢复力、多样性和秩序创造（或负熵）。这些特性越来越受到人类活动的干扰，往往导致生态系统无法提供维持人类生命的基本功能和过程。**生态学**作为一门科学[在此我们可以称之为**自然生态学（Natural Ecology）**，以区别于**政治生态学**]，能够识别和分析这些机制。因此我们提出，鉴于其在空间方面的相关性，空间规划师应越来越熟悉该科学。

重要的是，在说明上述涌现性时，我们并没有特别强调任何特定的生态系统；一般来说，它们实际上适用于各种类型的环境，从原始的热带森林到温带地区的混合农业镶嵌物（mixed urban-agricultural mosaics），从沙漠到密集的城市地区。当然，这些不同生态系统发挥各种功能以及表现相关属性的程度会有所不同，但我们始终能够识别这些涌现的模式。这就是自然生态学的力量及其对

---

① 此处作者用的是 emerging properties，根据前文论述，此处应特指不可还原性。——译者注

规划的重要性,它为我们提供的一般解释性指导,可以使我们身处潜在巨大多样性和当地特殊性之中时能够泰然处之。

在第二章中,我们已经警告土地利用规划师,对待本应指导和管理的土地利用动态而复杂的情况时,要抵制**退回简单**的诱惑,不要回避整体框架和系统思维。同样,在处理自然与人类系统耦合的交会处时,规划师和土地利用管理者也面临着我们在此定义为"**退回个例**"(**retreat into specificity**)的风险。毫无疑问,土地利用规划师在其研究和行动的对象(即区域)中面临着难以置信的多样性。即使在像欧洲这样一个相对较小的大陆上,环境条件和景观的多样性也是惊人的。我们的范围从北欧的荒野、人烟稀少的荒地到地中海的灌木丛,从几个世纪前(甚至数千年前)城市结构发展起来的城市地区,到最近的郊区社区。而这仅仅是就物质景观而言,除此之外,还有各种国家和地区机构、法律机制、规划文化、地方管理实践、建筑风格,所有这些都与同样多样化的经济结构和特定的历史发展模式交织在一起。所有这些因素在不同的地区会以无数种方式结合,形成人类—生态系统的互动方式。然而,让我们在这一点上避免任何误解:了解一个地方的特异性对于空间规划师来说不仅是可取的,而且是必不可少的。从业者越是熟悉一个地方的具体特征、当地的历史和正在进行的**具体的**土地利用趋势,他们的行动就越有依据,他们就越能找到适合当地的解决方案。但对土地管理者而言,认识决定当地具体模式的**总体趋势**和**基本过程**同样重要。这将提高他们批判性地解释当地现象的能力,并利用他们对当地环境的了解找到适当的行动方案。

60

不同学者对**政治生态学**给出了多种定义。一个经典且被广泛引用的定义来自布莱基和布鲁克菲尔德(Blaikie and Brookfield,1987,第 17 页):"……政治生态学结合了生态学和广义政治经济学的关注。其中包括社会与土地资源之间以及社会自身包括的阶级和群体之间不断变化的辩证关系。"沃克(Walker,2005)、保尔森等(Paulson et al.,2003)以及特纳二世和罗宾斯(Turner Ⅱ and Robbins,2008)对政治生态学学科的起源和发展进行了出色的总结。**政治生态学**将关注点从分析生态系统的物理成分和衍生的涌现性,转移到它们与社会(人类)系统,特别是与生产系统的相互作用。尽管该学科内部已演变出不同的方法,甚至"政治生态学"这个"标签"本身也存在争议(Walker,2005;Vayda and

Walters，1999），但需要解决的首要问题是政治、经济系统与人类脆弱性和生态系统功能的减少或增强之间的关系（Turner Ⅱ and Robbins，2008）；由此产生的关键问题可归纳如下（Turner Ⅱ and Robbins，2008）：

- 对环境的控制和对环境的了解以及环境准入与使用权的分配，如何影响环境状况和变化？
- 环境管理制度和生态系统的可持续性受何影响？
- 环境退化是如何对不同的人类群体产生不同影响的（例如根据收入、种族、性别、地理位置）？
- 环境条件和变化对环境风险机制转变、社会正义、人类利用的可持续性以及社会经济福祉有何影响？
- 谁来定义环境结果和条件以及产生什么样的政治与生态影响？

61

若想加深对政治生态学这一丰富领域的理解，推荐的读物除了已引用的那些，还有罗宾斯（Robbins，2011）、布赖恩特（Bryant，2015）和佩罗等（Perreault et al.，2015）的作品，但这份清单远非详尽无遗。下面，我们将详细介绍另一位不可或缺的作者——安德瑞·高兹（André Gorz）的工作。

土地利用学或土地变化学研究社会和环境系统交会处的土地变化及其对全球环境的影响（Müller and Munroe，2014），因此，它将土地动力学作为全球环境变化的基础，并发展成为一个涉及生态学、地理学、资源经济、制度治理、景观生态学等的多学科研究领域。其核心是整合自然、社会和地理信息科学，包括遥感（Lambin and Geist，2006；Turner Ⅱ et al.，2007；Turner Ⅱ and Robbins，2008）。土地变化学研究的四个主要组成部分包括（Turner Ⅱ et al.，2007）：

- 观察和监测全世界各地正在进行的土地变化。
- 从人类与环境的耦合系统视角理解这些变化。
- 土地变化的空间显式模型（spatially explicit modelling）[①]。

① 空间显式模型一般是指基于过程的、中至高空间和时间分辨率的、相对复杂的、动态的、非线性的景观模拟，涉及一系列生态和社会经济变量，包括碳、水、氮、磷、植物、消费者（包括人类），以及各种气候、经济和政策情景下的一系列生态系统服务，可以用于测试关于系统可持续性的一系列尺度的假设。［参阅：Costanza R，Voinov A（2003）Landscape simulation modeling：a spatially explicit，dynamic approach. Springer Press.］——译者注

· 评估系统结果，例如脆弱性、恢复力或可持续性。

关于土地利用/变化学的主要论文包括古特曼等（Gutman et al.，2004）、特纳二世等（Turner Ⅱ et al.，2007）、特纳二世（Turner Ⅱ，2009）、罗恩瑟韦尔等（Rounsevell et al.，2012）、费尔堡等（Verburg et al.，2015）的。同样，这份清单并非详尽无遗。

政治生态学和土地利用学的一个主要共同特征是将土地概念化为耦合的人类—环境系统（或社会—生态系统），强调两个子系统的相互依存性，这使得任何单一的子系统分析都有失偏颇。特纳二世和罗宾斯（Turner Ⅱ and Robbins，2008）以及随后布拉恩斯特罗姆和瓦迪尤内克（Brannstrom and Vadjunec，2013）的一篇有影响力的论文，对这两个学科之间的共识和分歧进行了研究；尽管它们是具有不同解释框架的自主研究方法，但它们有几个共同的目标和焦点，可以围绕关键的可持续性主题实现融合。政治生态学可能会处理比陆地更广泛的问题（如海洋环境），但与土地变化学的研究兴趣仍有许多相同之处（Turner Ⅱ and Robbins，2008）。两者都将土地动态概念化为耦合的人类—环境系统的交互过程，都研究了诸如经济活动的生态影响、土地退化过程的原因和补救措施（例如荒漠化、砍伐森林）、保护、制度和治理以及环境正义等关键主题。此外，这两个子领域的很大一部分研究都涉及“**空间**主题，例如公园或保护区边界的功效……**空间连通性（spatial connectedness）**在理解人类与环境关系中的作用……以及空间知识和信息的使用……方法都广泛地利用了**地理信息技术（geographic information technologies）**……”（Turner Ⅱ and Robbins，2008，第 299 页）。因此，区分它们的并非分析的最终对象，也非它们的基本理论基础，而是看待这些复杂问题的视角和对不同要素的强调。土地变化科学家会关注环境子系统本身的结构和功能，而政治生态学家会研究自然环境过程在影响土地利用和社会变革（人类子系统）方面的作用，而非它们本身的内在动力。

62

土地变化学调查影响土地管理的不同驱动因素，包括直接和间接因素，涉及广泛的社会和环境科学理论及概念（包括家庭经济、治理、制度、生态系统和景观）。政治生态学会更多地从控制、知识、生产机制和社会正义的角度分析相同的驱动因素。然而，在调查人类驱动因素、土地变化以及生态系统退化的原因时，这两种方法会产生相似的结果（Turner Ⅱ and Robbins，2008）。二者一致认识到：①复杂的交互因素网络驱动土地利用/覆盖变化，即使从类似的初始条件开始，也往往导致不同的土地利用结果；②与土地管理者决策相关的最直接的变化因素受到间接因素的影响；③作为系统的涌现性，反馈在非线性动态中具有重要作用（Turner Ⅱ and Robbins，2008）。

土地变化学广泛采用建模和定量方法，政治生态学通常对案例研究以及与当地参与者和利益相关者的互动进行定性分析，以阐明观察现象的潜在驱动力。然而，这两种方法可以联合使用，学者们越来越多地主张通过将权力关系概念纳入土地变化学，并将地理空间技术纳入政治生态学研究，以将两者更深入地整合，从而为可持续发展科学做出贡献（Brannstrom and Vadjunec，2014）。

在这一点上，我们讨论的主要内容是土地变化学和政治生态学的见解是否与空间规划相关，如果是，空间规划理论和实践是否利用了这些见解。诚然，问题的第一部分有些多余：我们已经在上面用它们各自支持者的论点强调了两个学科是如何关注空间主题的。**土地利用学**应与**土地利用规划**相关，这毋庸赘言。特纳二世等（Turner Ⅱ et al.，2007，第 20669 页）在他们关于土地变化学的开创性论文中指出，"人类—环境子系统的耦合以及对其空间显示结果的评估（给土地变化学）带来了许多重大挑战，也许没有什么比寻找可持续的**土地结构（land architecture）**更重要的了"。此外，他们还补充说："虽然一个景观或地区的完整生态系统服务很少可以通过留出一块土地来提供，但最适合人类使用的土地往往与那些对提供某些商品和服务起最关键作用的土地相吻合。……这些模式塑造了包括荒地在内的大多数土地结构，因此，无论是事实上还是法律上，它们都受管理制约，其利用也是设计而来。……在一个实际上通过**规划**迅速对几近整个地表进行**治理**的世界中，推导出可持续的土地结构是一个巨大的挑战。"（Turner Ⅱ et al.，2007，第 20669 页）因此，从土地变化学的需求来看，确有必要将土地变化学与空间规划相结合。同时，鉴于上述土地变化学与政治生态学之间的融合[①]，政治生态学与空间规划的结合同样不可或缺，而三者混合的方法更是必不可少。

63

① 指上文提到的二者对空间规划研究的共同需求。——译者注

因此,可以预期,在各自的研究领域,将土地变化学、政治生态学与空间规划结合的呼声会非常强烈,促进融合、相互反馈和相互学习的努力也将坚持不懈。然而,快速浏览一下现实中的情况会让读者感到失望。即使在最新的文献中,学者们也坚持认为,尽管规划影响城市土地变化这一前提已被广泛接受,但迄今为止土地变化学对空间规划的关注却很少(Hersperger et al.,2018)。可以说,事实恰恰相反。赫斯珀格等(Hersperger et al.,2018)将这种脱节追溯到这两个领域中存在的两种不同研究范式:对于空间规划学者来说,他们坚持认为,空间主要是一种社会建构,而土地变化科学家则试图确定驱动因素和结果之间的相关性或因果关系,并尝试以定量方式对其进行建模。虽然在我们看来,这种解释可能过于武断,因为它没有提及规划理论的全部范式,但结论是完全共通的:"弥合这两种范式的研究很少。因此,规划并没有很好地融入土地变化的定量评估中"(Hersperger et al.,2018,第33页)。

对赫斯珀格及其同事而言,其目的是更好地将空间规划作为土地利用变化的主要**驱动因素**[与兰宾和盖斯特(Lambin and Geist,2006)一致]纳入土地变化模型中。为此,他们指出了一些挑战和障碍,其中一些更具技术性,例如难以将制图规划表示(通常是模糊和示意性的)和叙述转化为模型输入,其他问题涉及规划意图、实施和结果之间的差异以及国土治理在这一过程中所起的作用。他们提出了一项研究议程,旨在阐明国土治理、规划、发展项目和结果(即土地变化)之间的明确联系。这是否可行仍然是一个悬而未决的问题,但赫斯珀格及其同事的论文认识到有必要在土地变化学和空间规划方面架起桥梁,并为此提出具体行动方案。他们是从土地变化科学家的研究需求角度出发的,考虑到这是他们的研究兴趣,这很合理。但令人有些沮丧的是,据我们所知,迄今为止,空间规划学术界很少(如果有的话)在同一方向上做出尝试[梅特尼希(Metternicht,2018)的第1.2节是个例外,但关于该问题也仅是蜻蜓点水]。这导致的问题是:一方面,土地变化模型的设计和校准过程中很少咨询规划师,使得空间规划作为土地变化的驱动力是通过"规划工具和政策的相当粗略的近似"(Hersperger et al.,2018,第34页)来模拟的;另一方面,在我们看来,土地变化对空间规划选择的影响不亚于空间规划对土地变化的影响。众所周知,在20世纪80年代和90年代,由于生产转移到发展中国家,欧洲和北美城市中曾经被工业设施占据

64

的大片土地被遗弃。这不是地方/地区当局的规划选择，而是资本主义生产的全球化趋势导致的结果。规划师和政策制定者不得不应对这一现象，并为这些地区的重新改造设想新的解决方案，但实际上没有机构能决定生产的转移。因此，规划活动与土地变化之间的关系是双向的，并受到众多内生和外生因素的调节。空间规划文献承认外部因素在地方层面的重要性，但这通常仅限于为特定案例研究设定背景的松散陈述（Hersperger et al.，2018；Albrechts and Balducci，2017；Healey，2007）。我们再次赞同赫斯珀格等（Hersperger et al.，2018，第38页）的结论，即“据我们所知，在影响空间规划制定和实施方面明确考虑外部条件……尚待探索”。这些作者呼吁在规划和土地变化学领域之间进行强有力的合作，这将为双方带来实质性的好处，并指出进步是必不可少的，因为土地变化学“正朝着设计可持续的土地转型和新型土地系统的方向发展，同时正推广土地治理（land governance）的概念，以共同设计全球可持续性的解决方案”（Hersperger et al.，2018，第40页）。这是空间规划学者和从业者不应错过的机会，并可在未来开辟出亟须的研究途径。

政治生态学和空间规划的结合情况也大同小异。[①] 一个值得注意的例外是泰勒和赫尔利（Taylor and Hurley，2016）的书，在书中作者研究了远郊地区（ex-urban areas）的转型过程及其驱动因素，远郊地区被定义为以极低密度的乡村住宅开发为特征的地区，因富人选择离开城市及郊区，寻求更接近自然舒适度高的乡村生活方式而兴起。虽然分析主要限于美国，但作者的方法与本书的论点非常一致：他们旨在通过识别全球驱动因素和塑造远郊景观的当地政治、规划和监管过程，为土地利用规划师和决策者提供见解。重要的是，他们把土地利用规划作为分析的核心，指出土地利用规划在这些过程中所起的作用没有得到当前学术界的普遍认可，并指出“学者们对规划和地区的参与不足意味着研究的空白”（Taylor and Hurley，2016，第9页）。

总之，我们认为迫切需要空间规划、土地利用学和政治生态学之间的交叉融合，以推进每个研究领域的理论和突出成果并改进实践。到目前为止，对这种紧

---

① 截至2018年10月，斯高帕斯数据库中未出现同时包含“政治生态学”以及“空间规划”或“土地利用规划”或“城市规划”或“景观规划”的论文。如果搜索扩展到主题、摘要和关键字，则只返回大约23个文档。

迫性的认识似乎更多地来自土地科学科学家和政治生态学家，而非规划师。但是，规划学者和从业者应认真对待合作的呼声。越来越多的来自不同领域的学者被敦促用他们的工具和概念为解决全球可持续性问题做出贡献。空间规划如果不参与其中，它作为一门科学学科将逐渐被边缘化，并在从科学到政策的知识转移过程中失去中心地位。在这个框架下，生态学的子学科，与空间规划的结合可能更先进一些，实践也更多一些，这就是景观生态学。因此，我们将在下一节中详细讨论。 65

第四节　景观生态学和空间规划

景观生态学研究景观结构如何影响生物的丰度和分布（Fahrig，2005）。早在 20 年前的文献就强调了景观生态学与空间规划相结合的必要性[例如参阅德拉姆施塔德等（Dramstad et al.，1996）、埃亨（Ahern，1999）、奥普丹等（Opdam et al.，2001）]。值得注意的是，在这些出版物中，我们在此强调的关于土地利用学、政治生态学和空间规划之间（缺乏）整合的一些缺点，在景观生态学方面也同样受到批评。例如，奥普丹等（Opdam et al.，2001）指出，这方面的一个主要障碍是缺乏将单一物种研究转化为可用于空间规划过程的通用知识的方法。为了解决这个问题，这些作者提出了基于以下步骤的研究策略：①收集景观网络中物种分布模式的信息[如栖息地斑块占有率[①]（habitat patch occupancy）以及与景观指数的相关性]；②在种群和个体水平上开展运动过程研究，分析可能与规划区域有关的斑块和基质特征，并考虑选定物种的扩散能力；③将分布模式转化为与景观结构相关的持久性估计（Opdam et al.，2001）；④通过在不同景观中重复案例研究或使用集合种群[②]模型（metapopulation models），将其推广到其他景观；⑤汇总到多物种层面，产生简单的景观指标和设计规则。

按照类似的思路，博特基利亚・莱唐和埃亨（Botequilha Leitão and Ahern，

---

① 指某一种群对某一斑块占所有栖息地斑块的比例。——译者注

② 莱文斯（Levins）在 1969 年提出集合种群（metapopulation）一词，并将其定义为由经常局部性绝灭但又重新定居而再生的种群所组成的种群。——译者注

2002)认为，对景观生态学中生态过程的空间维度的关注构成了与规划的自然联系，因为它为生态学家和规划师提供了一种共同语言。这些作者认为景观生态指数(landscape ecological metrics)[①]是将生态学知识融入规划的有用工具；特别是强调了景观中的结构和功能的概念及其关系。他们认为，规划师应通过确定规划区域的主要结构元素及其提供的主要生态功能，获得对结构和功能之间动态互动的基本理解。景观结构又有两个组成部分：构成(composition)和配置(configuration)。第一个是景观的非空间显性特征，它衡量斑块的丰富性、比例、均匀性和优势度。香农和辛普森多样性指数[②]是构成指数的一个例子(McGarigal and Marks，1995；Gustafson，1998)。而配置指数是指景观中斑块的空间排列，并将空间特征表征为斑块的周长、面积比或边缘的类型和数量。连通性(connectivity)是景观生态学中的另一个关键概念，是景观的可衡量特征，是对生物多样性保护功能的描述，也是规划选择产生的景观变化的敏感指标(Botequilha Leitão and Ahern，2002)，因此在空间规划中具有高度相关性和应用潜力。通过比较多年来开发的诸多不同景观指标的使用和相关性，这些作者提出了一套可用于规划的九种核心景观指数。

66

(1) 景观构成指数

· 斑块丰富度(patch richness，衡量景观中存在的类别数量)和类别面积比例(class area proportion，衡量景观中每个类别的比例)。

· 斑块数量(number of patches，衡量特定土地利用或土地覆盖类别的斑块总数)和斑块密度(patch density)。

· 斑块大小(patch size)：平均斑块大小(测量一类斑块的平均大小)。

(2) 景观配置指数

---

① 作者定义了景观指数并指出了与空间统计的差异：后者估计了采样变量值的空间结构，而景观指数则描述了斑块(空间均匀实体)或斑块镶嵌的几何与空间特性(Fortin，1999；Botequilha Leitão and Ahern，2002)。

② 辛普森多样性指数描述从一个群落中连续两次抽样所得到的个体数属于同一种的概率。香农多样性指数来源于信息熵，香农多样性指数越大，表示不确定性越大；不确定性越大，表示这个群落中未知的因素越多，也就是多样性越高。辛普森多样性指数对物种均匀度较为敏感，香农多样性指数对物种丰富度更敏感。(参阅：许晴、张放、许中旗等："Simpson 指数和 Shannon-Wiener 指数若干特征的分析及'稀释效应'"，《草业科学》，2011 年第 4 期。)——译者注

- 斑块形状(patch shape):斑块周长与面积的比率。
- 边缘对比度(edge contrast):总边缘对比度指数。
- 斑块紧密度(patch compaction):回旋半径和相关长度 I。
- 最近邻距离(nearest neighbour distance):平均最近邻距离。
- 平均邻近指数(mean proximity index)。
- 扩散效应(contagion)

博特基利亚·莱唐等(Botequilha Leitão et al.,2012)对上述指数进行了逐个详细描述。博特基利亚·莱唐和埃亨(Botequilha Leitão and Ahern,2002)将每个指数与规划师关注的一个或多个基本生态过程联系起来。景观简化(landscape simplification)可以通过斑块丰富度来衡量:在其最低限度,只有一种土地覆被类别,景观被过度简化,而随着指数的增加,景观的异质性增加。类别面积比例提供了类似的评估:当一个类别在景观中占主导地位时,它为多栖息地物种提供的支持就很少。破碎化(fragmentation)可以通过斑块数量和平均斑块大小来体现:如果斑块数量指数太高,说明该斑块类别高度破碎;平均斑块大小的低值也能提供类似的信息(这两个指数应结合使用)。平均最近邻距离可以代表连通性,以评估景观允许疾病和火灾等干扰传播的潜力(指数低时潜力较高);同样,扩散效应的高值可能表明干扰扩散的潜力高。作者还指出了使用此类指数的局限性和不确定性,但只要规划师用它们来对不同的规划方案进行定性排序,而非对景观相关现象进行精确**预测**,它们就是有效的。 67

博特基利亚·莱唐和埃亨(Botequilha Leitão and Ahern,2002)的论文除了为规划师提供了将景观生态学指标整合到实践中的有用工具外,另一个优点是,认识到并倡导在规划中整合景观生态学以外的生态知识需要一个整体框架:"将概念统一到一个适用于所有规划活动的框架中,而非无数不同的方法,这有助于基于生态建立可持续性规划的共识。这样一个统一的框架将为规划应用提供一个共同的基础,不习惯应用生态学原理的规划师肯定会受益……我们相信,如果有一个单一的、连贯的、一致的方法论以及应用的工具箱,规划师和其他一般的从业者(如工程师、建筑师等),会更容易接受将生态知识纳入他们的工作中。这也有助于形成围绕生态价值和知识的(科学、哲学)凝聚力,加强科学家和从业者之间的交流。"(Botequilha Leitão and Ahern,2002,第 79 页)这种观念与本书的内容和目标非常一致。

特莫舒伊曾等(Termorshuizen et al.,2007,第375页)提出了将生态可持续性原则纳入空间规划的进一步建议，认为景观生态学"尚未成功地开发出将概念系统地纳入规划中的程序"。他们提出了一个以若干关键物种的持久性为基础的框架，作为指导景观设计和使用"空间离散度"(spatial cohesion)概念的标准(Opdam et al.,2003)，即如果生态系统模式的质量和数量条件与以物种清单表示的选定目标相平衡，则景观在生态上是可持续的。

尽管为弥合景观生态学和空间规划之间隔阂做出的努力越来越多，但在首次明确景观生态学和空间规划联系的研究报告发表近十年后，此类文献对规划实践的总体影响仍然有限(Nassauer and Opdam,2008)。后续研究提出了从"模式→过程"到"模式→过程→设计"的景观生态学范式演变，再次强调了科学家和从业者之间合作、消除景观生态学和规划之间隔阂的必要性。

所有这些都对推进空间规划中的生态学方法做出了宝贵贡献。然而，用博特基利亚·莱唐和埃亨(Botequilha Leitão and Ahern,2002)的话说，景观指数的一个主要局限是，它们是"某些景观功能的替代品"(Botequilha Leitão and Ahern,2002,第86页)；此外，"景观生态学仍需进一步研究建立多尺度的模式和过程之间的牢固关系、干扰的作用以及生态和社会经济组成部分的整合"(Botequilha Leitão and Ahern,2002,第89页)。在讨论景观生态学在土地利用规划中的应用时，永曼(Jongman,2005)强调，关于不同土地利用强度和景观配置在空间(格局)与时间(变化)方面的影响，仍然缺乏详细的了解。科里和纳绍埃尔(Corry and Nassauer,2005)也表达了类似的担忧，认为佐证景观指数和生态功能之间关系的资料仍不充分。为比较小型哺乳动物栖息地质量的备选规划或设计，这些作者调查了景观指数的准确性并得出结论：规划师仅应非常谨慎地在知识和方法上使用景观指数，并只能将其作为衡量景观性能的众多指标之一。

68

最近的文献表明，需要通过将景观生态学的关键概念和指数与生态系统服务的概念框架相结合来扩展景观生态学范式(Almenar et al.,2018)。一方面，生态系统服务(或更确切地说是景观服务)有助于更好地将景观模式和生态过程联系起来；另一方面，景观指数的使用可以在提供服务时更好地考虑景观配置。

冈萨雷斯·德莫利纳和托莱多(González de Molina and Toledo,2014)关于社

会代谢(我们将在第四章详述这个概念)的优秀著作很好地解释了景观生态学在空间规划中生态理性框架内的主要限制:空间配置代表了景观功能的直接**可见**痕量(**visible** trace),但除此之外,还有能量和物质潜在流动的无形痕量(invisible trace),这些痕量仅通过使用景观生态学指数无法捕捉。农业区提供了一个典型的例子:管理强度是决定农业景观整体生态功能的关键因素,但它们并没有完全按照空间指数进行分组。昂里克·特略(Enric Tello)、霍安·马鲁利(Joan Marull)及其同事在这方面进行了非常有趣且密切相关的研究。他们建议将传统的景观生态学分析与环境史视角下的社会代谢研究相结合[例如参阅特略等(Tello et al.,2016)、马鲁利等(Marull et al.,2019)],我们将在下一章讨论这个问题。

总之,景观生态指数可用于规划过程的不同阶段,从最初的景观分析和预测到备选方案的比较、实际景观设计和监测。然而,仍然缺乏对景观指数与生态功能之间联系的全面理解,因此应由专家指导其应用,尤其是在应用于新的背景和空间规划问题时(Almenar et al.,2018)。另外,它们的优点是在目前的 GIS 技术下比较容易计算,而且不像其他模型那样需要数据,因此确实应将其纳入空间规划师的工具箱。

有关景观生态学的文献非常丰富,同样,我们在这里为希望在这个主题上提高相关认识的规划师推荐一些关键读物,相关文献提供了链接。德拉姆施塔德等(Dramstad et al.,1996)为空间规划师量身定做了一本简明扼要的书。前面提到的博特基利亚·莱唐等(Botequilha Leitão et al.,2012)的书对可用于空间规划的景观生态概念和指标进行了极好的概述。更有经验的读者可以通过麦加里加尔(McGarigal,2014)的书加深对景观格局量化的了解;专家读者可以在格尔格尔和特纳(Gergel and Turner,2017)的书中找到该学科的最新进展。

第五节 总结

69

我们在本章的第一节已经表明,从本质上讲,由于其他形式的理性往往占据主导地位,导致当前的社会选择机制在解决复杂生态问题方面的**先天**失能。所有这些理性,在最好的情况下尚不足以追求生态理性,在最坏的情况下甚至与生态理性公开对立。一般来说，空间规划体系和架构也面临同样的问题。我们已经阐明了一套标准，这些标准由生态系统的主要涌现属性派生而来，可以构成生态理性总体框架的基础。反过来，生态系统生态学[①]以复杂系统理论为基础，为从可持续发展角度评估空间规划选择的合理性（soundness）提供了知识根基和学科基础。因此，我们主张在这两个学科领域之间进行更深层次的整合，这意味着空间规划师要了解生态系统生态学的基本理论和概念。景观生态学作为生态学的一个分支学科，为规划师提供了有用的、空间明确的工具和指标，为规划选择提供参考，并有助于在空间规划中培养生态思维。然而，这些措施并不足以完全掌握所涉及的生态过程，应辅以其他工具和概念。

虽然这将为规划提供有关土地用途选择的物理影响和生态系统行为（以及景观）的信息，以此引导决策走向更生态的结果，但这还不足以识别、理解和解释在全球或区域范围内运作的基本驱动因素和驱动力。我们认为，这种更广泛的理解对于促进空间规划中的生态理性至关重要，土地系统变化和空间规划之间的联系也应得到清晰和更深入的分析，而意识到规划既是变化的驱动力也是对变化的回应，是这一切的起点[另见梅特尼希（Metternicht，2018）]。为此，我们提出了空间规划与土地利用学和政治生态学领域之间的交叉融合。

从对近期文献的简要概述中，我们看到，越来越多的人认识到，这种整合对于推进可持续科学和促进具有空间影响的生态决策是必要的。虽然这种观点仍处于萌芽状态，且目前更多地来自土地利用学家或政治生态学家，而非空间规划师。空间规划理论与实践的见解有助于阐明空间规划作为变革驱动力或作为自上而下驱动力和自下而上实例之间相互作用的中介（mediate）[②]方式，其无疑会受益于用这些学科的概念、方法和结论来加强其学术研究。这些阐述构成了我们提出生态理性的空间规划总体框架的出发点，或者使用更复杂的哲学概念，将空间规划**纳入（subsumption）**生态理性。我们将在下一章中对其进行概述。

---

① 原文为 ecosystem ecology，就是指以生态系统为主要研究对象的生态学，较多的翻译方式是将其译为“生态学”，本书中为与政治生态学、景观生态学等生态学门类区别，保留字面意思而译为“生态系统生态学”，与上文作者提到的“自然生态学”表同义。——译者注

② 本书中涉及 mediate、mediation 等相关词汇，与主要的马克思论著中译版中的翻译保持一致，译为“中介”。——译者注

参 考 文 献

Ahern J (1999) Integration of landscape ecology and landscape design: an evolutionary process. In: Wiens, Moss (eds) Issues in landscape ecology. International association for landscape ecology, Guelph, Ontario, Canada, pp 119–123
Albrechts L, Balducci A (2017) Introduction. In: Albrechts L, Balducci A, Hillier J (eds) Situated practices of strategic planning—an international perspective. Routledge, New York, pp 15–21
Almenar JB, Rugani B, Geneletti D, Brewer T (2018) Integration of ecosystem services into a conceptual spatial planning framework based on a landscape ecology perspective. Landsc Ecol 33(12):2047–2059. https://doi.org/10.1007/s10980-018-0727-8
Baber WF, Bartlett RV (2005) Deliberative environmental politics: democracy and ecological rationality. MIT Press, Cambridge, MA, p 276
Blaikie PM, Brookfield H (eds) (1987) Land degradation and society. Methuen, London and New York
Bonifazi A (2009) Evaluation and the environmental democracy of cities. PhD dissertation, Politecnico di Bari—Facoltà di Ingegneria I (Bari, Italy), Ph.D. Programme in "Pianificazione Territoriale e Urbanistica"—Ciclo XXI
Botequilha Leitão A, Ahern J (2002) Applying landscape ecological concepts and metrics in sustainable landscape planning. Landsc Urban Plan 59(2):65–93. https://doi.org/10.1016/S0169-2046(02)00005-1
Botequilha Leitão A, Miller J, Ahern J, McGarigal K (2012) Measuring landscapes: a planner's handbook. Island Press, Washington, DC
Brannstrom C, Vadjunec J (eds) (2013) Land change science, political ecology, and sustainability. Routledge, London. https://doi.org/10.4324/9780203107454
Brannstrom C, Vadjunec J (2014) Notes for avoiding a missed opportunity in sustainability science: integrating land change science and political ecology. In: Land change science, political ecology, and sustainability: synergies and divergences, pp 1–23. https://doi.org/10.4324/9780203107454
Bryant RL (ed) (2015) The international handbook of political ecology. Edward Elgar Publishing
Corry RC, Nassauer J (2005) Limitations of using landscape pattern indices to evaluate the ecological consequences of alternative plans and designs. Landsc Urban Plan 72:265–280
Dahl RA (1973) Participation and opposition. Yale University Press, Polyarchy
de Molina MG, Toledo VM (2014) The social metabolism: a socio-ecological theory of historical change, vol 3. Springer
Dramstad W, Olson JD, Forman RT (1996) Landscape ecology principles in landscape architecture and land-use planning. Island Press, Wasgington, DC
Dryzek JS (1987) Rational ecology: the political economy of environmental choice. Basil Blackwell, Oxford
Dryzek JS (2005) The politics of the earth. Oxford University Press, Oxford
Dryzek JS (2009) Democracy and earth system governance. Paper presented at symposium, Conference on the Human Dimensions of Global Environmental Change "Earth System Governance: People, Places and the Planet", Amsterdam, 2–4 December 2009
Dryzek JS (2016) Institutions for the anthropocene: governance in a changing earth system. Br J Polit Sci 46(4):937–956. https://doi.org/10.1017/S0007123414000453
Fahrig L (2005) When is a landscape perspective important? In: Wiens J. Moss M (eds) Issues and Perspectives in Landscape Ecology (Cambridge Studies in Landscape Ecology, pp 3–10). Cambridge: Cambridge University Press. https://doi.org/10.1017/CBO9780511614415.002
Faludi A (2014) Europeanisation or Europeanisation of spatial planning? Plan Theory Pract 15(2):155–169. https://doi.org/10.1080/14649357.2014.902095

Fortin MJ (1999) Spatial statistics in landscape ecology. In: Klopatek JM, Gardner RH (eds) Landscape Ecological Analysis. Springer, New York, NY

Gergel SE, Turner MG (eds) (2017) Learning landscape ecology: a practical guide to concepts and techniques. Springer

71 Gustafson EJ (1998) Quantifying landscape spatial pattern: what is the state of the art? Ecosystems 1(2):143–156. https://doi.org/10.1007/s100219900011

Gutman G, Janetos AC, Justice CO, Moran EF, Mustard JF, Rindfuss RR, … Cochrane MA (eds) (2004) Land change science: observing, monitoring and understanding trajectories of change on the earth's surface, vol 6. Springer Science & Business Media. https://link.springer.com/content/pdf/10.1007%2F978-1-4020-2562-4.pdf

Hardin G (1968) The tragedy of the commons. Science 162:1243–1248

Healey P (2007) Urban complexity and spatial strategies: towards a relational planning for our times. Routledge, London

Hersperger AM, Oliveira E, Pagliarin S, Palka G, Verburg P, Bolliger J, Grădinaru S (2018) Urban land-use change: the role of strategic spatial planning. Glob Environ Change 51:32–42. https://doi.org/10.1016/j.gloenvcha.2018.05.001

Jongman RHG (2005) Landscape ecology in land use planning. In: Wiens JA, Moss MR (eds) Issues and perspectives in landscape ecology. Cambridge University Press, pp 316–328

Lambin E, Geist H (eds) (2006) Land-use and land-cover change: local processes to global impacts. Springer, New York

Lindblom CE (1965) The intelligence of democracy: decision making through mutual adjustment. Free Press

Martínez-Alier J, Muradian R (2015) (eds) Handbook of ecological economics. Edward Elgar Publishing. https://doi.org/10.4337/9781783471416

Marull J, Cattaneo C, Gingrich S, de Molina MG, Guzmán GI, Watson A, MacFadyen J, Pons M, Tello E (2019) Comparative energy-landscape integrated analysis (ELIA) of past and present agroecosystems in North America and Europe from the 1830s to the 2010s. Agric Syst 175:46–57. https://doi.org/10.1016/j.agsy.2019.05.011

Mathews F (1995) Community and the ecological self. Environ Polit 4(4):66–100

McGarigal K (2014) Landscape pattern metrics. Wiley StatsRef: Statistics Reference Online

McGarigal K, Marks BJ (1995) FRAGSTATS: spatial pattern analysis program for quantifying landscape structure. General technical report—US Department of Agriculture, Forest Service, (PNW-GTR-351)

Metternicht G (2018) Land use and spatial planning—enabling sustainable management of land resources. Springer briefs in earth sciences. Springer Nature, Switzerland, p 116

Müller D, Munroe DK (2014) Current and future challenges in landuse science. J Land Use Sci 9(2):133–142. https://doi.org/10.1080/1747423x.2014.883731

Naess A (2005) What kind of democracy? The Trumpeter 21(2):10–15

Nassauer JI, Opdam P (2008) Design in science: extending the landscape ecology paradigm. Landsc Ecol 23:633–644

Opdam P, Foppen R, Vos C (2001) Bridging the gap between ecology and spatial planning in landscape ecology. Landsc Ecol 16(8):767–779

Opdam P, Verboom J, Pouwels R (2003) Landscape cohesion: an index for the conservation potential of landscapes for biodiversity. Landsc Ecol 18(2):113–126

Ostrom E (1990) Governing the commons: the evolution of institutions for collective action, Cambridge. University Press, Cambridge

Paulson S, Gezon LL, Watts M (2003) Locating the political in political ecology: an introduction. Human Organization 62:205–217

Perez AC, Grafton B, Mohai P, Hardin R, Hintzen K, Orvis S (2015) Evolution of the environmental justice movement: activism, formalization and differentiation. Environ Res Lett 10(10). https://doi.org/10.1088/1748-9326/10/10/105002

Perreault T, Bridge G, McCarthy J (eds) (2015) The Routledge handbook of political ecology. Routledge

Plumwood V (1995) Has democracy failed ecology? An ecofeminist perspective. Environ Polit 4(4):134–168

Popper K (2012) The open society and its enemies. Routledge

Robbins P (2011) Political ecology: a critical introduction, vol 16. Wiley

Rounsevell MDA, Pedroli B, Erb K, Gramberger M, Busck AG, Haberl H, ... Wolfslehner B (2012) Challenges for land system science. Land Use Policy 29(4):899–910

72

Sharifi A, Yamagata Y (2018) Resilience-oriented urban planning. In: Sharifi A, Yamagata Y (eds) Resilience-oriented urban planning—theoretical and empirical insights. Springer, Cham, pp 3–27

Taylor LE, Hurley PT (eds) (2016) A comparative political ecology of exurbia: planning, environmental management, and landscape change. Springer, pp 1–310. https://doi.org/10.1007/978-3-319-29462-9

Tello E, Galán E, Sacristán V, Cunfer G, Guzmán GI, González de Molina M, Krausmann F, Gingrich S, Padró R, Marco I, Moreno-Delgado D (2016) Opening the black box of energy throughputs in farm systems: a decomposition analysis between the energy returns to external inputs, internal biomass reuses and total inputs consumed (the Vallès County, Catalonia, c.1860 and 1999). Ecol Econ 121:160–174

Termorshuizen JW, Opdam P, van den Brink A (2007) Incorporating ecological sustainability into landscape planning. Landsc Urban Plan 79(3–4):374–384

Turner II BL (2009) Land change (systems) science. In: Castree N, Demeritt D, Liverman D, Rhoads B (eds) A companion to environmental geography, pp 1–588. https://doi.org/10.1002/9781444305722

Turner II BL, Robbins P (2008) Land-change science and political ecology: similarities, differences, and implications for sustainability science. Annu Rev Environ Resour 33. https://doi.org/10.1146/annurev.environ.33.022207.104943

Turner II BL, Lambin EF, Reenberg A (2007) The emergence of land change science for global environmental change and sustainability. Proc Natl Acad Sci USA 104(52):20666–20671. https://doi.org/10.1073/pnas.0704119104

Vayda AP, Walters BB (1999) Against political ecology. Human Ecol 27(1):167–179

Verburg PH, Crossman N, Ellis EC, Heinimann A, Hostert P, Mertz O, Zhen L (2015) Land system science and sustainable development of the earth system: a global land project perspective. Anthropocene 12:29–41. https://doi.org/10.1016/j.ancene.2015.09.004

Walker PA (2005) Political ecology: where is the ecology? Prog Human Geo 29(1):73–82

Wildavsky A (1966) The political economy of efficiency: cost-benefit analysis, systems analysis, and program budgeting. Pub Admin Rev 292–310

第四章　空间规划中生态理性的概念框架

本章综合了前几章的见解，并将其系统化地纳入空间规划中生态理性的概念框架之中。该框架的中心是景观，不同的驱动因素在其不同尺度上发挥作用。在更高的层次上，有一些主要的驱动因素决定了可识别的总体趋势[大趋势(megatrends)]。部门与地区政策(包括空间规划)通过中介和调节这些驱动因素(对抗、迎合或两者结合)的影响，推动地区自行转型，对景观施加影响。该框架的其他要素包括一个由规划理论和方法、土地利用学和政治生态学综合而成的知识库(knowledge base)，以及对其具有支撑作用的诸如自然生态学(包括景观生态学作为子学科)、系统论和涉及社会选择机制、制度及政治学的社会科学集合等部门学科。这一知识库有助于更好地识别和理解驱动因素，并为空间规划中的生态理性提供一套指导原则和标准。而这套标准又需要在规划实践中转化为具体的分析工具和方法。本章调查框架的首要部分，即国土转型背后可见的和可衡量的主要驱动因素。新陈代谢断裂(metabolic rift)[①]和空间修复(spatial fix)[②]这两个主要概

---

① Metabolism一词在《马克思恩格斯全集》中分别译为"新陈代谢"和"物质变换"，在福斯特的代表作中统译为"新陈代谢"。(参阅：福斯特著，刘仁然译：《马克思的生态学——唯物主义与自然》，高等教育出版社，2006年；贾学军：《福斯特生态学马克思主义思想研究》，人民出版社，2016年。)考虑作者观念与福斯特一致，且本书领域主要为生态领域，本书将metabolism译为"新陈代谢"，而metabolic rift统译为"新陈代谢断裂"。但是在引用《马克思恩格斯全集》的相关论述时，完全按照全集中的原文引用，无论是被译为"新陈代谢"还是"物质交换"，都不作改动。——译者注

② 参阅：史密斯著，刘怀玉、付清松译：《不平衡发展——自然、资本与空间的生产》，商务印书馆，2008年。——译者注

念被用来分析与解释这些驱动因素。这些概念作为有力的分析工具，经过详细阐述和讨论以解释城乡景观转变的主要现象：城市化和郊区化、农业集约化以及边缘农业区的撂荒。

第一节　空间规划中生态理性概念框架的提出

74

我们现在可以把前几章的论点和阐述综合到一个总体框架之中，以便把生态理性完全包含至空间规划中，或者更好的说法是，把空间规划**“纳入”**生态理性中。这里，根据德国唯心主义哲学和马克思主义传统，使用术语“纳入”来表示通过定义一般/特殊关系将**普遍（universal）**和**特殊（particular）**概念联系起来的过程：其论点是，空间规划过程的特殊性或地方特异性只有在更广泛的概念框架内予以考察，才能得到生态化处理。同时，这里认同一种辩证关系：规划实践不仅要符合生态理性原则，而且生态理性的行动过程也可通过空间规划**实现**。

图 4-1 提供了拟议框架的示意图。其中心是景观，即空间规划过程的对象。如前一章所述，景观可以定义为人类生活和活动的生态系统，是一个耦合的社会生态系统。框架的下部是支撑它的**知识库**，由三个主要要素构成：①规划理论和方法，这是空间规划师的“通用”知识集；②土地利用学；③政治生态学。可以看出，这三个领域不是分离的，而是可整合到一个统一知识框架中的。这些学科又建立在我们前几章讨论过的三个主要支柱之上：①自然生态学（将景观生态学作为其中的子学科）；②系统论；③涉及社会选择机制、制度、政治学等的社会科学集合。生态系统生态学和系统论为确定指导生态导向的空间规划的总体原则及标准提供了概念：在第二章中，我们将其确定为协调性、复杂性、开放性、适应性、内稳态（包括恢复力和抵抗力）、多样性和秩序创造/负熵（包括在自组织性中）。我们还表明，这些原则既适用于作为物理的、空间决策实体的**生态系统**，也适用于社会选择的决策系统或机制，包括作为行政过程和政策的空间规划。

75

景观受到多种力量的影响，这些力量来自自然、经济、社会和政治驱动因素的复杂网络，在从全球到地方的不同空间尺度上发挥作用，在地方可能包括空间规划自身。政治生态学和土地利用学可以识别与解释这些驱动因素及力量，它

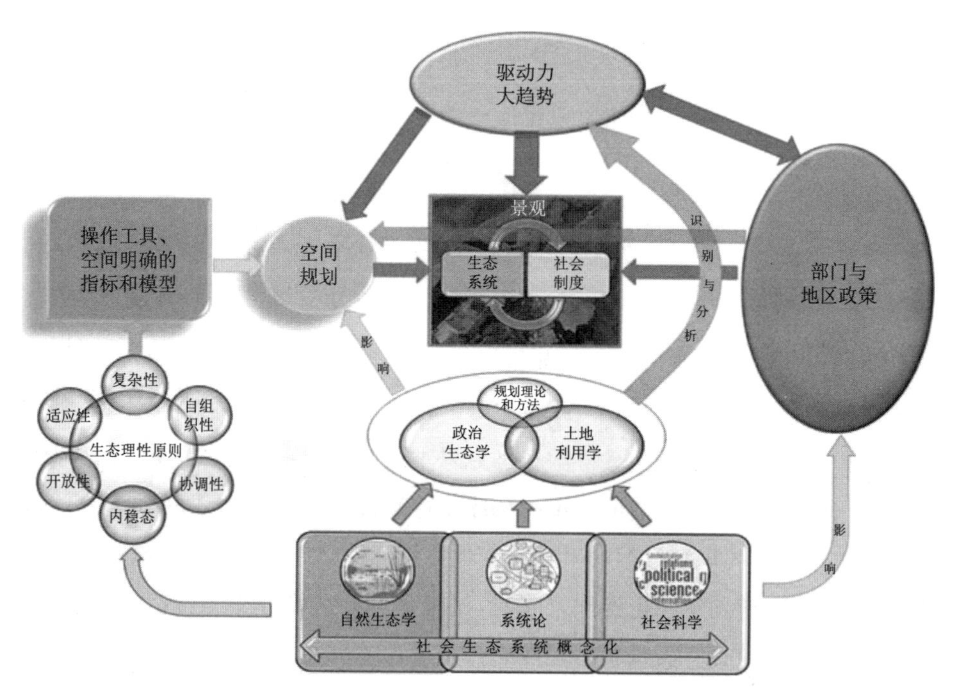

图 4－1 空间规划中生态理性的概念框架

们在景观层面表现为**大趋势**[①]。这里将介绍拟议框架的另一个要素。空间规划与景观都受到**一般政策(general policies)**和**部门政策(sectorial policies)**的影响，这些政策通常由更高层级的政府和决策机构制定。当然，这些政策不是凭空出现，而是上述驱动力作用、社会选择机制以及不同利益群体中介的共同结果。同样，这里还是采用辩证的方法，即政策在影响(或回应)这些驱动因素的同时，也受这些驱动因素的影响(图 4－1 中的双箭头)。决策在一定程度上也受到上述学科所提供的知识积累的影响。政策影响着空间规划，在某种程度上，也可能受到空间规划的影响，即受到地方实践的影响。

可以看出，源自自然生态学和系统论的原则为评估规划选择的生态理性程度提供了框架。然而，生态理性和空间规划的充分结合要求它们不仅仅是**事后使用(ex-post)**，而是在技术方面完全充当规划的基础，即为作为科学学科的规划

① 多指在全球尺度产生影响的趋势，本书中也泛指欧洲尺度的趋势。——译者注

提供信息，并在过程方面为作为社会选择机制的规划奠定基础。

然而，这些原则还不是规划师可以立即使用的**操作工具(operational instruments)**。例如，很难直接测量景观中的恢复力、自组织性或内稳态，因为正如所述，这些是**涌现性**，而非可以通过指标或定义的空间指数来测量和比较的明确物理特性。而且除了理论问题之外，这在任何情况下都需要在长期的调查和测量方面付出相当大的努力，这在绝大多数空间规划过程中显然是不可行的。因此，需要为规划师提供更多可行的**工具和方法**，提供在实际规划实践中可用的并**近似于(approximate)**生态系统涌现性表述的空间明确的、可测量的指标、指数和模型。

76 在第二、三章中，我们研究了自然生态学和系统论的基本原则，并为读者提供了适当的参考，以加深认识。我们对社会科学部分进行了阐述，同时探讨了理性的不同定义以及不同的社会选择机制在这些定义下的运作方式。由于经典的规划理论规划师应已非常熟悉，这里未作过多阐述。在第三章中，我们介绍了政治生态学和土地利用学的主要原则以及两者交叉的混合方法，同样为感兴趣的读者提供了关于这两个主题的专业出版物作为参考。在本书的其余部分，我们将详细阐述所提出框架的其他要素：特别是在本章的下一节，我们将从政治生态学和土地利用学的角度来研究与空间规划相关的主要驱动力及其作为影响景观大趋势的表现方式。在第五章和第六章中，我们将放大到欧洲：特别是在第五章中，我们将仔细研究发生在旧大陆①的景观转变过程；在第六章中，我们将研究具有显著空间效应并与生态方面相关的欧盟主要政策，重点关注它们与空间规划(明确、隐含或理想)的关系。

第二节　景观转型驱动之一：社会新陈代谢和新陈代谢断裂

在撰写《理性生态学》时，德雷泽克(Dryzek，1987)认为有必要将整个第二章

① 发现美洲后，亚、欧、非三洲较早开发的地区，称旧大陆。此处特指欧洲大陆。——译者注

用于解决以下问题：**生态危机是否存在？** 他的回答显然是肯定的。但这个问题的提出本身表明，当时问题的答案可能并不那么明显，认识到生态危机是研究如何解决这个问题的第一步。30 年后，生态危机的证据如此普遍，以至于不值得在此讨论。气候变化和生物多样性丧失被认为是我们星球上两个最关键的环境问题，我们将只提供关于二者的两个关键信息。①政府间气候变化专门委员会(Intergovernmental Panel on Climate Change，IPCC)的最新报告指出，“温室气体的持续排放将导致气候系统的所有组成部分进一步变暖和长期变化，进而增加对人类和生态系统产生严重、普遍和不可逆转的影响”(IPCC，2014，第 56 页)。②《生物多样性公约》秘书处发布的最新的《全球生物多样性展望》(*Global Biodiversity Outlook*，2014 年)对“爱知生物多样性目标”[1]中的 56 个具体要素[2]逐一进行了中期评估，这些目标计划将在 2020 年前实现。在目前的趋势下，预计只有 5 个要素[3]将在 2020 年实现既定目标；33 个[4]要素报告了进展，但速度不足以实现目标；10 个要素没有取得进展，5 个要素情况甚至在恶化。特别是，在“所有栖息地的丧失程度至少减半并在可行的情况下接近于零”的目标方面没有取得任何进展，而在“退化和破碎化显著减少”方面有恶化趋势。仔细观察欧洲就会发现，这里的生物多样性丧失和栖息地退化达到了前所未有的程度。欧盟最近一份关于环境状况的报告(EEA，2019)显示，60%的物种和 77%的栖息地的保护状况不利。

77

“爱知生物多样性目标”的目标 2“追求将生物多样性价值融入国家和地方规划进程”，这对本书的论点意义重大，但这方面的进展不足(Leadley et al.，2014)。建议采取的主要行动包括“在**空间规划**和资源管理活动中体现生物多样性的价值，如绘制生物多样性和相关生态系统服务图(目标 5，6 和 7)……并更广泛地使用战略环境评估”(Secretariat of the Convention on Biological Diversi-

---

① 《生物多样性公约》中《生物多样性战略规划(2011～2020 年)》下的 20 个全球目标。它们分为 5 个战略目标，见 https://www.cbd.int/sp/targets/。

② 根据《全球生物多样性展望》(2014)，56 个具体要素除文中 4 种情况(共计 53 个)外，还有 2 个由于数据不足无法评估，1 个无明确的评估结果。——译者注

③ 根据《全球生物多样性展望》(2014)，其中包含 4 个“实现目标(如果按照目前的进度继续下去，有望在 2020 年前实现目标)”、1 个“超预期完成目标(有望在最后期限前实现目标)”。——译者注

④ 本书原文为 34 个，根据《全球生物多样性展望》(2014)，该数字应为 33 个。——译者注

ty,2014,第 38 页)。关于目标 5“所有栖息地的丧失程度至少减半”,建议“为土地利用或空间规划建立反映国家生物多样性目标的明确法律或政策框架”,并“在**土地利用或空间规划框架**内,促进现有农业用地和牧场生产率的可持续增长(或集约化)”(Secretariat of the Convention on Biological Diversity,2014,第 54 页)。再回到欧洲,根据欧洲环境署的说法,“……生物多样性丧失的主要驱动力……是**土地利用变化**,包括栖息地丧失、**破碎化和退化**以及气候变化、自然资源开采、污染与外来入侵物种”(EEA,2020,第 75 页)。这些确实是对土地利用管理者和空间规划师行动的呼吁!我们论证的关键还有《全球生物多样性展望》的另一段话,它指出为了对抗生物多样性的丧失,我们必须解决“通常深植于我们的决策体系、财务会计以及生产和消费模式中的……深层次的根源”(Secretariat of the Convention on Biological Diversity,2014,第 24 页)。

因此,我们可以有把握地认为存在着**深刻的**生态危机。为决战这一役,我们将把德雷泽克最初的问题重新表述如下:**这场持续危机潜在的深层驱动因素是什么?它们是如何嵌入当前的消费和生产模式中的?又是如何在空间上表现出来的?**我们可以借用两位规划学者的话来综合支撑本节的主要论点(Hersperger and Bürgi,2010,第 260 页):

> 为了制定有效的规划策略,了解景观变化的驱动力是很有帮助的。……一般而言,对于无论是深入理解变化过程、预测未来变化还是设计引导景观变化的政策来说,了解有关驱动力的常识都是必要的。

在第一章中,我们看到这个问题是由格迪斯和芒福德解决的,后者在很大程度上借鉴了马克思的概念来解释历史上作为文明要素的社会**生态**之间的关系,即它们与当时环境的联系。沿着这些思路,我们对此进行了详细阐述,并看到了土地利用学和政治生态学如何为我们解决这个问题提供有力分析的。在第三章中,我们提到了当代著名学者的经典,读者可能希望阅读这些文献,以便从该学科的最新进展中获得有用的见解。关键读物还有奥康纳(O'Connor,1998)、福赛斯(Forsyth,2004)、罗宾斯(Robbins,2011)的著作,但这份清单绝非详尽无遗的。芒福德将马克思主义分析的关键要素融入他的作品中,并将其扩展到建筑、技术和城市规划。在这里,我们试图按照类似的思路进行阐述,以克服第一章指

78

出的关于芒福德对马克思"挪用"的一些限制。我们将再次通过攀上一路同行的巨人的肩膀，谦虚地尝试提供进一步的见解。

马克思和恩格斯被认为是最早的政治生态学家，因此，让我们回顾他们的著作(De Molina and Toledo，2014)。尽管一直有人试图淡化他们对理解人类与环境关系的贡献[例如吉登斯(Giddens，1981)、麦克洛克林(McLoughlin，1990)，引用空间规划师可能很熟悉的作者]，但在福斯特(Foster，1999)的有影响力的工作之后，他们的核心作用最近受到广泛认同和重新阐述。

由马克思《资本论》提出并由福斯特(Foster，1999)阐述的一个关键概念是**新陈代谢断裂**。自19世纪30年代以来，德国生理学家①使用"新陈代谢"一词来表示生物体内的物质交换。1842年，德国化学家尤斯图斯·冯·李比希(Justus von Liebig)②在其重要著作中③引入了新陈代谢过程(metabolic process)的概念，以描述从细胞水平到整个生态系统，生物体内以及生物体与环境之间能量和物质的流动，该概念得到了进一步扩展和发展(Foster，1999；Odum，1969)。马克思用新陈代谢(德语为*stoffwechsel*)一词来表示以人类劳动为中介的人、社会、自然与空间之间物质和能量交换。在第一章中，我们讨论了格迪斯、芒福德和麦克哈格等如何充分利用新陈代谢框架来解释城市与景观的动态，并作为分析历史上不同社会时期生态的度量标准。**社会新陈代谢**现在是社会生态系统和土地利用学学术研究的关键概念单元：它可以被定义为社会建立和维持其物质输入、对自然物质产出的特定形式以及它们组织自然环境的物质和能量交换的方式(Fischer-Kowalski and Haberl，1997)。关于这个主题，推荐阅读德莫利那和托莱多(De Molina and Toledo，2014)的书，其中包含有关马克思著作中使用该概念的详细历史记录。

---

① 根据福斯特考证，"新陈代谢"最早由德国化学家希格瓦特(G. C. Sigwart)于1815年提出，并被德国的生理学家们广泛使用。——译者注

② 李比希(1803～1873)，德国化学家，被称为"有机化学之父""肥料工业之父"。虽然李比希的研究推动了第二次农业革命的发展，但是在19世纪50年代末和60年代初，他的工作转向对资本主义的强烈的生态批判。马克思在写《资本论》时深受其影响，他在《资本论》第一卷中指出，"李比希的不朽功绩之一，从自然科学的观点出发阐明了现代农业的消极一面。"[参阅：Foster JB (1999) Marx's theory of metabolic rift: classical foundations for environmental sociology. American Journal of Sociology, 105(2).]——译者注

③ 《动物化学》一书。——译者注

在马克思看来，新陈代谢**断裂**是生产方式和资本积累导致自然新陈代谢交换恶化的过程，他特别考察了对超过其再生能力的土壤的剥削[①]。在19世纪下半叶，最紧迫的问题之一是保持农业生产的土壤肥力。在李比希工作的基础上，马克思指出，英国维持高水平的农业生产不得不更多地依赖从遥远地方进口的外部投入，如来自秘鲁的鸟粪和随后来自中国的硝酸盐。在《资本论》第一卷中，他这样描述资本主义农业：

79

> 人和土地之间的物质变换，也就是使人以衣食形式消费掉的土地的组成部分不能回到土地，从而破坏土地持久肥力的永恒的自然条件。资本主义农业的任何进步，都不仅是掠夺劳动者的技巧的进步，而且是掠夺土地的技巧的进步，在一定时期内提高土地肥力的任何进步，同时也是破坏土地肥力持久源泉的进步。[②]（Marx，1970，第637～638页）

目前从事农业生态学的学者和农民肯定会赞同这种说法！在马克思看来，城乡辩证法和劳动力是决定人与自然关系的核心要素，即社会—生态新陈代谢的组成部分，是新陈代谢相互作用的普遍条件。劳动过程是使人与自然进行物质和能量交换的必要条件；它是人类生存的永恒自然条件。然而，在资本主义制度下，"这种关系以资本家为中介，他们迫使工人出卖劳动力，**作为与自然接触的主要工具**"（Henderson，2009，第269页，着重部分为原著强调）。

因此，抛开一些来自批评者的声音，生态过程和维持自然生命周期的重要性，也就是我们现在所说的生态系统功能的重要性，得到了马克思和恩格斯的认可，而且新陈代谢断裂的概念在他们的理论框架中具有核心作用。在分析人与自然的关系时，马克思认为，一旦资本主义生产方式完全确立，劳动生产率，即剩余价值量，在其他条件不变的情况下，将取决于自然条件，特别是取决于土壤的肥力。然而，正如马克思经常做的那样，整个概念更加

---

① 其背景为"第二次农业革命"，以化肥工业的增长和土壤化学的发展为特征。结合马克思批判资本主义对土壤的"剥削"（掠夺，具体而言是未能维持土壤再生能力），此处 exploitation 翻译为"剥削"。——译者注

② 参阅：中共中央马克思恩格斯列宁斯大林著作编译局译：《马克思恩格斯全集》（第23卷），人民出版社，2020年。——译者注

复杂和详细。资本主义生产方式

> 以人对自然的支配为前提。过于富饶的自然“使人离不开自然的手，就像小孩子离不开引带一样”。它不能使人自身的发展成为一种自然必然性。资本的祖国不是草木繁茂的热带，而是温带。不是土壤的绝对肥力，而是它的差异性和它的自然产品的多样性，形成社会分工的自然基础，并且通过人所处的自然环境的变化，促使他们自己的需要、能力、劳动资料和劳动方式趋于多样化。……如埃及、伦巴第、荷兰等地的治水工程就是例子。或者如印度、波斯等地，在那里人们利用人工渠道进行灌溉，不仅使土地获得必不可少的水，而且使矿物质肥料同淤泥一起从山上流下来。[①]

我们可以看到这里与芒福德在第一章中描述的巨机器的概念有明显的联系。当同时代古典经济学家仍天真地将生产中的自然投入视为“自然恩惠”[②]时，马克思已创建性地将人类与生态系统的关系概念化为一种不断发展的、辩证的和互为构成的关系。如果说劳动是人类与生态系统之间新陈代谢相互作用的普遍条件，那么，将劳动纳入资本主义生产方式就意味着将整个新陈代谢相互作用纳入资本逻辑。这种逻辑，就其本质而言，是为积累而积累。

80

正如所见，农业与土壤功能是马克思和恩格斯的主要研究对象，但他们也考虑了其他方面，如森林砍伐或废物回收。[③]《资本论》的这段话是个典范：

> ……特种土地产品的种植对市场价格波动的依赖，这种种植随着这种价格波动而发生的不断变化，以及资本主义生产指望获得直接的眼前货币利益的全部精神，都和供应人类世世代代不断需要的全部生活条件的农业有矛盾。[④]

---

① 参阅：马克思著，中共中央马克思恩格斯列宁斯大林著作编译局译：《资本论（第一卷）》，人民出版社，2004 年。——译者注

② 同①。——译者注

③ 恩格斯在这些问题上的关键著作是《自然辩证法》（https://www.marxists.org/archive/marx/works/1883/don/index.htm）。当然，规划师的一部必读之作是恩格斯的《住宅问题》（https://www.marxists.org/archive/marx/works/1872/housing-question/）。

④ 参阅：马克思著，中共中央马克思恩格斯列宁斯大林著作编译局译：《马克思恩格斯全集》（第 25 卷），人民出版社，1975 年。——译者注

因此，马克思已经把自然资源（这里指土壤肥力）不可持续消耗的内在趋势从资本主义农业引申到了“**资本主义生产方式的精神实质**”(**the entire spirit of the capitalist mode of production**)；若把上面这段话中的“农业”替换成“环境”，可持续发展的定义在《布伦特兰报告》(*Brundtland Report*)(WECD，1987)发表一个多世纪之前就已存在。

在《资本论》的另一个段落中，马克思对爱尔兰农业景观的转变进行了解释，当前的土地变化学家和政治生态学家会发现这与他们的方法非常吻合。马克思表明，1841～1866年，爱尔兰专门用于生产供人类消费的食品的土地**显著减少**。同时，爱尔兰的人口从1841年的820万人下降到1866年的550万人(下降32.9％!)，这与那些年欧洲几乎所有其他国家的情况相反。他在农业生产统计数据的基础上证明，在同一时期，由于土地整治(land consolidation)(小所有制合并为单一的大地产)[①]和耕地转为牧场，土地所有者和租户的利润**增加**了，因此，即使绝对产量减少，剩余价值也增加了。事实上，这些新改造的牧场的大部分产品——肉类和羊毛——并非为了满足国内需求或劳动力的生计，而是为了供应英国市场。1846年饥荒后爱尔兰人口减少，导致大约100万人死亡，并迫使另外100万人流离失所，这使该国更容易受到英格兰的剥削。将可耕地转化为劳动密集度较低的牧场用于放牧，使得地租大幅增加，而人口则大幅减少。实际上，这些过程交织使爱尔兰成为英格兰的“牧区”，而在英格兰，由于需要为不断增长的人口维持高水平的粮食生产(即耕地上的谷物)，(已经发生过的[②])耕地向牧场的转变受到限制。当然，这些过程对爱尔兰的景观、土地利用形态以及城乡之间的关系产生了直接和重要的影响，这些都是我们今天所说的土地利用学和空间规划所关注的主题。

马克思和恩格斯关于新陈代谢断裂的见解与对生态系统和政治生态功能理解的进步相结合，催生了一个思想流派，美国社会学家和经济学家詹姆斯·奥康

① 与我国实施的土地整治含义有所不同。——译者注

② 应指发生在英国15～19世纪的“圈地运动”。在这300年间，受毛纺织业快速发展和羊毛产品市场发达等因素的影响，一些逐利的英国贵族和资产阶级强行将耕地变成牧场。这场运动使很多失地农民进入城镇成为劳动力，使劳动者与其劳动条件的所有权分离，为资本主义生产方式的形成奠定了基础。——译者注

纳(James O'Connor)是其中的主要支持者，对于愿意了解他的读者，推荐一部重要的著作《自然的理由：生态学马克思主义研究》(*Natural Causes: Essays in Ecological Marxism*)[①](O'Connor，1998)。社会新陈代谢理论的基本模型现已确立，自然界和社会作为整体交会的两个主要过程得以辨识：在资源的占有或提取过程中(即输入)以及在废物的排泄或排出过程中(即输出)，一个具有更高复杂性的新系统(自然—社会或社会—自然)就此诞生(De Molina and Toledo，2014)。这些流动主要发生在两个层面，一个是作为有机体存在的单一个体(内生能量)，另一个是通过元个体结构或人工制品的多样性关联衔接的社会层面(外生能量)(De Molina and Toledo，2014)(芒福德的巨机器)。社会如何调节社会新陈代谢，正是政治生态学和其他几个分支研究的核心，这些分支在过去几十年中得到了发展。例如，人类净初级生产占有是一个综合的社会生态指标，量化了人类引起的生产率和收获量变化对生态生物量流动的影响，该指标的研究提供了相关的见解[例如参阅哈伯尔(Haberl et al.，2014)、维陶谢克等(Vitousek et al.，1986)]。能量和物质流的分析是生态经济学(Martínez-Alier and Muradian，2015)、农业生态学(Cattaneo et al.，2018；González De Molina and Guzmán Casado，2017)、地理学和政治生态学(Ekers and Prudham，2017；Swyngedouw and Heynen，2003)的一个关键组成部分。整合社会新陈代谢和景观生态学的方法也在研究之中，例如马鲁利等(Marull et al.，2019a，2019b)对农业生态系统和城市网络的能量—景观综合分析。在过去 20 年中，詹彼得罗及其同事(Giampietro et al.，2012)研发并阐述了一个多尺度分析的综合框架，即社会和生态系统新陈代谢的多尺度综合评估(Multi-Scale Integrated Assessment of Society and Ecosystem Metabolism，MUSIASEM)。

在这里，我们想借鉴另一位被认为是政治生态学创始人的奥地利—法国社会哲学家安德瑞·高兹，他的见解对于理解作用于景观的驱动力及其**空间**后果是至关重要的。后人的阐述和解释在他的作品中已经出现。特别是，其开创性的《生态与政治》(*Ecologie et Politique*)(1978)中的“生态与自由”(*Ecologie et*

---

① 中文版本可参阅：奥康纳著，唐正东等译：《自然的理由：生态学马克思主义研究》，南京大学出版社，2003 年。——译者注

liberté)一文,通过将生态危机与生产方式联系起来,清晰地审视了生态危机的深层原因。整个论证要求我们在阐述这些概念之前,首先回顾一下马克思主义的一些其他关键概念——这将在下一节进行。

第三节　景观转型驱动之二:空间生产、过度生产和空间修复

82

马克思提出的资本循环的综合公式可以写为:

$$M \rightarrow C \rightarrow M'$$

资本(M=货币)由拥有资本的人投入循环,以购买劳动力、机器和其他生产资料来生产商品(C),这些商品被出售以赚取货币(M′)。但是M′必须大于M,才能产生剩余价值:ΔM是整个过程的目标,或者,正如亨德森(Henderson,2009)所说:货币不是用来交换货币,而是用来交换**更多的**货币:

$$M \rightarrow C \rightarrow M + \Delta M$$

高兹论述的出发点是马克思最初提出的"利润率趋向下降"的规律。实质上,这预示着,**作为一种普遍趋势**,资本主义生产中产生的**相对**剩余价值率(**relative** surplus-value rate)(ΔM/M)将在长期内下降。这是由于资本的有机构成(organic composition)发生了变化,即不变资本(constant capital)(机器、设备、厂房等)的份额增加,而可变资本(variable capital)(劳动力)在生产过程中的份额随之减少。在数学上:

$M = K + L$,表示总资本(M)=不变资本(K)+劳动力(L)

K和L的相对份额被称为资本的**有机构成**。生产率可以通过投资于新的生产过程来提高,即投资于新的更有效的机器和设备(不变资本)。对于资本家来说,提高生产率是一种迫不得已的需要,因为他们必须将价格维持在低(或不过高)水平,才能在与其他生产者的竞争中保持步调一致。即使在垄断或寡头垄断的情况下也是如此,因为它们是基于不稳定的均衡,总是容易发生变化。现在,整个价值形成理论的一个关键概念是,剩余价值只从工人的劳动中提取,而非从机器中提取,机器只是通过摊销将其部分价值转移到商品的最终价值中。因此,剩

余价值率，即剩余价值**占投资资本的比率(ratio on invested capital)**，随着劳动力在有机资本中的份额减少而减少，不一定是**绝对**剩余价值(**absolute** surplus-value)，其是单位产出的相对剩余乘以出售的总产量。

一个简单的例子可以帮助我们理解。假设在给定的生产系统下，一个工人生产一定数量的商品，比如 10 条蓝色牛仔裤，平均需要 2 天。引进更先进的机器后，这一时间下降到 1 天。这意味着，在一条蓝色牛仔裤的**价值**构成中，不变资本(机器)所占的份额翻了一番，而劳动所占的份额则相应减少了。因此，为了使单位时间内提取的剩余价值保持不变，产量必须翻倍，工人工资不变；或者工人工资减半，产量不变。当然，对资本家来说，两者结合是可能的：增加产量**并**降低工资，这样的结合使剩余价值总量保持不变。第一个过程的限制仅在于生产的技术结构，而第二个因素将受到工人捍卫工资能力的限制，无论如何都不能低于一定的限度，即维持生计的工资，亦即工人简单繁衍的最低工资。这是马克思主义的经典表述；现在，在 20 世纪下半叶，新技术和自动化**戏剧性地**加速了资本的有机构成转变并增加了相同数量劳动力可生产的商品数量。事实上，产量的增加伴随着实际工资的减少，这**正是**过去 30 年发生的事情，至少从 1979 年和 1980 年撒切尔和里根分别在英国和美国赢得选举胜利，西方经济体转向新自由主义[①]后就已如此[例如德利福尔(Desliver，2018)对美国全面情况的说明]。

83

因此，这些过程的综合效应是生产过剩的**结构性(structural)**趋势：生产更多商品，不是为了满足需求，而是为了保持剩余价值提取的速度。与此同时，工人没有足够的钱来购买所生产的商品，因此需求停滞或减少。当这个过程达到某个阈值时，生产过剩的危机加剧，资本就会贬值。资本家可以尽量避免，或者更准确地说是**推迟(postpone)**这一过程。过去，最常见的策略是扩大市场并在地理上扩大生产，可能通过征用欠发达国家的资源。这是当时殖民主义[至少自 1492 年以来，参阅穆尔(Moore，2015)]和帝国主义的主要驱动力。但是，当几乎所有市场都被征服，世界所有地区开发殆尽后，该怎么办？

一种可能性是通过故意缩短产品的使用寿命来缩短资本的周转时间，从而

---

① 新自由主义主张在新的历史时期维护个人自由，调解社会矛盾，维护自由竞争的资本主义制度。新自由主义反对国家对国内经济的干预，成为一种经济自由主义的复苏形式，自 20 世纪 70 年代以来在国际上的经济政策中扮演越来越重要的角色。——译者注

迫使人们购买新产品，即所谓的“计划性淘汰”(planned obsolescence)。这是一个很流行的术语，过程如此广泛，以至于已经融入了主流媒体[①]，但高兹早在1975年就已提及。第二种可能性是**增加**其他工业部门生产过程中所需的物质、能源和中间产品的数量，从而自我消化产量。高兹提供了许多例子：改用铝罐头，每单位生产需要增加15倍以上的能源；用塑料代替玻璃，用合成纤维代替天然纤维，建造易耗品(我们习惯于听到这样的说法：修理坏了的设备不值得，最好买一个新的)；等等。对用户来说，在大多数情况下，这些物品与他们所替代的物品相比，几乎或根本没有真正的优势。它们的使用价值相同，甚至更低：它们**存在的理由(reason d'etre)**主要不是为了更好地满足需求，而是为了吸收部分过剩的生产。

84

应对生产过剩危机的另一个权宜之计是将不能立即产生利润的资本从生产领域转移到金融领域。这种情况在过去的30年里发生得如此广泛，以至于目前金融资本的数量**是全球GDP的三倍**。其策略是把工人们用工资赚不到的钱借给他们，让他们能够购买更多的商品。这又一次发生在西方国家，尤其是在美国，但在其他地方也以惊人的速度发生。1990～2007年(也就是上一次危机爆发的前一年)，美国家庭的债务与可支配收入的比率从77%上升到127%(是的，没错：127%)(Rao，2013)。但正如高兹[翻译自高兹(Gorz，2008)]所述：

> 预期未来利润和增长的资本化，鼓励了债务的增加，通过银行对虚拟资本循环而产生的流动性刺激了经济，并使美国的经济增长建立在国内外债务的基础上，这是迄今为止世界增长的主要引擎……实体经济成为金融业引发的投机泡沫的附属品。直到泡沫的爆发不可避免地将银行拖入大规模破产的境地，并有可能使世界信贷体系崩溃，使实体经济陷入严重而持久的萧条。

请大家注意时点：高兹于2007年9月去世，比雷曼兄弟(Lehman

① 如参阅 https://www.lemonde.fr/idees/article/2017/12/29/obsolescence-programmee-legrand-gachis_5235676_3232.html。

Brothers)[1]破产和随后持续十年的世界经济危机早一年，上述摘录似乎是**事后的**准确描述。

综合来看，使资本增殖(valorise)[2]的可能性变得微乎其微。需求停滞，大量滞销的产品堆积如山。所有这些趋势促成了用于生产的资源使用的**系统性**强化(**systematic** intensification)：自然资源正在以更快的速度枯竭，不仅由于绝对产量的扩大和产品寿命的缩短，而且还由于每单位产品的资源量不断增加。资本越来越难为自己的产品找到出路，首先要保证投资的回报，然后是仅仅**再生产自己(reproduce itself)**[3]。但这还不是全部。我们已经展示了所有这些过程是如何以一种协同的方式运作的：需要更多的生产来保证同样的利润，这些利润又不断减少由于……生产过剩。每单位产品的资本、能源和物质投入强度不断增加。随着产量的增加，不仅资源消耗加速，生产产生的“负外部性”(经济学家会这样说)也在加速，例如水、土壤和大气中的废物及污染物排放，到了一定程度，它们就会达到不容忽视的程度。就生产过程而言，这意味着需要对新的、通常是资本密集型的技术进行投资(例如工厂的水处理设施)。虽然这可以缓解当地的具体问题，但总体效果是进一步增加了保证相同生产水平所需的资本/物质/能源的数量。从公司的角度来看，水处理设施并没有提取额外的价值，它只是为保证先前生产的相同水平所需的额外资本。反过来，寻找新的矿藏或原材料成本高昂，也是资本密集型的。因此，结果又是资本的有机构成进一步转变，恶性循环继续。

这样的理论框架可能看起来确实很强大：如果它成立，则意味着生产过剩危机和生态危机是相互关联、相互促进的。这将预示着一个导致生产中的物质和能源吞吐量**最大化**的恶性循环。如此大量的物质和能源虽不可取，但是资本主

---

① 雷曼兄弟公司是为全球公司、机构、政府和投资者的金融需求提供服务的一家全方位、多元化投资银行，其雄厚的财务实力支持其在所从事的业务领域的领导地位，并且是全球最具实力的股票及债券承销和交易商之一。2008年，在次级抵押贷款市场(次贷危机)危机加剧的形势下，雷曼兄弟公司宣布申请破产保护。——译者注

② 在马克思的著作中，valorise/valorization译为资本的“增殖”，用以涵盖劳动过程对剩余价值的创造。——译者注

③ 参阅：马克思著，中共中央马克思恩格斯列宁斯大林著作编译局译：《马克思恩格斯全集》(第23卷)，人民出版社，1975年。——译者注

义生产和消费模式的**结构性趋势**，积重难返。因此，读者此时可能需要一些经验证据来证明这一点。毕竟，人们可能会说，工厂和物质生产已是陈年旧事了：现在很大一部分劳动者不在工厂里，而是受雇于具有很大非物质成分的工作：行政、研究、第三产业活动、智力职业等等，至少在经济较发达的国家是这样。这无疑是事实，但**越来越多**的劳动力（因此产生的 GDP）并未用于物质生产，这一事实本身与生态环境并不太相关。从生态学的角度来说，重要的是地球物质基础的**绝对**消耗率（**absolute** rate of consumption），这是我们需要的第一个数字。虽然这可以为我们提供生态和新陈代谢的相关信息，但仍不足以论证我们已经阐明的理论。绝对物质消耗率的上升需与人口趋势一并考虑，才能得出**人均**消耗率（**per capita rate** of consumption）。事实上，生产方式可能决定了人均物质和能源使用的**减少**，而绝对（物质消耗率的）增长只是人口增长的结果，这将支持新马尔萨斯主义者的论点。他们认为生态危机的根源在于人口增长，而非生产系统；相反，生产系统可以通过降低生产强度来部分地应对危机。为论证该理论，我们还需要在相对较长的时期了解大范围内的这些趋势，可能是整个世界，因为区域/国家数据或短时间序列可能反映的是偶发事件，而非总体趋势。诚然，这并非易事。但我们很幸运：克劳斯曼等（Krausmann et al.，2009）已经进行了这样的分析，他们对 1900～2005 年全球生物质、化石能源载体、金属矿石、工业矿物和建筑矿物的年开采量进行了定量估计，这正是我们要找的。他们的分析表明，这期间，人均物质使用量**增加了一倍多**（Krausmann et al.，2009，图 4－2）。

重要的是，我们应在图 4－2 中注意到**建筑材料**在材料总消耗中所占比例不断增加。我们将牢记这一点，以备后用。能源消耗呢？也许这种物质消耗的令人不安的趋势至少可以部分地被人均能源消耗的下降所抵消（即使不是能源消耗绝对量的下降）。能源消耗数据可在世界银行网站上轻松获取，图 4－3 显示了 1971～2014 年世界人均消耗量（以千克油当量表示）。该图呈现了一些局部的起伏，但总体趋势是清晰的、持续的、无情的增长：43 年来增长了 44％。

综上所述，生产过剩危机与生态危机是相互关联、相互促进的。这是一个导

86

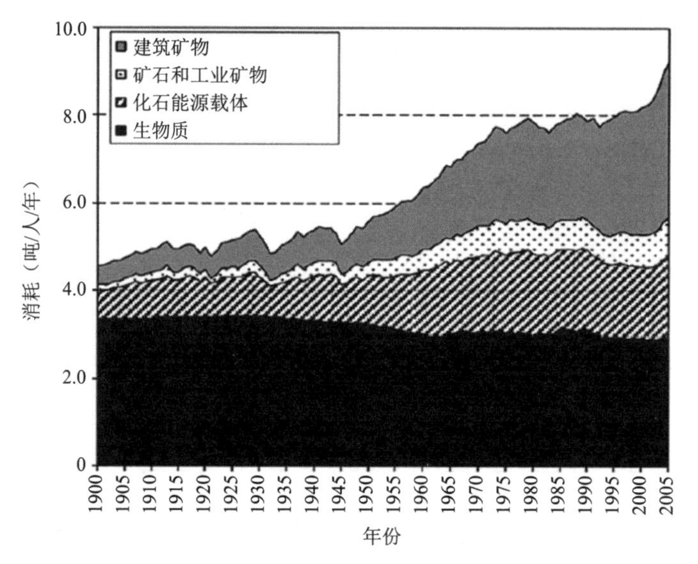

图 4-2　1900～2005 年世界人均物质使用趋势

资料来源：克劳斯曼等(Krausmann et al.,2009)。①

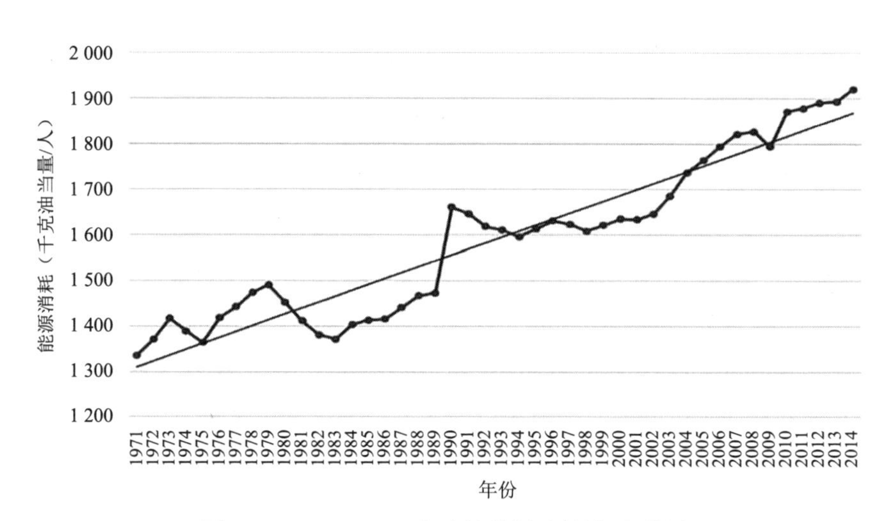

图 4-3　1971～2014 年人均能源消耗量(全世界)

资料来源：作者根据世界银行(World Bank，2018)整理。

---

① 在克劳斯曼等(Krausmann et al.,2009)的论文中，图中的“矿石和工业矿物”指前文所说的“金属矿石、工业矿物”。——译者注

致生产中能源和物质流动**最大化**的恶性循环。这呼应了德雷泽克关于市场**正反馈**趋势的概念，我们现在可以更好地将其概念化为**资本**积累的正反馈，将焦点从社会选择系统转移到背后的生产系统。

87

高兹(Gorz，1977)据此认为，在当前的生产模式下，经济理性无法与生态理性相调和，也无法为生态理性所包容，这两者**本质上**是矛盾的。至于消费者，我们已经看到，资本主义需要他们尽可能多地消费，以(部分地)推迟危机的出现，但同时需要工人以更少的购买力[1]来维持利润。将生产转移到工资水平较低(而且环境法规通常不那么严格)的国家是解决后一问题的可能方案，这一做法在过去一年中被广泛应用并成为主流媒体的热门话题。然而，它并没有真正解决问题，反而使问题恶化。同样，它充其量只是一个临时解决方案。因此，资本主义生产本质上不是由满足需求的目标所驱动，而是以创造消费者的新**需求**为目的，以便为增加商品生产和暂时性周转提供出路。

空间规划师可能会发现所有这些争论都很有趣，但缺少与他们具体实践的直接联系。我们将证明这些联系不仅存在，而且密切相关。对此的一个明证是高兹(Gorz，1997)对郊区化或城市蔓延的分析，这个现象规划师应该非常熟悉。他以对私家车的社会批判作为论述的开始：最初，汽车被认为是奢侈品，标志着少数富裕人群能够以高速移动区别于大众群体。但很快，石油行业意识到，将汽车作为一种**公共物品(common good)**可以获得丰厚的利润。如果每个人都开车旅行，那么每个人都会依赖一种单一的商业能源来源。因此，汽车成为大众交通的主要工具，其明显的效果是造成了拥堵，汽车作为奢侈品的所有特权也随之丧失：在拥堵的城市里，平均速度很快就降到了马匹的速度。“汽车是一个自相矛盾的例子，它是一种奢侈品，却因自身普及而贬值。……私家车的普及取代了大众交通，改变了**城市规划和住房供给**，这样一来，私家车使自身普及必不可少的功能便具备了。”(Gorz，1977)这与第一章中芒福德对郊区扩张的描述非常一致。

这种私人交通工具大众化过程的空间后果是什么？首先是建设更多的道路、旁路、高架十字路口、连接线、城市高速公路，以缓解拥堵。但这无济于事：道

①　此处“较少的购买力”即“较少的工资”。——译者注

路越多,交通就**越**拥挤。这种现象如此广为人知,以至于它在多个学科中有了三个不同的名称:数学家称之为布雷斯悖论[①](Braess's Paradox),运输工程师称之为刘易斯—莫格里奇处境(Lewis-Mogridge Position),经济学家称之为唐斯—汤姆森悖论(Downs-Thomson's Paradox)。在所有情况下,人们都承认,新的基础设施产生了对交通的**诱导需求(induced demand)**,很快又导致拥堵。高兹犀利地回答,如果人口密集的城市中心不适合汽车的发展,还有一个解决方案:逃离中心。也就是说,沿着宽阔的大道将它们排列数百英里,引入高速公路郊区(Gorz,1977)。紧凑的城市对汽车的广泛使用构成了重大的物理限制,而郊区则使汽车几乎无所不能:为了给汽车腾出空间,距离增加了,人们住在远离工作、学校、商店的地方。在这里,我们可以看到与芒福德关于郊区劣势讨论的强烈共鸣。通过这个例子我们想说明,在研究空间转换的潜在力量、资本积累和土地变化过程之间的关系时我们应采用的思维方式。

88

沿着这些思路进行推理,有助于我们提出并刻画另一个用于描述土地利用变化驱动力的关键概念。这个概念由戴维·哈维(David Harvey)(可能是在世的最有影响力的地理学家)阐述,他称之为"**空间修复**"(Harvey,2001)。该术语已被广泛使用,有时甚至被误用,部分归因于英语中"fix"一词的矛盾性。正如哈维所解释的,这个词的第一个意思是指"固定"或固定某物的行为:将某物固定在空间中,使其不能移动。第二个意思指的是"修复"某物的行为,使其恢复正常功能。由第二个意思引申出的第三个含义是缓解慢性或普遍性问题的迫切愿望,就像"吸毒者需要 fix"一句中"fix"的意思。这最后一个意思意味着 fix 只是治标不治本,哈维主要用它来描述资本主义通过地理扩张(geographical expansion)和地理重组(geographical restructurling)来解决其内部危机倾向的必要性(Harvey,2001)。但哈维的论点中还有其他含义,它们与生产过剩危机有关。

基于马克思的资本循环理论,哈维强调了资本循环投资的初级循环和次级循环之间的区别。初级循环涉及工业生产的资本投资(和撤资),而次级循环指的是土地、房地产、住房和建成环境(built environment)的资本投资(Harvey,

---

① 德国数学家迪特里希·布雷斯(Dietrich Braess)研究了在拥挤的道路交通网络中增加一条道路通常会增加整个行程时间的现象。参阅布雷斯(Braess,1968,2005)。

1978;Gotham,2009;Lefevre,2003,1970)。①②

哈维认为,资本从初级循环转移到次级循环通常是**补救**(fix)生产过剩危机和资本贬值的一种方式。投资在空间上固定,嵌入土地和建成环境中,创造一个新的景观,由此,空间修复得以实现,这也是进一步资本积累的结果和必要条件。这一过程还有助于发展资本和商品在初级循环所需的物质基础设施。

现在我们更接近规划师感兴趣的领域:根据哈维的说法,在实践中,空间修复用于吸收剩余资本的主要途径之一正是郊区化(Harvey,2001)。如图 4-2 所示,建筑材料的增加(再次注意:不是绝对值,而是相对的**人均单位**)成为过去一个世纪世界人均材料消耗量增加的主要表征,这并非偶然。此外,我们还必须加上如上所述的与大量使用汽车相关的所有消耗。但这还不是全部:正如芒福德(Mumford,1961,见第一章)所述,郊区需要一整套郊区化的生活方式,这又需要使用许多城市生活中不需要的产品,例如割草机、防盗设备等。到 21 世纪初前十年的后半期,美国在郊区建造了大量新的独立住宅(detached houses)。他们需要找到一个不让巨额资本贬值的渠道,他们**迫切**需要。但是,如果没有需求,开发商为什么要在郊区建造大量新的独立住宅呢?同样,因为驱动力不是为了满足现有需求,而是为了增值。如果需求停滞不前,那么可以培育需求、诱导需求。

89

这听起来太抽象了吗?同样,一些经验证据可以帮助理解。与高兹非常一致的是,哈维强调了为影响"消费者"需求和欲望以确保生产渠道而付出的努力,包括大型广告业的形成。2005～2006 年,在危机爆发前夕,美国各地的电视节目都在宣传房地产投资和"炒房"(购买创收资产并迅速转售以获利)。政治也发挥了重要作用:前总统布什的主要口号之一是"所有权社会",旨在说服美国人拥有自己的资产,特别是房子。**"我们正在这个国家创造……一个所有权社会,在这个社会里,你将看到前所未有的景象,成千上万的美国人将打开他们住所的大**

① 哈维在最近的著作中引入了第三级资本循环,即资本流入社会再生产的广泛过程,例如科学技术研发、教育、医疗保健等。

② Primary circuit,second circuit,third circuit 参阅王有正、张京祥"资本的城市化:基于资本三级循环理论的改革开放后我国城市发展初探"一文中对资本三级循环理论的翻译,分别译为初级循环、次级循环和第三级循环。——译者注

门,并说欢迎造访我的房子,欢迎参观我的资产。”(Sugrue,2006;转引自布什的声明)2007 年,美国最大的房地产开发商贸易集团城市土地研究所(Urban Land Institut)出版了经济学家唐斯(Downs,2007)所著的《资本的尼亚加拉》(*Niagara of Capital*)一书。这本书“**大肆赞扬了流入美国地方房地产市场并改变城市和社区的资本洪流。这也是美国房地产业、金融业和许多相关监管机构及政策制定者广泛认同的观点**”(Immergluck,2011,第 130 页)。

金融资本充当了两个资本循环之间的纽带。21 世纪初,大量来自阿拉伯海湾产油国的资本注入美国信贷系统,这些资本需要增殖。为了说服家庭购买新房,银行提供了诱人的抵押贷款,最高可达房屋市值的 120%~130%。因此,说 2008 年的金融危机始于所说的**次贷**危机(**mortgage** crisis)便不足为奇。次贷危机指的是工薪阶层支付债务能力的危机,这些债务是为了购买剩余房屋而产生的,而这些房屋是为了稳定大量金融资本流动而建造的。正如纽曼[Newman,2009;转引自伊默格吕克(Immergluck,2011)]在提到美国时所说,次贷危机是政策的结果,与其说是为房主和社区提供获得信贷的机会,不如说是**为全球资本流入社区和抵达房主提供机会**。在《资本的尼亚加拉》出版一年后,自 1929 年以来最严重的世界经济危机爆发,这场危机正是始于次贷系统的崩溃。

90 综合来看,建成环境的建设以及推而广之——景观的塑造,是资本主义发展整体动态的核心组成部分(Gotham,2009)。在此背景下,国家和其他各级政府通过各种政策(包括空间规划)、法规和基础设施投资,加强或阻碍领土凝聚力(territorial coherence),促进城市和区域之间的流动,在资本的空间修复过程中发挥着至关重要的作用(Gotham,2009;Immergluck,2011)。

对资本次级循环的分析揭示了另一个基本矛盾:建成环境在空间上是固定的和不可移动的,相对耐用且成本高昂,并由当地的特殊性、特异性和个异性决定。另外,为了以最有效的方式增殖,资本需要抽象地、不定期地并且能够无障碍地转移。资本积累尽可能地消除地方的个异性和地方差异,例如,住房市场(Gotham,2009;Immergluck,2011)。空间上的固定资本(例如交通基础设施)往往也是**暂时**固定,因为它能产生长期的投资回报,所以,虽然结构本身可以促进资本的自由流通,但同时它也是一种“锁定的”资本,不易调动(Harvey,1982)。正是这种不可动的资产和可流动的资本之间的内在张力,决定了现代资本主义的城市化和不平衡发展(Gotham,2009;Immergluck,2011)。此外,补充一点:这种张力正是作用于地方政府、空间规划师和土地管理者的力量之一。例如,奥德鲁德[Orderud,2006,第384页;转引自戈瑟姆(Gotham,2009)]在分析挪威住房部门时指出,"由于对当地市场的认知、与**当地规划当局**的互动、面对面的会议和社会关系等方面的能力限制,房屋建设是一项地方性业务"。次贷危机是由全球金融资本决定的,但其后果由地方社区和邻里承担,其形式包括空置止赎房屋(foreclosed homes)[①]的增多、剩余居民的房屋价值下降以及整个社区的整体退化(Immergluck,2011)。这也是与空间规划师直接相关的话题。

即使从更行业性的规划角度来看,我们也可以看到这些现象对空间生产的影响。对开发商来说,在郊区建造一模一样的全新房屋,比在棕地上设计一个城市更新项目要容易得多。通常情况下,后者需要事先进行修复活动,需要更复杂和精心的设计(因此成本高昂)。这将与上述示例中初级循环中工业的水处理设施具有相同的效果:不是可以从中提取价值的东西,而是为了开展真正业务——建造新房,且开展的前期必选但不受欢迎的资本投资。虽然棕地更新可以在一定程度上充当固定一定数量资本的蓄水池,但它永远不会像在空地上建造全新的房屋那样高效:如前所述,棕地更新将迫使资本处理该地区的特异性和特有的问题,而这些地区的限制将阻碍资本的无障碍转移,进而妨碍充分增殖。相反,在空地上的(郊区)城市扩张完全可以满足涉及的两个资本循环的需求:它是初级循环中生产商品(建筑材料、能源、燃料、机器等)的出口,并为亟须增殖的资本(即开发商的资本)扩张提供最有利的条件(正如我们已经看到的,这往往是金融资本的起源)。　91

如图4-1所示,我们认为地方政策和空间规划可以促进或对抗这种趋势;同样,为了听起来不太抽象,我们将提供经验证据:查克拉博蒂等(Chakraborty et al.,2013)在研究美国六个大都市地区的地方土地利用规划中分区和止赎风险之间关系时发现,空间管制(zoning restrictiveness)(即一个街区只允许有限数量的功能)与止赎风险之间有显著的正相关,而为不同收入群体提供多样化住

① 止赎房屋是指因贷款人无力还款,贷款机构强行收回其房子,即抵押的房屋终止赎回。——译者注

房组合可以降低止赎风险。作者建议,地方的空间规划应通过分区促进多样化的住房存量。这是对空间规划师的直接呼吁,让我们想起了简·雅各布斯(Jane Jacobs,1961)(规划师中的另一位重要作者)倡导的城市多样性的四个要素:混合用途、短街区、混合建筑群和高密度。总而言之,我们可以说,自1929年以来,世界面临的主要经济/金融危机与资本塑造城市和郊区景观的方式以及通过地方空间规划进行中介的方式密切相关。

第四节 生态理性和空间重构的统一框架

新陈代谢断裂和空间修复是分析解释影响土地利用规划的外部力量与大趋势需要的两个关键概念。与土地利用学和政治生态学一样,我在此坚持认为,将这两种分析方法合并到一个统一的框架中,将大大增强我们的解释力。继福斯特(Foster,1999)之后,研究社会生态系统、生态危机与生产方式之间关系的学者详细阐述了新陈代谢断裂的概念。然而,直到最近,学者们才试图开发一个全面的、统一的框架,而对空间修复的新陈代谢一般性概念的缜密探索仍然缺乏(Ekers and Prudham,2017)。另一位有影响力的地理学家尼尔·史密斯(Neil Smith)可以为所倡导的框架提供进一步的重要启示。在这个意义上,史密斯(Smith,1984)关于自然和空间资本主义生产的论述是一个基本性的理论贡献。

简言之,史密斯[主要以马克思的概念和亨利·列斐伏尔(Henri Lefebvre)的著作为基础]认为,资本主义生产的典型异化过程不仅使工人与劳动产品疏远,而且也使工人与自然疏远,因为工人与人的关系被归入生产过程,进而归入资本的逻辑。以此为出发点,史密斯详细阐述了第一自然(first nature)和第二自然(second nature)的概念。传统上,第一自然是指未改变的环境(如原始森林),而第二自然是指作为人类改变的历史产物的自然形式(如农业景观)。随着资本主义的发展,这种关于第一自然的原始概念越来越没有意义,因为原始环境越来越稀少,不再是人类日常生活的一部分。因此,史密斯重新定义了这些概念,并将第一自然定义为由资本主义劳动过程产生的作为使用价值的一组具体

92

的、物质的自然，将第二自然定义为商品化或交换价值的自然（Ekers and Prudham，2017）。在这个框架中，空间旨在作为生产的第一自然的子集，是第一自然的使用价值的一个方面。

同样，这听起来是不是太抽象了？郊区化（或任何城市化进程，即城市化地区面积的增加）的例子可以帮助理解。资本开发新（郊区）城市所需的最重要的东西显然是建设用地。但它并不仅仅需要建设用地作为建造房屋的混凝土基底（即固定资本）：空间修复首先将土地作为**空间（space）**来利用，它将其**空间范围（spatial extent）**、较低人均密度以及一定数量的绿地赋予价值。正如史密斯所说，从"资本通过城市化（郊区化）进行空间修复"的观念来看，空间的扩展是建设用地的**使用价值（use value）**。但我们已经看到这如何产生深远的生态（负面）影响。空间的生产是一个具有新陈代谢基本特征的过程。将哈维的空间修复和史密斯的自然生产联系起来是朝着制定统一框架迈出的重要一步，埃克斯和普鲁达姆（Ekers and Prudham，2017，2018）称之为**社会生态修复（socio-ecological fix）**。

美国环境历史学家和历史地理学家贾森・W. 穆尔（Jason W. Moore）的工作为构建统一框架带来了根本性进步。他将世界资本主义发展的每个阶段概念化为世界生态根本重组的因果，并将这些连续的重组称为"农业生态转型的系统周期"（systemic cycles of agro-ecological transformation）（Moore，2000）。穆尔把新陈代谢断裂的起源追溯到 16 世纪——远早于工业化的第二次农业革命，并提出"存在一个总体上的新陈代谢断裂以及一系列世界资本主义发展的每个连续阶段特有的新陈代谢断裂"（Moore，2000，第 128 页）。他认为资本主义发展的每个阶段及其相关的新陈代谢断裂中所确定的基本趋势是朝着越来越集约[①]的农业和越来越密集的开采方向发展的。参考马克思和恩格斯、芒福德、阿里吉（Arrighi，1994）、沃勒斯坦（Wallerstein，1974，1989）和沃斯特（Worster，1990）等前人的研究成果，穆尔认为，现代劳动分工不仅存在于农业和工业之间，也存在于乡村和城镇之间，而且还存在于农业任务之中，特别是在谷物农业和畜牧业

① 书中的集约对应的都是前文"农业集约化"中的概念，与我国倡导"资源节约集约利用"中的"集约"并非同一概念。——译者注

之间;他着重论证,在资本积累的推动下,这种农业生态转型(随着单一栽培的增加)如何产生景观简化和土地极化(land polarisation)的空间过程[Wallerstein,1974;转引自穆尔(Moore,2000)]。

每一轮新的系统性的积累循环都标志着多个地理尺度内生产生态关系的世界性转变。世界生态的重组伴随着建成环境的大规模重组,不仅体现在(规划师熟知的)城市地区的扩张,而且还体现在基础设施(铁路、运河、港口等)数量的增加。这种固定资本的形成与资源流动和废物生产的物质过程的扩张、强化及转变同步,这是将资本主义概念化为一种"生态系统"的基本特征(Moore,2011)。这就是为什么穆尔认为,现在通常被称为"人类世"(Anthropocene)的时代,即将人类视作一个无差别的整体作为地球地质变化主要驱动力的时代,更应被定义为"资本世"(Capitalocene),即**资本积累**作为生物物理扰动主要驱动力的地质时代。因此,"资本世"应被理解为生命网络中的权力、利润和(再)生产系统(Moore,2016,2017)。

最近的文献研究土地利用相关问题时,延续了这些思路,使用了新陈代谢断裂和空间修复概念,并在这方面提供了有益的见解。麦克林托克(McClintock,2010)在城市背景下借助新陈代谢断裂的概念来研究全球南北方的都市农业。他认为新陈代谢断裂具有三个相互关联的组成部分:生态、社会和个体,并认为许多关于新陈代谢断裂的工作都集中在生态方面,而较少关注社会和个体。纳波莱塔诺等(Napoletano et al.,2015)在阐述地方土地变化和全球环境恶化之间的关系时指出,空间修复的概念可以用来将新陈代谢断裂概念置于地理环境之中,从而在土地变化学中将土地变化的直接驱动因素与资本主义的地理环境联系起来。与上述论点一致,他们坚持认为,这两个概念表明了一种重新配置空间的系统趋势,这种趋势叠加在资本主义的辖域化(territorialization)、解辖域化(deterritorialization)和再辖域化(reterritorialization)周期[1]的地理之上,有利于物质和能量吞吐量的永久扩张。他们将这种趋势称为地理断裂(gepgraphic

① 辖域化、解辖域化和再辖域化是德勒兹(Deleuze)创造的一组哲学抽象概念。辖域化主要指事物的存在空间、势力范围或作用领域,是具有相对固定边界的一个范围;解辖域化是对辖域化进行解构和逃逸,从固定关系中寻求自由解放的变化运动;通过解辖域化形成新的装配与范畴,就是再辖域化。——译者注

rift)，并确定了地理扩张和重组的三个时刻，这在物理上变得明显：①土地占用(land appropriation)[①]；②强迫迁移；③商品化。空间修复在每个时刻都扮演着直接的驱动力。他们主张在土地利用学中更深入地利用这些概念，以使该学科能够超越直接问题，解决土地变化的根本性、系统性症结(Napoletano et al.，2015)。重要的是，他们还提出了在土地利用学中利用这些概念的具体方法，即用"可量化变量来研究上述三个时刻，包括土地所有权、集中度和历史所有权，内部和外部以及乡村和城市迁徙，商品流动，以及外资的渗透。这些变量很容易被纳入地理信息系统并用于土地利用学模型的开发，甚至在新古典经济学中也能衡量"(Napoletano et al.，2015，第209页)。我们认为，通过同样的方式，这种类型的分析也可以纳入空间规划过程中。

埃克斯和普鲁达姆(Ekers and Prudham，2017，2018)也许更强调空间修复需被理解为内在的新陈代谢过程；也就是说，有区别但共同构成统一体的空间和自然的生产，会作为一个过程一起发生。在奥康纳(O'Connor，1998)的基础上，他们还强调需考虑社会斗争在决定社会生态修复(空间修复＋新陈代谢)实现方式中的作用。重要的是，他们指出有必要分析，在空间上固定资本(被理解为一种新陈代谢过程)如何不仅导致空间的生产，而且从更全面意义上导致**景观**的生产。

94

这就引出了下一个问题，对于空间规划师来说很重要：什么类型的景观是空间修复和新陈代谢(或社会生态或地理)断裂过程交织的结果？哪些空间配置和空间修复最能反映资本积累的根本力量及其内在的社会生态矛盾？关于城市景观，我们已经在本章中提供了部分答案；关于乡村景观，穆尔确定了当前农业生态转型周期对景观配置的更具体的影响：①生产集约化；②在新区域扩大生产；③扩大单一种植——景观简化。在下一小节中，我们将使用目前为止开发的分析方法，更仔细地研究景观转型的这些趋势。

---

① 纳波莱塔诺的论文提出："历史上，土地占用的主要机制是通过商品化和进入以交换价值而非使用价值为主导的市场，将土地转化为私有财产。"(Courville and Patel, 2006)[参阅：Courville M, Patel R (2006) Introduction and overview: the resurgence of agrarian reform in the twenty-first century. In: Rosset PM, Patel R, Courville M, Promised Land: Competing Visions of Agrarian Reform. Oakland: Food First Books, pp 3-22.]——译者注

第五节　景观重构的过程:扩张、集约化和简化

我们在这里首先讨论的是城市地区,也包括郊区,然后是乡村地区,但这种划分只是为了便于解释和阅读,而不应被视为一种二分法:两者之间的界线是模糊的,而且按照格迪斯、芒福德、麦克哈格的说法,应将两者概念化为一个统一的、相互关联的系统的一部分。此外,空间规划师可能更熟悉有关城市地区的过程,而较少涉及乡村地区,但正如我们将看到的,该地区在生态理性规划范式下至关重要。因此,我们将更多地讨论乡村地区。

一、城市和郊区

我们已经看到,**城市扩张**自始至终都是一种主要的空间修复方式,也是金融资本增殖的首选方式。这解释了过去几年,即使在人口停滞的欧洲,城市地区的土地占用(land take)[①]也在不可阻挡地增加。土地占用的生态影响——新陈代谢断裂的扩大——是显而易见的,并得到了广泛研究。我们还看到,**郊区开发**是实现大量资本空间修复的一种特别有效的方式,其对生态环境的负面影响也同样明显。无数的研究表明,郊区的生活方式需要大量的能量和物质,以至于美国社会评论家詹姆斯·霍德华·孔斯特勒(James Howard Kunstler)(美国针对郊区最具煽动性和娱乐性的评论家之一)将其定义为“世界历史上最大的资源错配”。

95

参照上述生态转型的三个主要过程,城市化显然是**扩张**的表现,但它与**集约化**的关系是什么?如果人均人工面积增加,新开发地区的居住密度就会下降:实际上,当我们描述郊区时,我们称其为**低密度**地区,人均**绿化面积更大**,每平方千米的居民人数**更少**。乍一看,这似乎与**集约化**完全相反。但我们现在有了来充

① 一般指减少自然、半自然、森林或农业土地等的用途转换过程。[参阅:Elisabeth M, et al. (2020) Land consumption and land take: enhancing conceptual clarity for evaluating spatial governance in the EU context. Sustainability, 12(9).]——译者注

分解释这个过程的分析工具：我们将研究获得**一个单位**的服务/商品所需的资本、能源和物质的数量是否增加。在这里，生产过程的结果是供人们居住的空间。因此，我们不应考虑每公顷土地所消耗的资本（和物质/能源）的数量，而应考虑为一定数量的居民提供居住空间所需的总体投入。在这个等式中，土地是生产过程的**输入**，是赋予所售服务/商品价值的要素之一。通过这种方式，我们可以充分理解，扩张和集约化**都是**城市化和郊区化的特征。正如埃克斯和普鲁达姆（Ekers and Prudham，2018，第 6 页）所认为的，“集约和扩张的过程都是所有 fix[①] 的内核”。

在城市化进程中，还要考虑另一个因素：建筑公司只是整个资本增殖过程中最后一个参与者。从它的角度来看，建造房屋，尤其是沉闷的、同质化的郊区独立房屋，是一种非常容易导致利润率下降的活动。考虑现代建筑技术的发展，资本的有机构成畸重于固定资本（建筑材料、机械和土地），预计不会有实质性的技术进步，而且更新换代的时间也更长——人们通常不会以更换智能手机的频率来购买新房。[②] 虽然目前建筑材料和机械非常丰富，但土地越来越成为固定资本中更重要的元素。让我们看一些实证：戴维斯和帕伦博（Davis and Palumbo，2008）在对美国 46 个主要城市地区的研究中发现，1984～2004 年，土地价值在房屋总价中的份额从 32％跃升到 50％。在这个框架下，我们必须认识到土地不仅是“面积”或“表面”，而正如作者所述，是“与现有住宅相关的土地、**位置**和**便利设施**”[③]（Davis and Palumbo，2008，第 352 页）（即史密斯对土地利用价值的概念化）。

同样，这里存在一个恶性循环：从初级循环转移到次级循环的资本越多，就越需要生产和销售更多的产品（房屋和相关设施）以使其增殖，位置越来越决定最终价值，使利润得以实现，这使得住宅用地的价格上涨。这反过来又会产生对

① 埃克斯的论文引用了哈维、马克思和穆尔观点中的 fix，其中，哈维观点中的 fix 有资本固定（fix）和空间修复（fix）的双关语义，而马克思和穆尔描述的都是资本固定的过程。译者认为此处的 fix 应为双关语，因此，暂保留 fix 的英文表述。——译者注

② 这也解释了建筑行业的工作条件为何如此之差，大多数劳动力是由移民组成的，他们通常私下结算，受伤（和死亡率）率极高。

③ 该作者的原话为“相比之下，与现有住宅相关的土地、位置和设施（简称‘土地’）不一定能轻易复制”。——译者注

土地的投机行为,即通过大量的土地收购快速、轻松地获得剩余收益:至此我们具备了创造投机泡沫和随后贬值过程的所有要素。

96 这里的另一个问题是,这种贬值具有特定的**地域**成分,如前所述(Immergluck,2011):整个街区面临着存量建筑的废弃、退化和止赎,从而导致居民流失、商店关闭和服务终结等。这突出了所考察景观配置动态的一个重要方面——扩张、集约化与废弃并存:它们是一枚硬币的两面,表面上矛盾,但实际上是一致的、辩证的动态元素。与股票市场或经济其他领域的冲击相比,资本在空间上是固定的这一事实使这种过程不那么突兀,但并不妨碍这些空间过程的发生。欧洲的空间规划师主要熟悉去工业化的影响以及随之而来的待再开发的废弃工业区的增加,但同样的过程也影响着购物中心,去购物中心(de-malling)是多年来美国城市规划中的一个突出问题(Parlette and Cowen,2011),在欧洲也越来越多(Guimarães,2019)。

我们可以注意到,对世外桃源的寻觅是如何推动泰勒和赫尔利(Taylor and Hurley,2016)所称的"远郊"的出现的,如第三章所述:正如郊区扩张始于精英阶层逃离不健康城市的愿望,远郊的发展始于富裕阶层逃离沉闷的郊区,在风景优美的自然地区寻找低密度房子的愿望。埃克斯和普鲁达姆(Ekers and Prudham,2018)提到的资本固定的"扩张"过程,对创造新材料和象征性景观(非乡亦非城)以及新社区的社会经济特征产生了若干重要影响。篇幅的限制不允许我们进一步讨论这个问题,但泰勒和赫尔利(Taylor and Hurley,2016)的《远郊的比较政治生态学》(*A Comparative Political Ecology of Exurbia*)是非常有趣的读物,尤其是它明确讨论了土地利用规划是如何塑造新景观的。

二、乡村地区

现在让我们来看看乡村地区以及在那里进行的主要经济活动——农业。长期的扩张和集约化过程已经发生,这一事实是显而易见的,几个数字可以让我们掌握这些现象的严重程度。农田面积从1750年的11亿公顷增加到2016年的49亿公顷;1750年,在工业时代的前夕,人类每人使用1.49公顷的农业用地(耕地和牧场)来生产食物;到2016年,这一数字下降到0.66,这意味着作物产量出现了异常增长：在同一时期，英国的小麦产量从略高于1吨/公顷增加到8吨/公顷以上；美国的玉米产量从1866年的约1.6吨/公顷跃升至2014年的约10吨/公顷；1850～2014年，法国的小麦产量从0.7吨/公顷提高到7.5吨/公顷，德国的小麦产量从0.99吨/公顷提高到8.63吨/公顷。在世界其他地区，增加的幅度不大，但仍引人注目：在俄罗斯，1850年1公顷土地生产0.45吨小麦，2014年是2.5吨；在智利，20世纪30年代大麦的产量约为1.5吨/公顷，2014年达到6吨/公顷。因此，扩张和集约化是18世纪以来乡村景观农业生态转型的两个明显过程。让我们更深入地了解一下最近发生的事情。

97

众所周知，农田产量的惊人增长得益于农业生态系统功能的技术和知识的进步，其主要表现是农田中化学品投入的大幅增加。正如我们之前所讨论的，至少两个世纪以来，化肥的供应一直是资本主义农业生产的主要限制因素：马克思报告了农民如何在战场上寻找死亡士兵的尸骨来作为肥料。氮、磷和钾是植物生长的三个关键元素，鸟粪是海鸟累积的排泄物，富含这三种元素。1840～1860年，英国所谓的第二次农业革命就是通过大量进口鸟粪实现的。鸟粪的历史为穆尔的农业生态系统概念提供了范例：鸟粪在现代资本主义农业的崛起中是如此关键，以至于对秘鲁富含鸟粪的钦查群岛(Chincha Islands)的控制导致了西班牙和秘鲁之间的战争(1864～1866年)。尽管从秘鲁进口的鸟粪自1841年起激增，但欧洲农民的需求继续增加，永远无法完全满足。英国和美国的舰队被派往世界各地，寻找任何被认为含有鸟粪的岛屿和礁石。同时，从中国大量进口另一种生产要素，即以“苦力”形式从中国进口人力，并胁迫组织这些劳动力(还记得芒福德的巨机器吗)，使得从秘鲁岛屿提取鸟粪成为可能。工作条件非常不人道，类似奴隶制，许多工人在随后数年甚至数月内死亡(Foster and Clark，2018)。

到19世纪末，鸟粪沉积物已严重贫瘠，但新技术的推动将解决对化肥的持久需求。20世纪初，德国化学家G.哈贝尔(G. Haber)设计了一种工业工艺来固定空气中的氮。这代表了一场真正的农业革命，开启了农业生态转型新周期(来自穆尔的观点)。人造氮的供应量空前大，而且可以在需要它的国家生产。当然，从生态角度来看，这并不能解决新陈代谢断裂，反而由于现在所有的资本主义农业生产都依赖于以化石燃料为基础的工业过程，情况进一步恶化。关于化肥使用的可靠统计数据只能从大约 1960 年开始获得，但无论如何它们都能说明问题。卢和田（Lu and Tian，2017）报告称，自 1961 年以来，全球单位耕地面积的氮磷肥使用率分别增加了 8 倍和 3 倍左右。与随之而来的耕地扩张相比，肥料消费总量的增长更为显著。拖拉机或杀虫剂的使用也有类似的趋势。在发展中国家，引入新品种以及使用矿物肥料和化学杀虫剂后，作物产量大幅增加的过程通常被称为绿色革命。对其进行简要的研究将便于理解迄今为止我们讨论分析的作用，并深入了解自农业发明以来在景观空间重构方面可能更具影响力的过程。我们还将看到这对空间规划有何实际意义。

98

帕特尔（Patel，2013）将绿色革命描述为一个生物政治和地缘政治过程，是对 20 世纪初地缘政治和意识形态框架下（养活人）问题的解决方案。发展中国家实现了令人印象深刻的增产，特别是谷物生产。例如，亚洲的粮食供应在 25 年内翻了一番，而净种植面积仅增加了 4%（Lipton，2007）。将绿色革命描述为成功故事的说法是，它通过提高产量来消除饥饿，从而减少了对全球农田**扩张**的需求。事实上（Patel，2013，第 6 页）：

> ……粮食生产成功地超过了人口增长。1950～1990 年，全球人口增加了 110%，但同期全球谷物产量增加了 174%（Otero and Pechlaner，2008）。2000 年，世界人均粮食供应量比 1961 年高出 20%，而 1970～1990 年挨饿的人数减少了 16%，从 9.42 亿人减少到 7.86 亿人（Borlaug and Dowswell，2003）。……食品、农业和金融服务巨头嘉吉（Cargill）的董事长兼首席执行官最近观察到，"我们生活在一个离卡路里饥荒最远的时代……世界农民为每个世界居民生产的卡路里数量达到了历史最高水平"（BBC，2011）。

绿色革命是 1940 年由洛克菲勒基金会在墨西哥发起的，但 20 世纪 50～60 年代在亚洲得到真正发展，特别是在印度、巴基斯坦和菲律宾，后来又在南美洲。它带来了水稻、玉米、小麦的新品种以及化肥与植保产品。但要成功，它还必须引进一套**知识**体系，一种与美国资本密集型、大规模、专业化农业相一致的农业构想。为了引入这些**技术**——帕特尔明确地从芒福德那里提取了这个术语——支持性的社会系统需要到位。正如芒福德所说，集中化的技术需要使用强权。帕特尔尖锐地指出，那些经常被引用来证明革命成功的国家——印度、巴基斯坦、菲律宾、智利和巴西——在某种程度上都是独裁国家。同样，我们必须辩证地看待这一现象，而非将其视为单一的因果关系：帕特尔说，不是绿色革命本身创造了独裁政权，而是国家通过强制手段在建立适合绿色革命生产模式的社会条件方面发挥了关键作用，绿色革命的技术手段支持了国家的政治目标。受援国政府认为增加产量和粮食生产是在不大幅改变财产结构和资源分配的情况下缓解贫困乡村地区社会紧张局势的一种方式（Patel，2013）。这非常符合当时美国的外交政策。但这并非一蹴而就：必须利用帕特尔（Patel，2013，第16页）所说的"绿色革命最有力的工具——补贴和暴力"来克服农民的抵抗。

向农民支付更高价格的补贴是必要的，这样农民才能购买新生产系统所需的所有投入：种子、化肥和杀虫剂。公共资金也被用来建设大规模的基础设施，主要是灌溉设施。帕多克[Paddock，1970；转引自帕特尔（Patel，2013）]报告称，1966年，菲律宾对大米的收购价格增加了50%；在墨西哥，国家以高于世界市价33%的价格购买国内种植的小麦；印度和巴基斯坦的小麦价格增加了100%。为了平息劳工的抗议和限制工资上涨以及确保产权，不得不使用暴力。帕特尔继续揭穿绿色革命的谎言，他用大量的统计数据和研究，表明绿色革命主要惠及了能够获得信贷和拥有最好土地的富裕农民，而且只是在增加产量方面大获成功，但在减少饥饿人口方面毫无效用。虽然对绿色革命的**社会**生态因果进行全面阐述不在本书范围之内，但读者现在有了概念工具，可以更全面地理解和解释它：首先，也是最重要的，这是一个巨大的、世界级规模的社会生态修复过程。正如埃克斯和普鲁达姆（Ekers and Prudham，2018，第6页）所说：**"绿色革命的历史就是集约和扩张影响的交织，促进更多资本密集型农业出现，同时也将全球农业扩张并整合到一个生产主义制度中。"**

在上一节中，我们已经论证了如何将这些过程结合它们的空间修复和**新陈代谢**成分加以分析。任何集约化的修复实际上也是一个新陈代谢过程（Ekers and Prudham，2018，第6页）。大规模的世界生产系统重组对环境的影响已得到广泛研究，包括由于杀虫剂造成的生物多样性丧失、对农民健康的影响、土壤侵蚀率增加、灌溉区盐碱化、农药中硝酸盐和各种有毒物质对地表及地下水的污染。这些影响是众所周知的，所以不作赘述。但是，绿色革命背后的**新陈代谢**成分和它所代表的浩大的资本空间修复呢？我们需要借助新陈代谢指标来回答这

99

个问题。毕竟，农业是人类获得生存能量（内体能量）的主要活动，因此，从能量的角度分析农业系统是有意义的。用于这一目的的一个指标是能源投资回报率（Energy Return on Investment，EROI），简明定义为农业产出中包含的能量（可燃烧的卡路里）与为获得这些能量所消耗的总能量之间的比率。数千年来，人类之所以繁荣昌盛，正是因为通过农业可以获得剩余的能量，即农作物和牲畜所含的能量高于用于生产它们的能量（主要是劳动力）。因为整个过程的平衡是积极的，包括来自自然、可再生资源的持续能量输入，如风、降雨，尤其是太阳能。但是，化肥和杀虫剂等人工投入的增加——资本的有机构成向固定资本的马克思式转变——主要是通过需要化石燃料的工业过程来实现的。正如所见，能量输出（即产量）显著增加，但输入也增加了，它们之间的比率 EROI 会告诉我们整体效率是提高还是降低了。

100

著名的生态经济学家霍安·马丁内斯-阿列尔（Joan Martinez-Alier）明确阐述了这一主题，并对传统小农场农业和现代工业化农业的能源效率进行了比较（Martinez-Alier，2011）。有证据表明，自 20 世纪 70 年代以来，工业化农业系统——作为绿色革命培育的系统——比传统的小农场农业和大土地所有制的能源效率要低（Pimentel et al.，1973；Steinhart and Steinhart，1974；Leach，1975），即它们的 EROI 较低。在许多情况下，资本密集型农业已从能源净生产者转变为能源净消费者。这一论点由诸如“农民之路”[①]（Via Campesina）等支持南北方农民和小农户农业的农业生态运动提出（Martinez-Alier，2011）。正如我们在序言中所说，这类运动在农业领域所追求的，就是我们在这里为空间规划所倡导的：重建基于生态理性的研究和实践。无独有偶，我们注意到马丁内斯-阿列尔追溯了乌克兰医生和活动家波多林斯基（Podolinsky，1850～1891）的开创性著作，通过回顾农业能量分析的历史丰富了他的论点。他认为恩格斯没有完全理解波多林斯基的工作，否则马克思语体中的能量流动将有一个更系统的解释（尽

① “农民之路”是一个国际性的农民运动网络，成立于 1993 年，其独立于一切政治、宗教或经济组织。此网络由各国家或地区的成员团体构成，并尊重其自主性，分成欧洲、东北亚、东南亚、南亚、北美洲、加勒比海地区、中美洲、南美洲与非洲八个大区。其主要诉求为粮食主权及其推论（对抗世界贸易组织、对抗跨国食品企业）；生物多样性，反对基因改造作物；乡村农业；尊重农民运动人士及乡村社团的权利；保障生产资料的平等使用权（包括土地、水与种子）；承认女性在农业中的重要地位，并确保女性在各成员团体中的平权。——译者注

管马丁内斯-阿列尔承认马克思已经是一位原始生态学作者，特别是在描述新陈代谢断裂方面）。

最近的其他研究使用 EROI 来评估当前农业系统可持续与否。穆尔（Moore，2010）比较了美国传统洋葱生产与有机小规模系统的能源效率，发现后者的效率是前者的 50 倍（51.5 : 0.9）。施拉姆斯基等（Schramski et al.，2011）证明，一个成功设计的农场可以通过将 EROI 为负的产品（如蔬菜）与其他 EROI 为正的产品相结合而获得正 EROI，并指出小规模农场是"农业生态经济中的经济引擎"（Schramski et al.，2011，第 94 页）；马库森和厄斯特高（Markussen and Østergård，2013）分析了截至 2008 年的整个丹麦粮食生产系统，并报告说总体 EROI 低至 0.28，这意味着农业中使用的 1 单位能量只能产生粮食中的 0.28 单位能量，并得出结论，该系统基于化石燃料和非循环的养分物质流动，是不可持续的。因此，越来越多的证据表明，目前的农业系统由于严重依赖外部的人工投入而不可持续。

然而，EROI 只是一个指示性指标，并不能说明全部情况。首先，食物的能量含量当然是最重要的，人类达不到最低的热量摄入就无法生存，但这并非应考虑的唯一指标——水果和蔬菜的热量很少，但含有维生素和无机盐等必要元素；其次，单纯考虑能量投入并没有考虑到该投入的来源，特别是它是来自可再生资源（如太阳能）还是化石燃料。为了克服这些限制，著名的生态学家奥德姆（Odum，1996）提出了**能值（emergy）**（来自载能量）的概念，他将其定义为直接和间接用于制造服务或商品的可用太阳能总量。太阳能被用作衡量单位，因为人类和生态系统使用的几乎所有其他形式的能量最终都来自太阳辐射。因此，能值表征了一个产品的所有内含能量，即为获得该产品过去所消耗的所有能量的总和。例如，一升汽油的"能量"含量是它的热功率，但能值的含量要高得多，因为它包括提取原材料、提炼、运输等所消耗的所有功和能量。农业生产既需要自然的、可再生的投入（太阳能、风能、雨水、蒸发蒸腾），也需要自然的、不可再生的投入（土壤损失），还需要人工处理的外部投入——劳动力、矿物肥料、农药、机械、燃料等。通过将所有这些生产要素转换为（太阳能当量的）能值，可以确定产品的总能量及其构成，即自然/可再生资源和人为/不可再生资源的相对份额。因此，能值是评估当前农业生产系统（实际上是任何生产系统）可持续性及其随

101

时间变化的有用指标。首批使用能值考察农业系统的研究出现在 20 世纪 90 年代[例如乌尔贾蒂等(Ulgiati et al.,1993)的开创性工作],并且在过去十年中显著增加。

在这种情况下,同样有证据表明工业化国家目前的农业是不可持续的。乌尔贾蒂等(Ulgiati et al.,1994)估计,在 20 世纪 90 年代初,意大利农业使用的人为资源比自然资源多 8 倍,因此,总投入的 91%来自不可再生资源。吉塞利尼等(Ghisellini et al.,2014)对 1985～2010 年意大利的两个地区进行了深入研究,报告称能值效率仅略有提高。他们将上升的趋势(虽然绝对值有限)与欧盟最近的乡村发展政策联系起来,表明可再生能源在这两个地区的份额仍然很小,需要采取紧急政策行动。加斯帕拉托斯(Gasparatos,2011)研究了 1975～2005 年日本农业系统 30 年的演变,发现购买投入的能值份额大幅上升(增加 57%),并将其与 20 世纪 80 年代末日本经济泡沫破裂时的饮食变化和宏观经济趋势联系起来。值得注意的是,他强调了严重依赖外部投入的农业系统如何更容易受到市场波动的影响,并指出了能源安全和粮食安全之间的联系。佩雷斯-索巴等(Pérez-Soba et al.,2019)对欧盟可耕地和草地的能值平衡首次进行了空间上详细的泛欧研究,表明欧盟很大一部分农田高度依赖外部能源投入。

那么,作为上述绿色革命目标的所谓"发展中国家"呢?费雷拉(Ferreyra,2006)研究了阿根廷潘帕斯(Pampaean)地区一个世纪以来(1900～2000 年)的农业演变。在此期间,虽然效率有所提高,但可再生能源的比例下降了约 50%,环境负荷增加了 **5 倍**。费拉罗和本齐(Ferraro and Benzi,2015)将研究范围扩大到 1984～2010 年。他们认为,这些系统比其他国家(如意大利)的类似系统更具可持续性,但负面趋势仍在持续。值得注意的是,作者指出,1984～1993 年,随着免耕[①]、转基因生物和开始系统施肥等新的生产技术的引入,这些指标有所改善,但随后又有所下降。阿里等(Ali et al.,2019)研究了 2002～2011 年印度和巴基斯坦的整个作物生产系统,从而让人更好地"品味"绿色革命的结果。在巴基斯坦,购买不可再生能源占总能源的比例平均为 81%,仍增加了 4.3%,绝对

102

① 1977 年美国农业部土壤保护局将最小耕作更名为免耕,将其定义为:一种不翻动表土并全年在土壤表面留下足以保护土壤的作物残茬的耕作方式。——译者注

值增加了29.3%。在印度,不可再生的外部投入平均占总能源的75.6%,份额下降了3.5%,然而,这是劳动力(作者认为这属于购买的不可再生能源)减少的结果,而肥料、电力、机械设备、农药和燃料的相对能值贡献则明显增加。作者的结论是:"印度和巴基斯坦的趋势表明,作物生产对环境的负荷越来越大……"已确定的首要驱动因素是化肥消费,由于国内天然气可用于尿素生产,这两个国家的化肥消费明显增加,其次是机械化和灌溉。

许多能值研究已经在中国进行,20世纪60年代第一次绿色革命并没有直接针对中国,但自90年代初以来,中国经历了向工业化农业的巨大转变。陈等(Chen et al.,2006)对1980～2000年中国农业进行了全面分析,江等(Jiang et al.,2007)补充了2000～2004年的情况。结果表明,在24年中,人为投入占自然投入的比例上升了36%,不可再生资源的投入比例增加了70%。刘等(Liu et al.,2018)报告了1997～2016年国家层面的最新趋势,并在2006～2015年对省级层面进行了分类(Liu et al.,2019)。虽然这两项分析并未涵盖所有的农业系统,仅是集中在作物生产上,但这代表了其中最相关的部分,并证实了以前的分析。中国学者们的结论是一致的:"中国的农业越来越依赖经济投资,即更多地消耗土壤、燃料和肥料等资源,因此,随着从高强度粪肥和劳动力投入的自给自足传统向高强度消费工业产品的现代化方式的深刻转变,其可持续性也在减弱。"(Jiang et al.,2007,第4716～4717页)同样,"中国农业的快速发展建立在大量消耗不可再生投入的基础上,导致了诸多环境问题"(Liu et al.,2019,第25页);"由于大量消耗不可再生资源导致环境压力不断增加,中国的作物生产系统正在经历不可持续的发展"(Liu et al.,2018,第13页)。这些驱动因素清晰可辨,张等(Zhang et al.,2016)对此进行了很好的总结:"不可再生资源投入大幅上升,主要来自机械设备投入的增加,其次是氮肥,然后是柴油和复合肥。"

现在用我们的概念框架来解释这些结果。首先,可以注意到,他们指出了资本的有机构成向固定资本的大规模转移与长期的利润率下降有关。在发展中国家(例如印度)的背景下,这种抽象的表述具有非常具体的含义。在印度,农民因无法承受债务而破产的现象非常普遍,以至于被称为农民自杀危机:官方数据显示,1995～2006年,印度有166 304名农民自杀(每年约1.6万人),自杀率比全国平均水平高50%(Merriott,2016)。每年1.6万人(官方记录,因此可能更多)

103

自杀意味着每天有43人，几乎每30分钟就有一人自杀。这些农民非常依赖贷款来购买生产过程所需的固定资本，他们的利润率如此之低，以至于市场价格的任何波动、糟糕的小麦状况、阻碍工作的个人健康问题或任何其他挫折，都是对他们的致命打击。

在欧洲和美国等农业资本密集型进程持续时间较长的国家，投入水平大幅提高，利润率随之下降，许多生产系统不仅从生态角度看是不可持续的，单纯从经济角度看也是如此。整个系统是靠持续的巨额注资维持的，即用于支持农民的公共资金。如果没有这种支持，许多欧洲和美国的农民将根本无法靠他们的工作谋生。这与印度农民面临的情况相同，唯一的区别是欧洲和美国有足够的资源来维持生产。

更为普遍的是，越来越多的证据表明，集约型农业在最大限度地提高农业产出方面有效，但在利用生态过程将投入转化为产出供人类使用方面却无用。因此，工业化国家的农业正日益被改造成一个旨在**吸收**其他生产部门产出的系统（回顾高兹关于增加中间投入的论点）。[①] 集约型农业的农业景观是工业部门商品的巨大出口，如矿物氮肥、尿素、钾、磷、种子、除草剂、杀虫剂、拖拉机、收割机、管道、喷灌机、联合收割机、作物喷雾器、泥浆播撒器、滚筒、履带拖拉机……这个清单还可以列很长；在它们背后，是支撑整个系统的主要能源——石油和碳。

因此，用哈维的话说，集约型农业可以被视为——不仅是，但肯定**也**是——一个巨大的资本固定过程。但还有一个更深层次的因素：虽然部分资本是固定在土地上的（例如建筑、仓库）或是以缓慢的换置率相对固定的（机械），但一旦“绿色革命”的生产模式建立起来，很大一部分资本反而需要**不断地**投入土壤（农药、化肥）以维持产量水平。在这里，我们看到了第二、三章中描述的系统的**正反馈**过程：对外部投入的高度依赖是使用外部投入的结果。新技术不是服务印度贫困农民，而是恰恰相反：资本（增殖）不在于积累的劳动为作为新生产手段的活劳动[②]服务，而在于活劳动为作为维持和增加劳动交换价值手段的积累的劳动服务。最有效形式的空间修复与不断扩大的新陈代谢断裂形影相随。

① 见第四章第三节“第二种可能性是增加其他工业部门生产过程中所需的物质、能源和中间产品的数量，从而自我消化产量。高兹提供了许多例子……”。——译者注

② 活劳动是物质资料的生产过程中劳动者的脑力和体力的消耗过程。——译者注

食物生产方式的重新配置影响了城乡互动，这对景观的塑造产生了巨大的影响，不仅是乡村，在物质方面也是如此。在19世纪，意大利波河平原的景观仍由“Piantata”系统主导。在这个复杂、多样化的系统中，一个单一的农场，通常将谷物连同葡萄园、果树一起种植，能够利用自然的能量流动抵御外部的波动（Sereni，1961，1997）。让我们在这里避免任何天真的解释：乡村地区没有田园诗般的过往，只是一直发生冲突、剥削劳动力和滥用权力的地方。但这里仍然是当前资本主义空间塑造周期更加明显的地方，并支撑着城市和郊区的所有其他进程。 104

乡村地区的变迁已被文献广泛报道，因此无须赘述：整个过程被命名为景观简化，即景观异质性在斑块多样性（即不同的土地用途）和作物多样性（即同一时间同一景观上不同作物的数量）方面显著降低。为方便机械的使用，单一种植已经取代了混合种植，曾经在农田中丰富的半自然元素（树篱、树线、小林地、池塘等）已被移除。如前所述，对于资本积累和流通，尤其是空间修复，所有地方的个异性都是障碍：房地产市场如此，农业用地亦然。这意味着资本的充分开发将倾向于消除或最小化这些个异性，（有时是字面上的）平整景观，使其更适合充当资本池，从而实现空间修复。但这也意味着，当一个地区的内在条件如此不利，以至于无法确定是否符合空间修复需要，或者需过多努力时，资本就会直接转移——在农业领域这就是撂荒。在边缘地区得以耕种，是因为虽然产量低但“利润并不一定低”：事实上，山区和其他不太受青睐的地区一直用于耕种或饲养牲畜，从而可以充分利用能值流来造福人类。如果投入成本也很低，相对较低的产量很可能还是“有利可图的”——这是粗放农业**存在的理由**，它在塑造欧洲一些最有价值的传统景观方面具有重要意义，从西班牙和葡萄牙的德埃萨斯（*dehesas*）和蒙塔多斯（*montados*）（传统的牲畜混合农林系统），到阿尔卑斯山地区的天然和半天然草地上的广泛放牧，地中海地区梯田上的大面积橄榄种植园，法国有明显树篱图案的博卡日（*bocages*），以及欧洲被认定为高自然价值农田的农业区［有关这些区域的描述，请参阅帕拉基尼（Paracchini et al.，2008）］。

因此，撂荒的一个原因不是这些地区绝对不能生产，而是因为它们没有提供工业化农业所需的适当生产条件：由于农产品的平均价格是由集约化地区的大量生产决定的，边缘地区的农场就被“逐出市场”。如前所述，集约化和撂荒是同一过程的两个部分：工业化国家撂荒的潜在驱动因素与棕地增加和去购物中心相同。

迄今为止,我们所阐述的框架主要用于解释说明空间规划师更熟悉过程的根本原因,即城市地区的扩张、郊区化、全社会的**汽车化(automobilization)**和由此产生的景观以及乡村景观的**简化**。我们已经表明,新陈代谢方法和指标适合于以定量、解析的方式处理乡村景观的空间修复和新陈代谢断裂的联合过程。105 这使我们能够在规划研究议程中提出一个相关的观点,这个观点直接向空间规划师发问:如果我们从规划的角度来处理这些问题,会怎么样?换句话说,景观设计和规划能否在决定新陈代谢流方面发挥作用,并可能引导它们走向可持续发展?这一研究领域可为规划师提供新颖的分析工具,为政策制定者提供新颖见解。如前所述,与此相关的是巴塞罗那学校正在进行的能源—景观综合分析(Energy-Landscape Integrated Analysis,ELIA)工作(Marull et al.,2016),该工作将景观中的能量流与土地利用的异质性明确联系起来。作者通过空间明确的方式,认同和研究了农民是如何以一种经过深思熟虑的模式在不同土地上劳动,从而对能量和物质流动进行管理的,以此展示了被称为**文化景观(cultural landscapes)**的特定景观镶嵌体是如何出现的(Marull et al.,2016,第 31 页)。他们的分析表明,传统的镶嵌式农业景观比现代的两极分化系统具有更小的耗散性,并证实了集约化和撂荒是同一枚硬币的两面,“土地的集约化和撂荒是放弃以往综合复合利用农业系统的共同结果”(Marull et al.,2016,第 43 页)。

马鲁利及其同事关注的重点是农业生态系统和农民作为土地管理者的作用:一个引人注目的发展是将土地利用规划和景观的作用视为一个整体来考虑。例如,在最近的一篇论文中,李和黄(Lee and Huang,2018)以 1971～2006 年中国台湾地区景观变化动态为研究对象,使用能值来评估农地土地利用变化的影响。他们计算了传统的景观指数并与能值指标进行相关性分析,结果表明,景观破碎化往往会加剧人类经济系统对农田经营的商品和服务的投入。

总的来说,这些方法表明了规划师职责范围内的行动和措施与区域新陈代谢之间的明确联系——格迪斯、芒福德、麦克哈格和其他人已经认识到这一点——但它们还提供了一种可用于规划和评估的强大分析方法。景观生态学与新陈代谢指标的结合是一个很有前景的研究方向,可为评估不同景观配置的生态功能提供实用工具。空间规划师既可使用它们,也可通过具体的学科见解为它们的发展**做出贡献**，例如，通过对不同类型的城市地区进行更细粒度的特征描述，而迄今为止在分析方法中，不同类型的城市地区还是作为不明确的类别来对待。此外，规划师可以基于诸如现有的建筑权、规划所施加的空间限制、不同地块的财产制度或对某些地块或地块（用途）转换所带来的不同程度的（法律）保护，提供更详细的关于特定区域土地利用变化的可能趋势。总之，我们所倡导的是通过学科交叉融合使不同的研究领域相互促进。

在阐述了规划中的生态理性框架并用它来研究解释主要景观转变现象之后，是时候更详细地研究这些趋势如何在欧洲表现以及规划如何促成或正受到这些趋势的影响。这是下一章的主题。

参考文献

106

Ali M, Marvuglia A, Geng Y, Robins D, Pan H, Song X, et al (2019) Accounting emergy-based sustainability of crops production in India and Pakistan over first decade of the 21st century. J Clean Prod 207:111–122

BBC (2011) BBC viewers' questions put to Cargill's boss. BBC. Available online: http: //www.bbc.co.uk/news/business-15077909

Borlaug NE, Dowswell CR (2003) Feeding a world of 10 billion people: a 21st century challenge. Paper presented at the International Congress "In the wake of the double helix: From the Green Revolution to the Gene Revolution" Bologna, Italy. 27–31 May 2003

Braess D (1968) Über ein Paradoxon aus der Verkehrsplanung. Unternehmensforschung 12:258–268

Braess D (2005) Über ein Paradoxon aus der Verkehrsplanung. Unternehmensforschung, English translation in: Transportation Sci 39(4):446–450

Cattaneo C, Marull J, Tello E (2018) Landscape agroecology. The dysfunctionalities of industrial agriculture and the loss of the circular bioeconomy in the Barcelona Region, 1956–2009. Sustainability 10(12):4722

Chakraborty A, Allred D, Boyer RH (2013) Zoning restrictiveness and housing foreclosures: exploring a new link to the subprime mortgage crisis. Housing Policy Debate 23(2):431–457. https://doi.org/10.1080/10511482.2013.764916

Chen GQ, Jiang MM, Chen B, Yang ZF, Lin C(2006) Emergy analysis of Chinese agriculture. Agric Ecosyst Environ 115(1–4):161–173

Davis MA, Palumbo MG (2008) The price of residential land in large US cities. J Urban Econ 63(1):352–384

de Molina MG, Toledo VM (2014) The social metabolism: a socio-ecological theory of historical change, vol 3. Springer

Desliver D (2018) For most US workers, real wages have barely budged in decades. Pew Research Centre. Online: https://www.pewresearch.org/fact-tank/2018/08/07/for-most-us-workers-real-wages-have-barely-budged-for-decades/

Downs A (2007) Niagara of capital: how global capital has transformed housing and real estate markets. Urban Land Institute, Washington, DC

Dryzek JS (1987) Rational ecology: the political economy of environmental choice. Basil Blackwell, Oxford

EEA (European Environmental Agency) (2019) The European environment — state and outlook 2020 Knowledge for transition to a sustainable Europe. Luxembourg: Publications Office of the European Union. https://doi.org/10.2800/96749

Ekers M, Prudham S (2017) The metabolism of socioecological fixes: capital switching, spatial fixes, and the production of nature. Ann Am Assoc Geogr 107(6):1370–1388. https://doi.org/10.1080/24694452.2017.1309962

Ekers M, Prudham S (2018) The socioecological fix: fixed capital, metabolism, and hegemony. Annals of the American Association of Geographers 108(1):17–34. https://doi.org/10.1080/24694452.2017.1309963

Ferreyra C (2006) Emergy analysis of one century of agricultural production in the Rolling Pampas of Argentina. Int J Agric Resour Gov Ecol 5(2–3):185–205

Ferraro DO, Benzi P (2015) A long-term sustainability assessment of an Argentinian agricultural system based on emergy synthesis. Ecol Model 306:121–129

Fischer-Kowalski M, Haberl H (1997) Tons, joules, and money: modes of production and their sustainability problems. Soc Nat Resour 10(1):61–85

Forsyth T (2004) Critical political ecology: the politics of environmental science. Routledge

Foster JB (1999) Marx's theory of metabolic rift: classical foundations for environmental sociology. Am J Sociol 105(2):366–405

Foster JB, Clark B (2018) The robbery of nature. Monthly Review:1–20

107 Gasparatos A (2011) Resource consumption in Japanese agriculture and its link to food security. Energy Policy 39(3):1101–1112

Ghisellini P, Zucaro A, Viglia S, Ulgiati S (2014) Monitoring and evaluating the sustainability of Italian agricultural system. An emergy decomposition analysis. Ecol Model 271:132–148

Giampietro M, Mayumi K, Sorma AH (2012) The metabolic pattern of society. Routledge, Abingdon

Giddens A (1981) Contemporary critique of historical materialism. Univ of California Press

González de Molina M, Guzmán Casado G (2017) Agroecology and Ecological Intensification. A discussion from a metabolic point of view. Sustainability 9 (1):86

Gotham KF (2009) Creating liquidity out of spatial fixity: the secondary circuit of capital and the subprime mortgage crisis. Int J Urban Reg Res 33(2):355–371. https://doi.org/10.1111/j.1468-2427.2009.00874.x

Gorz A (1977) Écologie et politique. Éditions Galilée, Paris

Gorz A (2008) Écologica. Éditions Galilée, Paris

Guimarães PPC (2019) Shopping centres in decline: analysis of demalling in Lisbon. Cities 87:21–29

Haberl H, Erb K-H, Krausmann F (2014) Human appropriation of net primary production: patterns trends and planetary boundaries. Annu Rev Environ Res 39:363–391. https://doi.org/10.1146/annurev-environ-121912-094620Haberl

Harvey D (1978) The urban process under capitalism: a framework for analysis. Int J Urban Reg Res 2:101–131

Harvey D (1982) The limits to capital. Blackwell, Oxford, UK

Harvey D (2001) Globalization and the "spatial fix". Geographische Revue 3(2):23–30

Henderson G (2009) Marxist political economy and the environment (pp 266-293). In Castree N, Demeritt D, Liverman D, Rhoads B (eds) A companion to Environmental Gepgraphy. Oxford: Wiley-Blackwell

Hersperger AM, Bürgi M (2010) How do policies shape landscapes? Landscape change and its political driving forces in the Limmat Valley, Switzerland 1930–2000. Landsc Res 35(3):259–279

Immergluck D (2011) The local wreckage of global capital: the subprime crisis, federal policy and high-foreclosure neighborhoods in the US. Int J Urban Reg Res 35(1):130–146. https://doi.org/10.1111/j.1468-2427.2010.00991.x

IPCC (2014) Climate change 2014: synthesis report contribution of working groups i, ii and iii to the fifth assessment report of the intergovernmental panel on climate change. IPCC, Geneva

Jacobs, J (1961) The death and life of great American cities. New York: Vintage
Jiang MM, Chen B, Zhou JB, Tao FR, Li Z, Yang ZF, et al (2007) Emergy account for biomass resource exploitation by agriculture in China. Energy Policy 35(9):4704-4719
Krausmann F, Gingrich S, Eisenmenger N, Erb KH, Haberl H, Fischer-Kowalski M (2009) Growth in global materials use, GDP and population during the 20th century. Ecol Econ 68(10):2696–2705
Leach G (1975) Energy and food production. Food Policy 1(1):62–73
Leadley PW, Krug CB, Alkemade R, Pereira HM, Sumaila UR, Walpole M, Marques A, Newbold T, Teh LSL, van Kolck J, Bellard C, Januchowski-Hartley SR, Mumby PJ (2014) Progress towards the aichi biodiversity targets: an assessment of biodiversity trends, policy scenarios and key actions. Secretariat of the convention on biological diversity, Montreal, Canada. Technical Series 78, 500 p. https://www.cbd.int/gbo4/
Lee YC, Huang SL (2018) Spatial emergy analysis of agricultural landscape change: does fragmentation matter? Ecol Ind 93:975–985
Lefebvre H (2003 [1970]) The urban revolution. University of Minnesota Press, Minneapolis, MN
Lipton M (2007) Plant breeding and poverty: can transgenic seeds replicate the "Green Revolution" as a source of gains for the poor. J Develop Stud 43(1):31–62
Liu Z, Wang Y, Wang S, Dong H, Geng Y, Xue B, et al (2018) An emergy and decomposition assessment of China's crop production: sustainability and driving forces. Sustainability 10(11):3938
Liu Z, Wang Y, Geng Y, Li R, Dong H, Xue B, et al (2019) Toward sustainable crop production in China: an emergy-based evaluation. J Clean Prod 206:11–26
Lu C, Tian H (2017) Global nitrogen and phosphorus fertilizer use for agriculture production in the past half century: shifted hot spots and nutrient imbalance. Earth Sys Sci Data 9 (1):181–192　108
Markussen M, Østergård H (2013) Energy analysis of the Danish food production system: food-EROI and fossil fuel dependency. Energies 6(8):4170–4186
Martínez-Alier J (2011) The EROI of agriculture and its use by the Via Campesina. J Peasant Stud 38(1):145–160
Martínez-Alier J, Muradian R (eds) (2015) Handbook of ecological economics. Edward Elgar Publishing. https://doi.org/10.4337/9781783471416
Marull J, Font C, Padró R, Tello E, Panazzolo A (2016) Energy-landscape integrated analysis: a proposal for measuring complexity in internal agroecosystem processes (Barcelona Metropolitan Region, 1860–2000). Ecol Ind 66:30–46
Marull J, Cattaneo C, Gingrich S, de Molina MG, Guzmán GI, Watson A, MacFadyen J, Pons M, Tello E (2019a) Comparative energy-landscape integrated analysis (ELIA) of past and present agroecosystems in North America and Europe from the 1830s to the 2010s. Agric Syst 175:46–57. https://doi.org/10.1016/j.agsy.2019.05.011
Marull J, Herrando S, Brotons L, Melero Y, Pino J, Cattaneo C, Pons M, Llobet J, Tello E (2019b) Building on Margalef: testing the links between landscape structure, energy and information flows driven by farming and biodiversity. Sci Total Environ 674:603–614
Marx K (1970, original ed 1867). Capital, Volume I, New York, Vintage
McLaughlin A (1990) Ecology, capitalism, and socialism. Social Democr 6(1):69–102
Merriott D (2016) Factors associated with the farmer suicide crisis in India. J Epidemiol Glob Health 6(4):217–227. https://doi.org/10.1016/j.jegh.2016.03.003
Moore SR (2010) Energy efficiency in small-scale biointensive organic onion production in Pennsylvania, USA. Renew Agric Food Syst 25(3):181–188
Moore JW (2015) Capitalism in the web of life: ecology and the accumulation of capital. Verso Books
Moore JW (2016) The rise of cheap nature. In: Moore JW (eds) Anthropocene or capitalocene? PM Press, Oakland, pp 78–115
Mumford L (1961) The city in history: its origins, its transformations, and its prospects (Vol 67). Houghton Mifflin Harcourt
Napoletano BM, Paneque-Gálvez J, Vieyra A (2015) Spatial fix and metabolic rift as conceptual tools in land-change science. Capitalism Nat Soc 26(4):198–214. https://doi.org/10.1080/10455752.

2015.1104706
Newman K (2009) Post-industrial widgets: capital flows and the production of the urban. Int J Urban Reg Res 33(2):314–331
O'Connor JR (ed) (1998) Natural causes: essays in ecological marxism. Guilford Press
Odum EP (1969) The strategy of ecosystem development. Science 164 (3877):262–270
Odum HT (1996) Environmental accounting. Emergy and environmental decision making. John Wiley & Sons, NY
Otero G, Pechlaner G (2008) Latin American agriculture, food, and biotechnology: temperate dietary pattern adoption and unsustainability. In: G Otero, (ed) Food for the few: Neoliberal globalism and biotechnology in Latin America. University of Texas Press, Austin, pp 31–56
Orderud GI (2006) The Norwegian home-building industry—locally embedded or in the space of flows? Int J Urban Reg Res 30(2):384–402
Paddock WC (1970) How green is the Green Revolution?. BioScience 20(16):897–902
Paracchini ML, Petersen JE, Hoogeveen Y, Bamps C, Burfield I, van Swaay C (2008) High nature value farmland in Europe. An estimate of the distribution patterns on the basis of land cover and biodiversity data. JRC Report EUR 23480. Publication Office of the European Union, Luxemburg
Parlette V, Cowen D, (2011) Dead malls: suburban activism, local spaces, global logistics. Int J Urban Reg Res 35(4):794–811
Patel R (2013) The long green revolution. J Peasant Stud 40(1):1–63
Pérez-Soba M, Elbersen B, Braat L, Kempen M, van der Wijngaart R, Staritsky I, Rega C, Paracchini ML (2019) The emergy perspective: natural and anthropic energy flows in agricultural biomass production, EUR 29725 EN, Publications Office of the European Union, Luxembourg, ISBN 978-92-76-02057-8. https://doi.org/10.2760/526985, JRC116274
109
Pimentel D, Hurd LE, Bellotti AC, Forster MJ, Oka IN, Sholes OD, et al (1973) Food production and the energy crisis. Science 182(4111):443–449.
Rao SL (2013) Ethical analysis of the global climate dilemma. In: Nautyial S et al (eds) Knowledge Systems of Societies for Adaptation and Mitigation of Impacts of Climate Change (pp 39–55). Springer, Berlin, Heidelberg
Robbins P (2011) Political ecology: a critical introduction, vol 16. Wiley
Schramski JR, Rutz ZJ, Gattie DK, Li K (2011) Trophically balanced sustainable agriculture. Ecol Econ 72:88–96
Secretariat of the Convention on Biological Diversity (2014) Global biodiversity outlook 4. Montréal, p 155. https://www.cbd.int/gbo4/
Sereni E (1961) Storia del paesaggio agrario italiano. Bari, Laterza. English edition (1997) History of the Italian agricultural landscape (Vol 350). Princeton University Press
Smith N (1984) Uneven development: nature, capital and the production of space. The University of Georgia Press, Athens
Steinhart JS, Steinhart CE (1974) Energy use in the US food system. Science 184:307–316
Sugrue TS (2006) The right to a decent house. In: Conn S (ed) (2012) To promote the general welfare: the case for big government. Oxford University Press
Swyngedouw E, Heynen N (2003) Urban political ecology, justice and the politics of scale. Antipode 35(5):898–918
Taylor LE, Hurley PT (2016) (eds) A comparative political ecology of exurbia: planning, environmental management, and landscape change. Springer, pp 1–310. https://doi.org/10.1007/978-3-319-29462-9
Ulgiati S, Odum HT, Bastianoni S (1993) Emergy analysis of italian agricultural system. The role of energy quality and environmental inputs. In: Bonati L et al (eds), Trends in Ecological Physical Chemistry, Elsevier, Amsterdam, pp 187–215
Ulgiati S, Odum HT, Bastianoni S (1994) Emergy use, environmental loading and sustainability an emergy analysis of Italy. Ecol Model 73(3–4):215–268
Vitousek PM, Ehrlich PR, Ehrlich AH, Matson PA (1986) Human appropriationof the products of photosynthesis. BioScience 36:368–373
Wallerstein I (1974) The modern world-system I: capitalist agriculture and the origins of the

European world-economy in the sixteenth century. Academic Press, New York
Wallerstein I (1989) The modern world-system III: the second era of great expansion of the capitalist world-economy, 1730–1840s. Academic Press, San Diego, CA
World Bank (2018) Energy use (kg of oil equivalent per capita). Available online: https://data.worldbank.org/indicator/EG.USE.PCAP.KG.OE
Zhang X-, Zhang R, Wu J, Zhang Y-, Lin L-, Deng S-, et al (2016) An emergy evaluation of the sustainability of Chinese crop production system during 2000—2010. Ecol Indic 60:622–633

111

第五章　近观欧洲国土转型过程：城市化、农业集约化和撂荒

本章更详细地研究前一章所描述的总体进程在欧洲——特别是在欧盟——是如何进行的，介绍最近研究欧盟景观转型主要过程中野蛮的城市扩张、农业集约化和农用地撂荒相关的文献，并使用前一章提出的概念性工具对这些过程进行分析和解释。文献中大量经验证据表明，欧洲城市增长率大于人口增长率这一现象与空间规划正在进行的新自由化进程有关。同样，在当代主导经济模式下，农业集约化和撂荒被作为空间重构联合过程中的两个互联层面来研究。本章讨论了空间规划与这些进程之间的关联，并论证了在所谓的后政治规划中回归政治的必要性。

第一节　近来欧洲国土转型的宏观进程

欧洲，与美国一样，是资本主义和现代农业的摇篮：在这里，资本有机构成的变化、农业生产的工业化、空间修复和新陈代谢断裂的过程至少从 200 年前就一直在进行，或者正如穆尔（Moore，2016）所推断的，甚至从 15 世纪初就已经开始了。因此，我们有大量的纵向数据来研究所提出的框架在概念上的稳健性并对其进行证伪。同时，欧盟在环境政策方面有着深厚的传统，许多评论人士认为欧盟拥有世界上最先进的环境立法：在撰写本书时，欧盟委员会新任主席刚刚启动了一项新的《欧洲绿色协议》（*European Green Deal*）。这是一份雄心勃勃的政

112

治文件，重启了欧盟委员会应对气候和环境相关挑战的承诺（EC，2019）。理解

政策和大趋势之间的辩证关系,会对我们理解景观转型过程和**采取行动**的能力产生影响。

土地利用学领域的最新研究探讨了过去几十年欧洲景观变化的趋势,尤其探讨了其潜在的驱动因素(Plieninger et al.,2016;van Vliet et al.,2016;Levers et al.,2018)。普利宁格等(Plieninger et al.,2016)对欧洲的144个案例进行了广泛的荟萃分析[①],发现虽然景观变化的直接驱动因素在大多数情况得到了严格识别和研究,但变化的潜在驱动因素往往只是通过作者的个人解释来识别。同样,奥利韦拉等(Oliveira et al.,2018)研究了战略空间规划对土壤封闭(soil sealing)[②]的作用,并提出虽然近年来环境问题已成为战略规划的核心目标,但对土地退化**驱动因素**却研究甚少。对于浏览过前一章的读者来说,不会惊讶于普利宁格等(Plieninger et al.,2016)的观点,他们识别的主要趋势是:①城市化(包括基础设施建设);②农业集约化;③撂荒;④森林扩张。研究结果还表明,多种经济、社会和政治原因共同决定了这些现象,这支持了上一章提出的整体概念框架。不出所料,所识别的现象对整个欧洲的影响并不一致:农业集约化在北欧和西欧更常被报道;林业的扩张或集约化在东欧较为普遍;撂荒在地中海地区更常见;城市化在整个大陆都在进行,但西欧和东欧更为突出,北欧和地中海则较少。

在接下来的小节中,为了说明清楚起见,我们将在前一章概述的统一理论框架内分别研究这些大趋势。类似地,区别城市和乡村的转型过程纯粹是为了组织论述需要,并不意味着应将两个空间视为独立的实体。事实上,正是由于这种二分法在空间规划方法中如此常见,以至于我们希望通过审视现象之间的相互作用来跨越这种方法。同样,我们将为那些有意向加深认知并对特定背景或地区的大趋势结果感兴趣的读者提供一些参考资料。

---

① 用于比较和综合针对同一科学问题研究结果的统计学方法,其结论是否有意义取决于纳入研究的质量,常用于系统综述中的定量合并分析。——译者注

② 广义的土壤封闭是指土壤受自然界物理化学作用后,表层土壤颗粒积聚产生“结皮”,土壤透水性能降低的现象。(参阅:魏宗强等:“人工封闭对城市土壤功能的影响研究进展”,《生态环境学报》,2014年。)奥利韦拉等论文中土壤封闭特指用建筑物、建筑、交通基础设施和不透水人工材料层(如混凝土或沥青)覆盖土壤的过程,可以理解为人工的土壤封闭。——译者注

第二节　后政治规划框架下的欧盟城市化

一些关键数据可能有助于总结欧洲城市化的规模。特别是在欧盟28国，自20世纪50年代中期以来，人口增长了33%，而城市化面积增加了78%（EC，2013），这意味着人均城市化面积增加了34%。具体而言，1990～2000年，人工（土地）封闭面积平均每年增加114 000公顷；2000～2006年略下降至102 000公顷/年；2006～2012年降至98 500公顷/年。总体而言，1990年至今，欧盟已经损失了大约300万公顷的土地，损失面积与比利时国土面积一样大。

113

更详细的数据可从2000～2018年获得。图5-1显示，根据CORINE土地覆盖数据，人工区域和损失区域类型的土地占用比例为1%（EEA，2019）。

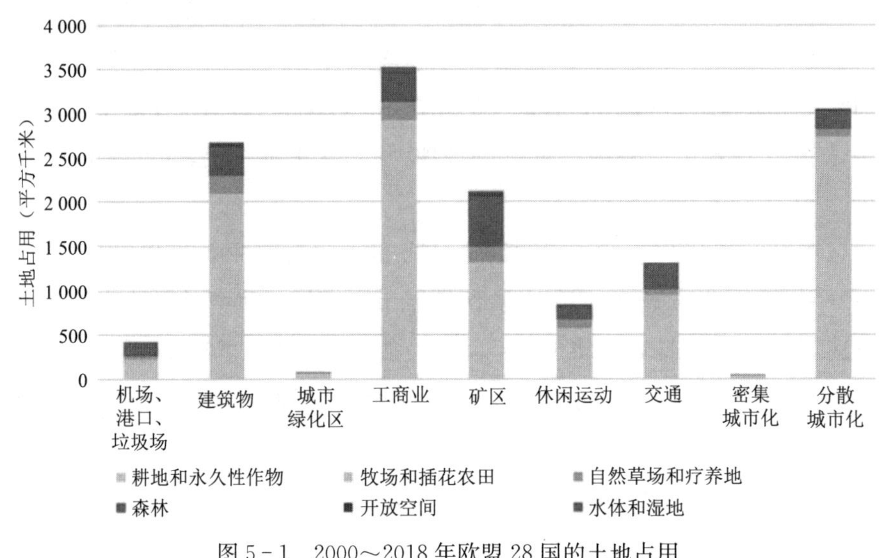

图5-1　2000～2018年欧盟28国的土地占用

注：按新人工区域类型和损失区域类型分类。

资料来源：EEA（2019）。[①]

① 永久性作物用地的作物一般种植一次就可以重复收割，比如可可、咖啡、橡胶。

可以看出，就面积而言，分散城市化区[1]、工商业用地和建筑工地（即在建工程区域）是最相关的类别。还需考虑的是，CORINE 土地覆盖数据最小制图单位是 25 公顷，它低估了城市化区域面积，比如当某一维度的农业区未达到一定人工覆盖比例时不会被归为人工土地。虽然研究中经常强调城市化地区和人口动态之间的差距，但除了对行为变化和家庭组成的一般性评论外，对其深层原因的研究较少。在前一章中，我们已经展示了城市化（或郊区化）对空间修复过程和三个主要生产环节（商品、建成环境和金融资本）中资本流通/转移的意义。尽管参考文献主要来自美国，旧大陆的城市中心和郊区形态特征可能不同，但基本过程是相似的：根据荷兰环境评估署（Netherlands Environmental Assessment Agency）最近的一份报告，1960～2010 年欧洲的总人口增长率显示乡村地区略有下降，城市增长约 20%，城镇和郊区增长超过 40%。最强劲的增长发生在现有城市周围新开发的住宅区（Nabielek et al.，2016）。

114

在普利宁格等（Plieninger et al.，2016）的荟萃分析中，53%的受访案例提到城市化和基础设施开发是最直接的驱动力，80%的案例似乎与政治/制度因素有关，60%的案例与经济因素有关，73%的案例与文化因素有关。希望到目前为止提供的论据能让我们更好地理解这一现象。政治/制度因素可能是**最容易**识别的因素，但反过来又受资本动态的潜在过程驱动，欧洲的资本动态与我们在美国看到的情况并无不同。人口增长（甚至包括移民）和欧洲家庭结构的变化仅解释了**需求侧**建筑存量增加的部分原因：我们将把注意力转移到**供给侧**以及上章所述的资本循环间的关系上。在欧洲，制造业的非本地化进程特别明显，投资于此的资本贬值和产生剩余价值的可能性也同样显著。从初级循环到次级循环的转移在空间上起到了暂时修复作用（Lefebvre，2003）：正如前一章所说，**物理扩张（physical expansion）**，即通过创造新的城市（或郊区）发展来增加城市化面积，不是唯一的空间修复过程——通过大型投资项目和绅士化（gentrification）[2]对中心区进行重组也很常见——但它无疑是对生态环境影响最严重的过程。

---

① 分散城市化区指人口稀疏的城市建设区，对应密集城市化区，二者关系类似于中心城区和新建开发区。——译者注

② 又译为中产阶层化或贵族化或缙绅化，是社会发展的其中一个可能现象，指一个旧区从原本聚集低收入者，到重建后地价及租金上升，引来较高收入者迁入并取代原有低收入者。——译者注

在这个过程中，有一个因素起到了阻碍作用：正如所见，资本流通需要抽象地、不定期地并能无障碍地转移（Gotham，2009；Immergluck，2011）：资本只在金融循环内流通，这非常容易；资本以商品的形式流通，也相对容易。但是，从初级循环（商品）和第三级循环（金融）转移到次级（建成环境）循环，不可避免地迫使资本面对当地的个异性和特异性，既涉及地方的物理要素（气候、地形、基础设施等），也涉及当地的政治/制度框架以及现有的一系列政策、法律和法规，规划是其中重要的一项。传统上，在发达资本主义国家，**“空间规划将增长和经济发展均匀地分配到各州，为合理的生活质量提供服务，在纠正市场失灵方面发挥了重要作用”**（Olesen，2014）。正因为“市场”不能提供均衡的空间发展和平等的服务机会，规划负责补偿，至少是部分补偿。这是由国家强制执行的强有力的法定规划法律和法规来实现的，这些法律和法规清楚地划分了土地用途和（用途）转换的可能性[通常被称为空间凯恩斯主义①（Brenner，2004）]。这套通过分区在空间上明确表述的法律和法规显然与资本摆脱戈瑟姆（Gotham，2009）所说的地方个异性和特异性的需要相抵触。

正是在这个框架内，我们应解释一些规划学者（其中许多在欧洲）所说的“新自由主义转向”或规划的“新自由主义化”（Peck and Tickell，2002；Olesen and Richardson，2011； Allmendinger，2011；Sager，2011；Haughton et al.，2013；Olesen，2014）以及与之相伴的术语，如“沟通转向”（Healey，1992）、“软空间”、“模糊地图”（Haughton et al.，2013）以及关于利益相关者参与、协调、建立共识和谈判的全部言辞，通常与“战略空间规划”相关。正如切雷塔等（Cerreta et al.，2010）、霍顿等（Haughton et al.，2013）和奥利森等（Olesen et al.，2014）批判性地指出，所有这些术语和概念都很容易用于支持“新自由主义议程”，在我们的框架中，这意味着消除资本流通和空间修复过程的障碍。例如，“沟通”与“协作”规划是20世纪90年代初影响战略空间规划理论的重要概念，这种“新范式”需要通过谈判寻求共识，让“利益相关者”参与进来，以确定双赢的解决方案并创建可以绕过法定规划条例的新治理安排。根据一些“战略空间规划”理论家的说法

115

① 布伦纳（Brenner，2004）在论文中提出：“空间凯恩斯主义最好被理解为一个广泛的国家战略集群，旨在通过缓解国家经济内部的不均衡地理发展来促进资本主义工业增长。”——译者注

[例如参阅希利(Healey,2007)]，规划和规划师有时需要脱离正式或法定的规划框架，以颠覆现有的政策话语和实践(Olesen,2014)。这似乎符合治理的"软空间"特征(Haughtonetal,2013;Olesen,2014)，"软空间"可定为游离于政府正式法定规模之外、之旁或之中的治理空间，从地区总体规划到多区域增长战略(Allmendinger and Haughton,2009)。这些空间通常以各种形式(通常是非选举产生)的准公共组织、公私合作伙伴关系和私人参与者的参与为特征。这种治理的"新空间"往往是基于功能而提倡的，即"传统的"政府和规划单位(地区、市政当局等)被迫在行政边界内行事，而这些边界与所涉过程实际边界并不一致(例如，在大都市区域内通勤，或在景观或流域尺度上起作用的生态过程)。但与一些学者的意图和期望相反，治理的软空间恰是"**由民选和非民选参与者混合进行交易与理解的朦胧空间，导致了非法定计划和法定计划之间的'验证蠕变'(validation creep)过程**[①]"[Olesen,2014;另见奥尔门丁格和霍顿(Allmendinger and Haughton,2009)、霍顿等(Haughton et al.,2010)]，并作为"**促进不同形式的高速经济增长的一系列构想狭隘的新自由主义实验的工具**"(Haughton et al.,2013,第231页)。

类似的论点也可用于沟通规划和治理的软空间中的"技术"工具之一，即"模糊地图"(Davoudi and Strange,2009)。同样，出于许多规划学者的良好意图，模糊地图将代表城市和区域的复杂**关系流动(relational fluxes)**，据称与传统的、有时是沉闷的地理地图相比，它是一种更符合时代的规划组织原则(Olesen,2014)。换句话说，它们本应被用来对网络(networks)、网(webs)、流、节点和枢纽进行更好的空间表述，但往往被用来拉开空间规划与其监管属性的距离，并隐藏特定空间配置的潜在赢家和输家(Olesen,2014)。

正如奥利森(Olesen,2014)所说，直到最近，很少有实证研究批判性地分析规划体系、空间逻辑和战略空间规划实践是如何变化和如何被新自由主义渗透的以及这种渗透意味着什么。继布伦纳和西奥多(Brenner and Theodore,2002)之 116

① 验证蠕变过程主要指在交叉区域编制非法定规划，并在没有经过相关领域任意一边检验的情况下发布，从而实现在法定规划中本不被或不易被接受的相关内容得以实施的过程。[参阅：Haughton, et al. (2010) The new spatial planning: territorial management with soft spaces and fuzzy boundaries. Taylor & Francis e-Library.]——译者注

后，我们将不仅关注新自由主义的理论化，还要关注它在不同背景下的实际发展，即关注"实际存在的新自由主义"：这可能体现在各种形式和细微差别中。同样，我们将在这样的多样性中识别潜在的趋势，并用前一章中描述的分析方法来解释它们。

最近的文献正在填补欧洲的这一空白，越来越多的经验证据表明规划的新自由主义化是如何在当地实施及其对城市化和郊区化大趋势的影响。在欧洲，新自由主义逐渐形成并占据主导地位的国家是英国。相应地，大量关于空间规划的影响（和贡献）的证据可以在文献中找到（Allmendinger and Thomas，1998；Allmendinger and Tewdwr-Jones，2000；Prior，2005；Allmendinger and Haughton，2012）；洛德和图德-琼斯（Lord and Tewdwr-Jones，2014）提供了一个涵盖1997～2012年的优秀综合报告。他们认为，自20世纪90年代中期以来，"规划失败"作为一种霸权话语出现在英国，新工党（New Labour）在五年内实施了三次规划改革（2004年、2008年和2009年）。作者将这种对规划体系的攻击与投机性的房地产泡沫联系起来，认为这与美国的泡沫并无二致，都是前一章中描述的资本流通、贬值和三个循环之间的转变过程的后果。正如我们所言，避免资本贬值需要铤而走险地快速流通、实施空间修复："在房地产繁荣的顶峰，房地产投机的呼声创造了一个新的黑色猛兽（*bête noir*）——规划体系"（Lord and Tewdwr-Jones，2014，第347页），规划体系被描述为缓慢的、官僚的、僵化的，是经济发展的阻碍。潜在的**结构性**问题实际上是"中央政府敏锐地察觉到了刺激内城房地产**投机需求（invigorating demand）**的紧迫性"（Lord and Tewdwr-Jones，2014，第350页）。这一问题与第四章大量金融资本为了增殖而注入房地产市场相关。我们也知道故事的结局，可以直接引用洛德和图德-琼斯的话[Lord and Tewdwr-Jones，2014，第347页；另见哈瑟利（Hatherley，2010，第97页）]："有据可查，对英国银行业的一揽子救援计划恰好发生在悄无声息的28亿英镑英国房地产业救助计划'之后'。"2011年的政府更迭导致了规划政治话语的明显变化，强调**地方主义**是新的政策转向。这一年，这种话语被制度化，区域规划被废除，《地方主义法案》（*Localism Act*）得到批准，该法案允许由非法定的自治团体[①]制定社区规划。法案启动后不久，其性质就被阐明为**“是为公司参与而制定的，在几个城市催生了一些试点的商业社区领跑者”**（Lord and Tewdwr-Jones，2014，第353页）。重要的是，该法案规定，作为一般规则，社区论坛（neighbourhood forums）制定的**建筑率（building rates）不能**比地方发展计划中已经规定的**更低**：他们最终只能提高建筑率（Lord and Tewdwr-Jones，2014）。英国房地产联合会（The British Property Federation，代表英国开发行业的机构）对这项新的立法表示热烈欢迎[②]。 117

作者在分析的最后指出，继任政府的不同改革以及对规划尺度（国家、区域、城市地区或地方）重视程度的变化无规律可循，反映了对区别于过往政治联盟的新话语的需要：在更高深的层面上，**“空间配置（其中大多数只维持了不到一年或两年）的几乎永无休止的旋涡[③]，说明了一个事实：对任何空间尺度组合逻辑的关注是目前的‘惯例’，这掩盖了更根本的问题——这些空间最终用来容纳的政策的新自由主义性质”**（Lord and Tewdwr-Jones，2014，第357页）。洛德等（Lord et al.，2017）收集的关于英国规划体系的最新发展和社区规划实施的可得证据证实了这些趋势，并强调了伴随着地方主义转向的规划的非专业化进程。这似乎也证实了彼得·霍尔（Peter Hall）的预测，即公众参与的空间将“主要由生活在好地方（主要是乡村）的善良的有文化的且有时间的人占据”（Hall，2011，第60页），因为来自当地团体的433份社区规划申请中，只有10%的申请来自最贫困的占当地规模20%的地方当局。[④] 此外，有证据表明，首先，社区规划过程可能会被精英阶层或至少是社区内更有发言权的个人和团体所支配；其次，规划的重点可能是短视的，专注于单一问题或至少达不到一个地方规划应有的主题广度。有趣的是，他们还发现，在某些情况下，社区利用社区规划来维持现状

① 即下文提到的社区论坛。社区规划的基本规则由社区论坛集中制定。——译者注

② 英国房地产联合会首席执行官利兹·皮斯（Liz Peace）声明：“我们很高兴与政府在这一关键举措上密切合作，这预示着一种新的地方规划方法，使企业以及居民能够与地方规划当局合作，带头塑造社区。”可参阅：https://www.gov.uk/government/news/business-and-communities-to-unite-in-driving-neighbourhood-growth（2019年4月23日查阅）。

③ 此处意指空间规划不停修改调整。——译者注

④ 源自行业杂志《规划》2013年3月进行的一项调查。盖根（Geoghegan，2013）报道了该调查，洛德等（Lord et al.，2017）引用了该调查。

(即不允许进一步发展)。我们将在本小节的后面再讨论这个问题。

在一篇后续文章中,洛德和图德-琼斯(Lord and Tewdwr-Jones,2018)深化了对 2011 年《地方主义法案》影响的分析,该法案将在更长的时间内发挥法律效力,这代表了一个长期政治进程的高潮,这个过程从根本上改变了城市和区域规划体系,使决策权越来越趋向于空间的两极:中央政府或地方非选举参与者。作者总结说(第 11 页),英国规划剩下的是“**一种专业活动的残余,在此消彼长的新自由主义双重冲动中进退两难,因为它的许多核心功能,要么由一个小而强大的中央国家赋予,要么残留在地方当局内,逐渐被精英们兴起的‘丛林法则’(Peck and Tickell,2002)所超越和取代**”。

118 我们现在可以离开英国,穿越圣乔治海峡,看看爱尔兰规划的最新发展。伦农和沃东(Lennon and Wardon,2019)对爱尔兰简化的“快速通道”(Fast Track)流程制度化进行了批判性分析,该流程允许将 100 个或更多单元的大型住房开发项目的规划申请直接提交给爱尔兰规划上诉委员会。作者提醒我们,在 21 世纪头十年,爱尔兰经历了现代经济史上最明显的房地产市场泡沫和萧条之一,房价在 2006～2013 年收缩了 50%以上,而住房供应下降了 90%以上。因此,建筑部门遭到重创,并通过国家的“坏账银行”,即国家资产管理局,将开发资产国有化。与英国的情况非常相似,这引发了对规划体系的攻击,因为规划体系是**住房供应的障碍**——读者此时很容易就会明白这一点。爱尔兰的规划体系有几个方面与英国相似,规定开发方案要提交给地方规划当局并由其评估,但它的独特之处在于:存在一个独立的规划上诉委员会,第三方可以向该委员会上诉以反驳规划决定。在实践中,任何人都可以按照既定程序,对地方规划当局的决定提出上诉。然而,情况在 2017 年 7 月发生了变化,新的《规划与发展(战略住房发展)条例》[*Planning and Development* (*Strategic Housing Development*)*Regulations*]允许超过 100 个住宅单元和 200 个或更多的学生床位的开发申请**直接**提交规划上诉委员会。这一新程序作为“爱尔兰重建”(Rebuilding Ireland)整体住房政策的一部分,有助于加快规划申请过程。它通常被称为“快速通道”,基本上允许开发企业绕过通常由规划当局执行的开发建议评估过程。爱尔兰房地产行业协会(Property Industry Ireland)积极游说支持新程序。该协会将自己描述为建筑师、工程师、规划顾问、房地产经纪人、开发商、测量师、建筑商的共同家园,他们的共同目标是“尝试并提出创新的想法，使房地产行业恢复**到可持续的供给水平**”（Lennon and Wardon，2019，第 8 页）。[①] 在他们看来，规划体系是投资者的主要障碍之一，阻碍了开发项目的实现。具有讽刺意味的是，他们认为这是爱尔兰制度的个异性，可能忽略了这种说法的跨国性质。第三方上诉程序也被指责为规划程序拖延的根源，并给开发商带来了不确定性和风险。伦农和沃东（Lennon and Wardon，2019）认为，新程序是“实际存在的新自由主义”运作的一个明显例子，它在两个方面大大降低了空间规划的民主化程度：不仅第三方上诉被取消，而且地方发展计划也变得无足轻重，而这些计划在传统上是爱尔兰民主制定规划政策的基石。

继续我们的欧洲之旅，西行到挪威着陆。斯特兰德和内斯（Strand and Naess，2017）描述了在 2013 年选举出一个更加新自由主义的政府后挪威规划体系的发展。在挪威，环境问题历来在政治议程中被置于高度优先地位，国家规划准则确实实现了对抗城市蔓延的目标（Naess et al.，2011）。作者认为，2013 年后，空间规划的“新自由主义转向”产生了赢家和输家：环境问题是输家，而“那些污染者，那些想在区域内从事**建筑活动**，从而导致自然转化为建筑工地的人，成为赢家”（Strand and Naess，2017，第 162 页）。具体而言，他们审查了与土地利用规划有关的技术机构的反对文件，发现“保护农田和减少在现有城市居住区外新建**建筑区（built-up areas）**的力量已经削弱”（Strand and Naess，2017，第 163 页）。他们的叙述令读者大快人心。作者抨击，政府部门矫揉造作的答案与他们自己技术机构的建议背道而驰，他们为规划抉择公开违背国家指导方针而辩护，声称尽管不是最佳方案，但发展应通过规划来“加强地方民主”。

119

我们停留在北欧，穿过芬兰的边界。许特宁和阿尔奎斯特（Hytönen and Ahlqvist，2019）报告称，在那里，《国家土地利用和建筑法》（*National Land Use and Building Act*）（第 251/2016 号政府法案）是规划文化转变过程的高潮，从以福利为中心的长期规划转向地方反应性实践，以此使规划重点转向特定私人利益的凝结（Puustinen et al.，2017）。案例研究的实证结果表明，市政当局在土

① 引自伦农和沃东（Lennon and Wardon，2019）对一名兼任爱尔兰房地产行业协会成员的开发商的采访。

地利用规划方面越来越不谨慎,同时又削弱了国家当局的控制力,这导致短视、市场应激的地方规划做法,损害了长期、可持续发展导向的规划愿景。不出所料,他们报告称,这个过程的特点是削弱了控制分散住房和大型购物场所本地化的工具,进而增加了市场参与者的回旋空间。近年来颁布的规划立法的变化(第114/2015号政府法案和第251/2016号政府法案)限制了中央当局对市政规划决定提出上诉的可能性,导致区域尺度上无法律约束力的规划与市政当局制定的有约束力的分区总体规划之间的错配愈发严重。这有助于形成作者所说的"战略规划的真空",即各种市场参与者根据市场驱动动机利用的空白空间,这一概念与上文讨论的软空间概念一致。他们的结论是,在未来,芬兰规划体系的特点是国家的控制力越来越弱,市政当局的法律框架更加市场化,后者的自由裁量权也越来越大。作者预见的主要后果之一是,"由于国家的上诉权有限,对住房蔓延的控制可能会放松"(Hytönen and Ahlqvist,2019,第14页)。

我们现在南下前往丹麦,那里可获得大量的信息。奥利森和理查森(Olesen and Richardson,2012)研究了由环境部发起的三个国家以下尺度的战略空间规划实验,并显示了传统的以福利为导向的丹麦规划,特别是在2007年的规划改革之后,是如何由新兴的新自由主义议程而重新定位的,又是怎样转向了以增长为导向的路径,遵循主要城市和城市地区的增长中心的空间逻辑。重要的是,作者强调这些过程不是直接发生的,而是源自不同规划理性和空间尺度之间的博弈关系。最近,奥利森和卡特(Olesen and Carter,2018)描述了自2010年以来,传统规划如何从不同角度被指责为"增长的拦路虎",主要涉及乡村地区的发展。这一总体论述通过三条脉络展开:第一条强调丹麦外围(即远离主要城市中心的乡村地区)的边缘化以及在1992年《规划法》(*Planning Act*)中传统规划正在阻碍发展机会的事实;第二条涉及沿海地区的保护,在那里,离海岸300米的缓冲区内禁止任何开发,而在3千米以内的任何开发项目都需特别许可;第三条描述了传统规划对零售发展的破坏和对主要城市中心以外购物中心的限制。作者详细介绍了2010～2015年大众传媒和专业人士对此话语框架的详尽描述。有趣的是,他们指出,在丹麦的案例中,新自由主义话语被作为对不均衡发展的批评的论据,而不均衡发展正是新自由主义规划的主要**结果**之一(Smith,1984;Harvey,2001)。从认识到丹麦外围是一个边缘地区(此外,尤其是受到2008～2009

年危机后经济衰退的影响）开始，主流话语逐渐将传统（即福利主义、基于分区）的土地利用规划确定为这种边缘化的主要**问题**之一。这导致了对国家规划法案的几次修订，第一次修订是由自由党领导的联合政府在 2011 年通过的，其引入了大量宽松措施以缓解 29 个乡村地区的发展，并放松了对沿海地区开发管制和郊区或乡村地区购物中心本地化的监管。2013 年，新的社会民主党政府取消了许多已出台的放松管制措施，但在 2014 年，全国市政当局协会发布了一份题为"空间规划中的增长壁垒"的文件（Local Government Denmark，2014），并在 2014～2015 年通过其他报告积极游说修订该法。这种压力促使社会民主党政府建立了一个专门委员会来审查《规划法》。2015 年春，作为促进丹麦乡村地方发展政策的一部分，政府进一步放宽了对乡村住房和零售业发展的监管。在这点上，读者们不会感到惊讶：作者报告说，作为《规划法》主要条款之一的乡村地区新开发项目所需的特别许可（*landzonetilladelse*），原本是限制城市扩张和盲目郊区化的一种方式，现因过于"僵化"和"官僚主义"而愈发受到攻击。类似的言论也被用于反对保护沿海地区的条款，因此，2015 年，环境部批准了一项特别规划许可，允许在沿海地区实施 10 个重大开发试点项目[①]，在一定程度上重新引入了 2011 年上届政府通过的放松管制措施。 121

就购物中心而言，其措辞更像是典型的新自由主义话语，口号是《规划法》扭曲了零售发展（同样，之前的监管主要旨在防止扩张和汽车依赖）。2015 年底，政府再次发生变化，新自由主义政府的首要措施就是将空间规划的权限从环境部转移到商业和经济增长部。2017 年颁布了对《规划法》的新修订（Richner and Olesen，2019），允许实现城外零售中心，以"促进竞争"和"具有高效零售结构的运行良好的市场"。对先前《规划法》的一项重大修订是要在空间规划的总体目标中考虑为商业发展和经济增长创造良好条件（Richner and Olesen，2019）。在该框架下，里希纳和奥利森（Richner and Olesen，2019）通过考察商业改善区（business improvement districts，BID）的实施情况，提出了丹麦规划新自由化的分析。BID 是通常位于中央商业区内的地理划界区域，向其中大多数零售业主

---

① 由 500 所度假屋、水疗设施和北欧最大的水上乐园组成；西海岸的一个海滩公园，由 50 套豪华公寓、水疗设施和餐厅组成；以及类似的项目［Ministry of Business and Growth，2015；引自奥利森和卡特（Olesen and Carter，2018）］。

或企业主征收强制性的额外税。他们将其解释为**"新自由主义问题的新自由主义解决方案"(neoliberal fix to a neoliberal problem)**：BID 实际上将服务提供从公共领域转移到私人领域，旨在促进经济增长，需要对公共空间进行私人管理，并具有若干监管和监督机制。它们展示了作为一种基于市场的规划工具，BID 模式是如何促进渐进式规划，从而创建充满活力的城镇中心的。他们报告称，丹麦从业者认为，BID 概念是建立公私合作伙伴关系的有用框架，最终能够获得来自当地社区的支持。然而，他们警告，对投标的潜在负面影响（如公共空间的私有化和商品化）的认识和讨论不足，使人们怀疑，规划师是否不加批判地从其他地方采纳政策概念，而没有研究如何使其适应丹麦的情况。

继续南下，让我们离开北欧国家，进入欧洲大陆的心脏——德国。在这里，米斯纳（Miessner，2018）分析了 2007 年经济危机爆发后德国议会的空间规划话语。与丹麦学者类似，他认为德国的规划从自"二战"后至 70 年代中期占主导地位的补偿性凯恩斯主义[①]路径向新自由主义路径转变的过程分为两轮：第一轮是 20 世纪 80 年代，第二轮在统一后。与丹麦的情况一致，这一转变的特点是将发展和投资集中在欧洲主要大都市地区，损害了较边缘的地区。他描述了在新的规划框架下，提供最低公共服务水平的首选策略是建立公私伙伴关系，并指责"协作规划"方法很容易被新自由主义话语渗透。他的主要结论是，为了应对 2008 年危机，德国空间规划的新自由化进程进一步深化，持续的不均衡空间发展模式也有所加剧。重要的是，这种模式在培育大都市和工业化地区的同时，使外围和乡村地区发展停滞不前，"在金融危机之后，从国家层面再次开出**空间修复**（引自哈维）的处方"（Miessner，2018，第 15 页）。

122

向东移动，我们来到前社会主义国家波兰。就面积而言，波兰是欧盟第二大国家。涅季亚科夫斯基和贝嫩（Niedziałkowski and Beunen，2019）探讨了为什么波兰会失去诸多影响地方空间规划的政策和实践的协调工具。他们的论文以

① 米斯纳（Miessner，2018）在论文中提出："'二战'后，（德国）国家空间过程的特征是空间凯恩斯主义。……空间凯恩斯主义的国家空间战略旨在实现国家领土内政治经济生活的国家化、同质化和均等化。在联邦德国，中心地理论被应用为国家空间项目，以建立一个集中的领土组织。《空间规划法》在 1965 年被引入，试图通过间接干预模式来平衡空间发展，如促进集体消费或产业政策，旨在鼓励农村和周边地区的经济发展。……综上所述，'二战'后德国的国家空间过程被认为具有补偿性凯恩斯主义区域政策的特征。"——译者注

空间规划师的话语为基础，追溯了自 20 世纪 20 年代以来波兰规划的制度化，识别了主导政策范式和导致 20 世纪 90 年代初改革的内外部决定因素。他们认为，1989 年波兰社会主义瓦解后，为了使规划机构适应不断变化的政治和法律环境，推动了规划改革。然而，他们的结论是，新的制度框架未能引入地方空间规划的其他有效形式，因为可供选择的规划一旦减少就很难复原。他们警告说，对长期规划制度的修订可能会产生意想不到的结果，并指出某些工具和方法一旦被从规划体系的工具箱中删除，就很难再归位。

终于，我们到达了欧盟的南部。图卢梅洛（Tulumello，2016）提供了葡萄牙里斯本空间规划新自由主义化的经验证据。在 2010～2015 年[①]实施紧缩政策的背景下，作者将里斯本莫拉里亚（Mouraria）半中央街区的案例研究置于葡萄牙近期国土和城市治理的总体趋势之中。这种趋势可以从缺乏区域规划、市政竞争、城市重建的公私合作伙伴关系以及市场驱动的城市政策盛行等方面加以描述[Fernandes and Chamusca，2014；转引自图卢梅洛（Tulumello，2016）]。特别是在里斯本，这些过程导致了人口收缩、郊区化、社会经济两极化和城市治理薄弱。该研究将在里斯本观察到的空间转型过程解释为结构性宏观趋势、微观层面的背景因素（其中包括规划实践本身）以及自下而上的组织作用。在案例中，莫拉里亚从一个半边缘地区转变为一个新的城市中心，显然是遵循了传统的绅士化模式（恢复城市结构，建立新型的商业和专业活动，随后房价和租金上涨，驱逐欠富裕人口）。然而，**密集**民间团体网络和**密集**公共空间的存在影响了再生战略的结果，避免了传统绅士化的最残酷的社会影响，所以，马列罗斯等（Malheiros et al.，2013）将整个过程定性为“边缘绅士化”。因此，图卢梅洛（Tulumello，2016）认为，新自由化仍然是理解城市规划决策的一个有用的概念，条件是围绕三个不同的、相互联系的维度：连贯的（全球）项目、一系列模棱两可的政府治理措施以及地方尺度上相互矛盾的政策制定（Tulumello，2016）。

123

奥利韦拉和赫斯珀格（Oliveira and Hersperger，2018）进行了一项跨国的综合研究，他们对欧洲 14 个城市地区[②]最新的战略空间规划进行了分析，调查由

① 自 2015 年 11 月 26 日以来，新政府成立，这显著改变了政治议程。

② 巴塞罗那、卡迪夫、哥本哈根、都柏林、爱丁堡、汉堡、汉诺威、赫尔辛基—乌西玛、里昂、米兰、奥斯陆—阿克苏斯、斯德哥尔摩、斯图加特和维也纳。

权力配置形成的治理安排和融资机制在规划实施中的作用。尽管所研究的情况各不相同,但他们的结果清楚地显示了城市化中潜在空间修复过程的力量:在卡迪夫,“研究结果显示,**住房开发商**比非政府环境组织或公民领导的运动更有能力影响决策……”(第627页);在爱丁堡,“议价”的做法往往意味着公共机构承诺为特定的开发提供便利,例如为住宅或商业用途**配置土地**……,私人团体的要求往往在公共机构力所能及的范围内得以实现,例如战略规划中确定的**住房**需求(第628页);同样,在都柏林,谈判涉及“建筑业、工业和零售业的私人利益集团……向地区议会和市政当局施压,以获得新住房开发或实施针对废旧工业设施再利用项目的**建筑许可(building permits)**”(第628页);在北欧和德国的城市,治理安排更加平衡,但总体而言,作者得出结论,他们“正越来越多地被纳入占主导地位的新自由主义议程”(Oliveira and Hersperger,2018,第630页)。私人利益集团为基础设施建设提供资金,但作为回报,他们要求批准建筑许可证或为住房、零售或工业活动配置特定土地。此外,根据收集到的证据,最近的经济和金融危机导致了经济利益集团对空间规划的更强干预,通常是通过建立软空间和分区机制来促进谈判结果的实施。作者明确指出,他们的研究结果支持奥利森(Olesen,2014)和其他作者的担忧,即战略规划范式的概念如何被轻易用来将新自由主义原则转移至规划实践中。

为了综合收集的经验证据并批判性地反思规划作为一门学科和实践的作用,我们可以从这个简短的回顾中总结出一些关键点。第一点,也许最容易考虑的问题是,规划的新自由主义化确实以各种形式表现出来,正如布伦纳和西奥多(Brenner and Theodore,2002)16年前论述过的那样。这些不同的形式取决于124不同国家和地区的具体政治与制度环境、以前的历史、权力政治联盟的继承以及整体生产结构。尽管如此,接下来的第二点,也是更重要的一点,可以识别共同的特征:布里科科利(Bricoccoli,2017)在研究福利政策变化及其对空间和城市的影响时有效地归纳了这些特征。第一个趋势涉及重新调整规划权限和实践的整个过程,总的趋势是将权力下放给地方一级;第二个趋势是参与提供服务的主体数量和类型呈指数级增长,包括那些传统上属于空间规划权限范围的主体。

第一个趋势辩解的理由是,地方规划本质上更民主,实际上反映了资本固定的需要,以更快、更有效地解决上述地方的特异性和个异性。如前所述,在空间修复过程中，存在着资本积累和修复的理想**抽象形式**的限制，这种抽象形式更容易以金融资本的纯粹形式表示。但是，正如商品生产不是资本主义生产的**终点**，而是**为**积累而积累的必经之路一样，次级循环中的空间修复和积累也必须绕开建成环境生产所涉及的特异性，而建成环境生产甚至比商品生产更需要一整套制度和法规作为中介。

在空间规划方面，这种需要法律手段、行政机构和技术文化综合行动的制度，被描述为复杂的制度技术（institutional technologies）（Janin Rivolin，2017）。这些技术在我们的框架中可以起到促进或阻碍积累的作用，但无论如何，它们都构成了资本增殖的抽象过程和实际实施之间的中介因素。中介因素越复杂，结果就越可能偏离预期。“放松管制”（deregulation）当然是新自由主义规划的一个主要特征，但同样重要的是，**中介的层面**已经转向地方层面，即转向通常是公共机构链中最薄弱的一环——市政当局，甚至是街区。正是在这一层级的中介和谈判中，积累和修复的过程可以更容易地吸收、把握并适应当地的特异性。绕过中间层级（如大区、省）是降低“制度技术”复杂性的一种方式。在这方面，意大利的情况也很重要：2012 年，政府通过了《“支出审查”法案》（“*Spending Review*” *Act*，第 135/2012 号法律），这是一项旨在减少无效公共支出的一揽子政策，以应对意大利公共债务危机。它废除了民选省级（provincial）政府，并建立了 10 个广域市（metropolitan city）政府，这些政府不是由选民选举产生的，而是由属于各市（municipalities）的市政议员选举产生。曾经，意大利各省对城市（municipal）土地利用规划起着关键的指导和控制作用；如今，根据削减公共开支的直白理由，意大利重塑了广域市层级的规划（Ponzini，2016）。[①]

因此，正是通过在特异性和个异性更明显的层级采取行动，为了增殖而进行的增殖**抽象化**过程才能更有效地进行。我们不必过多**“纠结”**求证，研究中的不同角度和术语（新自由化、软空间、战略规划真空等）如何得出通过建成环境扩张（尽管会造成不同后遗症）来实现空间修复这一**抽象**过程；其广义上是**抽象的**，但在其影响上是绝对具象的。这并不是说我们不应考虑和分析这种过程所呈现的　125

① 与我国不同，省（provincy）和广域市（metropolitan city）为意大利的二级行政层级，在大区（region）之下，城市（municipalities）可理解为第三级行政层级。——译者注

地方特异性和国家或地区的个异性:如前所述,如果没有对特殊性的**深入**了解,就不能实现对一般的抽象和识别。然而,我们不应把分析局限于具体的审查上,并由此得出结论,这些看来复杂和独特的现象只归因于特定的地理和制度配置。奥利森和卡特(Olesen and Carter,2018,第15页)有效地把握了这一点,他们详细描述了丹麦规划新自由化进程的特异性(例如与英国不同的方式),其结论是:"也许与其他规划放松管制案例别无二致"。我们再次重申,我们将尽可能深入地研究当地的情况,但不要陷入**"退回个例"**(见第三章)。

第二个趋势(提供服务的主体数量增加)与上述所有案例中**攻击规划**的言辞有关,即由于它的低效率不符合非公有行动者对高效率的预期,传统(凯恩斯主义)规划对福利的部分再分配和对空间生产的控制遭到抨击。诚然,这不意味着这种形式的规划可以免于批评性反思(Flyvbjerg,2013;Ponzini,2016)。即使我们承认,整体上这种批评是新自由主义的一个话语工具,这也不应妨碍**我们自我**检讨。当然,我们应该意识到,新自由主义需求对新规划范式的同化问题已经被证明是一个事实,并且一直存在;而规划某些方面的不足很容易成为新自由主义的话柄,用来批评整个规划,甚至抨击整个规划体系的必要性。但没有任何批评者会削弱规划的社会和政治作用及联系(Ponzini,2016)。此外,还有必要研究"城市规划如何通过支持房地产市场和以不同方式允许巨大剩余,为抵押贷款和金融泡沫的发生提供条件"(Ponzini,2016,第1239页)。

从上述分析和证据中得到的最后一个重要启示是,在面对特殊性和地方性时,增殖和修复的抽象过程可能会产生与所追求目标不同的结果。在英国,一些社区规划被当地居民用来**阻止**进一步的开发,但因法律规定不能降低建筑率,这种做法的效果受到实质性削弱。在某些情况下,对拟议开发项目的反对可能反映了一个关系紧密的中上层阶层社区的愿望,但这里的重点是,我们不应采取任何确定性的方法来研究这种现象。同样,里斯本的案例表明,在某些条件下(在里斯本这个案例中,存在城市地区的公民参与者参与的一个**密集**协会网络),即使不能控制过程,至少也可以朝着更具社会可持续性的结果发展。布里科科利(Bricoccoli,2017)再次报告了米兰的案例,在那里,一个由私人创办的福利和住房项目,在推广和更多地纳入有住房需求的人口群体方面取得了良好的效果。其中,他强调,该项目是由市政当局(即一个公共参与者)领导,这是成功的关键

126

因素，表明社会创新如何能够通过公共机构的行动来实现，而不仅仅是“在高度异质和变化的私人参与者领域”[翻译自布里科科利(Bricoccoli，2017，第73页)]。

我们将在本章末尾回到这个问题上，但在此之前，有必要将分析扩展到城市地区之外，包括乡村领域。本小节中提到的研究都集中在城市地区，但在某些情况下，城市和乡村的发展之间出现了相互联系(例如丹麦外围的案例)。作为土地利用规划师，我们应该对整个景观给予同样程度的分析和关注，否则我们对景观转变过程的理解能力，甚至最重要的是，对景观转变过程的**主观能动力(agency)**将受到严重损害。根据穆尔(Moore，2016)的观点，现代经济体系应被解释为**农业**生态转型的系统周期：对“**农业**”(**agro-**)前缀的强调是有意的，它表明任何对规划的批判性反思都不能离开对农业地区正在进行的过程的深入分析。因此，我们将在下一小节讨论这个问题。

我们现在将更仔细地观察当前欧洲农业用地的变化过程，虽然农业用地在景观中占巨大份额，但这些变化在传统上很少受到空间规划师的关注。如前所述，农业集约化和撂荒是战后欧洲乡村景观的两个相伴而生的长期过程。正如我们对城市化进程所做的那样，我们将从物质投入和资本构成方面考察这种趋势，从而解释新陈代谢断裂和空间修复的联合作用。联合国粮农组织公共数据库提供了从1961年开始的(某些项目或更晚)在国家或总体水平上关于若干生产项目的数据(图5-2)。在欧盟，谷物平均产量从1961年的1.99吨/公顷提高到2016年的5.17吨/公顷；牛肉从6.29吨增加到7.85吨(增加25%)，猪肉从9.44吨增加到21.9吨(增加132%)，羊肉从8.1吨增加到8.9吨(从20世纪90年代初超过13吨的峰值开始下降)。

同时，欧盟的农业用地从1961年的212万平方千米下降到2016年的182万平方千米，这意味着在55年内损失了30万平方千米，相当于意大利的国土面积。因此，我们可以计算出，欧盟农业总面积(包括草地)的氮肥年投入比例从1961年的约20千克/公顷上升到20世纪80年代末的70多千克/公顷；之后，略微下降至55～60千克/公顷后停滞不前。关于总能源消耗只有1970～2012年的数据，但它们所描述的趋势是类似的：从1990年开始强劲增长，此后极轻微下降(由于统计方式的改变，1991～1992年农业用地的突然增加，也影响到能源

127

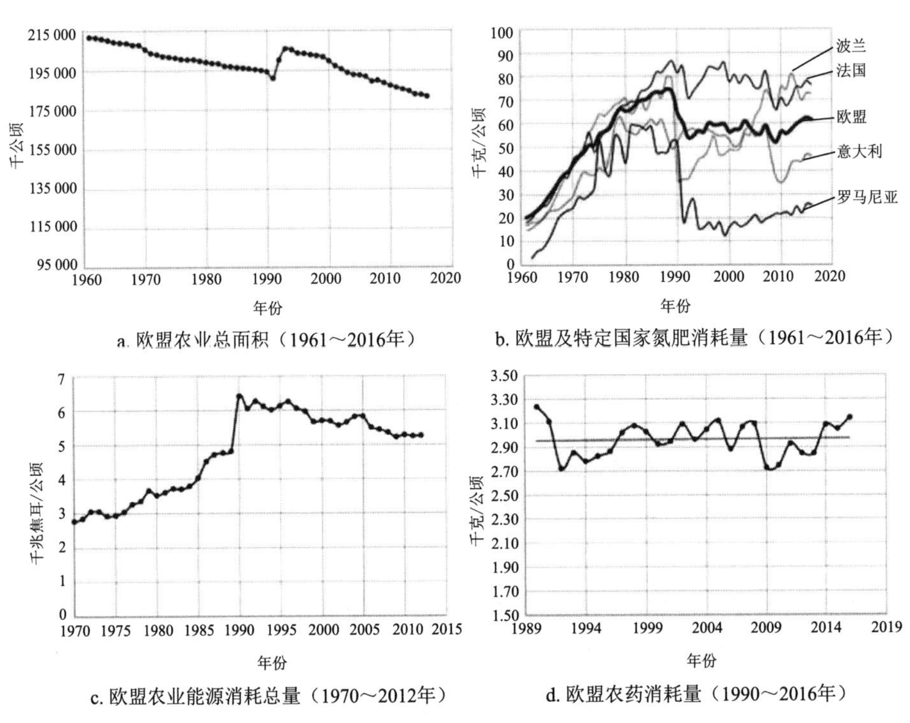

图 5－2　欧盟农业集约化进程相关综合指标

资料来源：联合国粮农组织公共数据库(FAO,2019)。

数字)。联合国粮农组织关于农药使用的官方数据从 1990 年才开始提供：1990～2016 年,每公顷的投入量(所有类型的农药)一直在 3 千克左右波动,总体趋势持平。

我们已经提供了一些关键数据,用能值指标来衡量这些过程的新陈代谢影响。总的来说,文献中的案例研究和图 5－2 中提供的综合指标告诉我们,欧洲农业一直处于强有力的、持久的集约化进程中,20 世纪 80 年代末至 90 年代初,投入流量达到高峰,此后略有下降或停滞,但速度非常缓慢。如前几章所述,当我们研究总体数据时,我们看到的是彼此不同甚至背道而驰的驱动因素的结果。例如,欧盟关于化肥使用的总体数据掩盖了各国的趋势,特别是东欧社会主义政权崩溃对农业生产的影响。在图 5－2b 显示了分别代表西欧(法国和意大利)与东欧(波兰和罗马尼亚)的两个国家以及欧盟的趋势。在法国,这一增长一直持续到80年代末，然后每年的数值在75千克/公顷左右波动。在意大利，尽管峰值提前十年达到，而且绝对水平较低，波动较大，但情况类似。在波兰和罗马尼亚，社会主义制度崩溃和农业补贴对投入水平的影响是显而易见的，化肥使用在1990年突然下降：波兰自那时起一直在增加，而罗马尼亚则是更长时间的停滞，近年来有增加的迹象。 128

但是，20世纪90年代初标志着欧盟（当时不包括东欧）政策的另一个重要变化是引入所谓的麦克沙里改革[以欧洲农业专员雷·麦克沙里（Ray MacSharry）命名]。在此之前，欧盟共同农业政策（Common Agriculture Policy，CAP）主要是支持生产，将补贴支付与产出挂钩：改革降低了补贴水平，将收入支持与生产脱钩。此外，还为农业活动制定了一套强制性的最低环境标准，随后，通过《21世纪议程》（Agenda 2000），对更加环保的耕作方式加以支持，即所谓的CAP第二支柱。环境立法也已颁布：《栖息地指令》于1992年生效，为具有高生态价值的指定区域制定了保护措施；《水框架指令》于2000年10月通过，对脆弱地区的硝酸盐投入施加限制。我们将在下一章对这两项指令进行研究。一年后，第2001/42/EC号指令[①]通过，并从2004年起被成员国采纳：它规定所有对环境（从广义上讲，包括景观和文化遗产）有潜在影响的计划和方案都要进行事先环境评估。这适用于大量的规划文件，包括几乎所有的空间和土地利用规划以及CAP第二支柱下为农业环境措施提供资金的农村发展计划（Rural Development Programmes，RDP）。

2013年底，政策有效期为2014～2020年的新CAP法规获得批准，其中包含了对农民在第一支柱（所谓的“绿色支付”）[②]下获得收入支持的额外强制性环境要求。所有这些政策都会对相关进程产生影响，也与规划实践有关。同样，任何简单的解释都无济于事，我们必须承认系统的复杂性和驱动力的千差万别。因此，我们也将研究第四章中描述的通过农业进行资本固定的长期进程最近几

---

① 即《战略环境评估指令》。——译者注

② 2013年12月2014～2020年CAP改革实施，在将环境要求引入第一支柱的进程中又迈出了重要一步，即所谓的“绿色支付”（欧盟第1307/2013号条例、第639/2014号授权条例和第641/2014号实施条例）。这些法规规定，获得补贴的拥有大规模耕地的农民必须实施旨在造福环境和气候的耕作方式。在第六章第四节有具体阐述。——译者注

年是否仍在继续。公开的欧洲农场会计数据网络（Farm Accountancy Data Network，FADN）提供了2004～2016年欧洲农业经济总量的详细信息：我们对总趋势感兴趣，所以我们可以看一下欧盟的总量指标。图5-3显示了一些关键指标的趋势：时间序列相对有限（12年），但趋势线（直线）很能说明问题。图5-3a显示了FADN指标SE270，即生产的总投入成本，其定义为以下投入的总和：①中间消耗（如种子和幼苗、肥料、作物保护产品、其他特定作物成本、放牧和食草动物的饲料、其他特定牲畜成本）；②农场管理费（与生产活动有关但与具体生产线无关的一般供应成本）；③固定资产折旧；④外部因素，即非持有人财产的投入（劳动、土地和资本）的报酬（支付的工资、地租和利息）。因此，这个指标反映了农民每年必须以购买商品的形式为其生产进行投资的资本总量。如图所示，这种成本的一部分，即中间消耗和管理费，同时也是来自其他生产部门的产出流（如来自工业的肥料和农药），即图5-3a中的黑线，其趋势几乎与前者相同。图5-3b所示为指标SE436，即总资产，是固定资产、实物资产（土地、机器

129

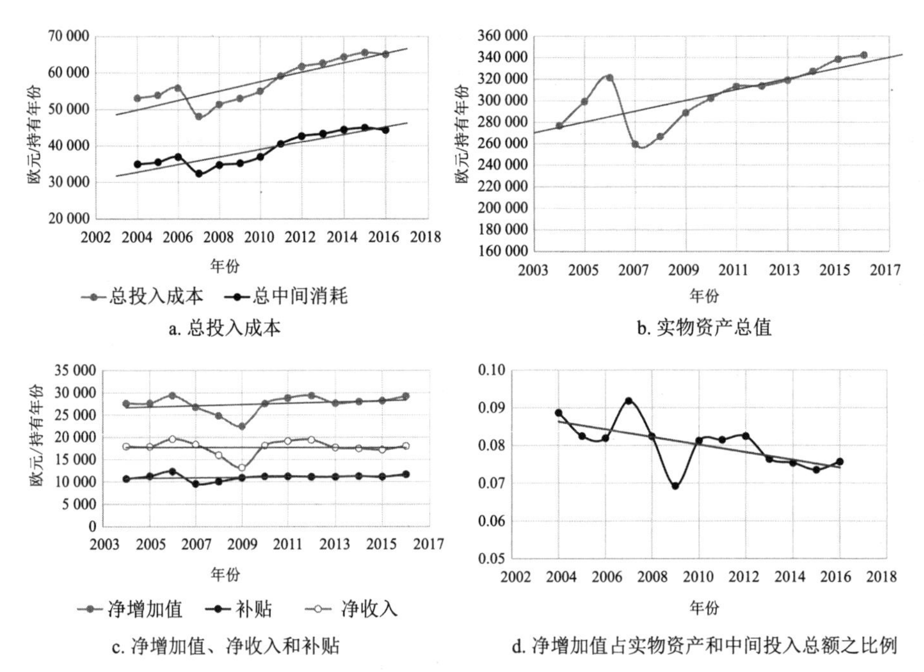

图5-3　2004～2016年欧盟农业的主要经济指标

资料来源：FADN(2019)。

设备、建筑物）和流动资产（非饲养牲畜、流动资金）之和，因此，它代表了投入生产的固定资本总额，即“固定了”（fixed）的资产（引自哈维）。

这两个数字都显示了一个非常相似的上升趋势，证实了农业越来越成为初级和次级循环中资本的吸收者或固定者。图 5－3c 中的浅灰线（实心圆）是 FADN 指标 SE415，即净增加值，定义为固定生产要素（工作、土地和资本）的报酬，无论是外部要素还是家庭要素。图 5－3c 中的浅灰线（空心圆）是指标 SE420，即农场净收入，定义为会计年度内对农场固定生产要素的报酬和对企业家风险的报酬（亏损/利润），亦即净增加值减去非持有人财产的投入（劳动、土地和资本）的报酬：支付的工资、租金和利息，加上收到的补贴和支付的税收之间的差额。它们在时间上的趋势非常相似，总体而言，长期趋势是完全持平的。如 130 图 5－3a所示，这意味着，由于为获得附加值或收益而投入的总资本在增加，利润率（资本投入的附加值或收益）呈现出第四章中理论假设的下降趋势：如图 5－3d所示，相关数据代表净增加值和投入生产的总资本（中间消耗加实物资产）之间的比率。如果我们把附加值或收益作为分子，把总投入成本、中间消耗或实物资产（或两者之和）作为分母，其趋势是相同的。图 5－4 显示出农业生产中的总劳动力投入（年度工作单位）呈下降趋势，特别是在 2007 年局部达到峰值后资本投入反而下降。

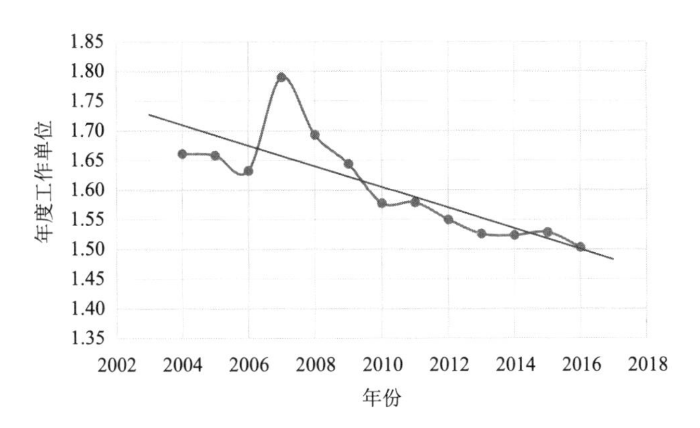

图 5－4　以年度工作单位表示的欧盟农业总劳动力投入

总的来说，这些数据是资本有机构成向固定资本转移以及利润率下降趋势理论的一个教科书式案例。重要的是，图 5 - 3c 中显示的净增加值和图 5 - 3d 中净增加值与总投入成本的比率包括了农民获得的补贴，这是支持他们收入的一种公共资金的转移：它们与增加值和收入一起在图 5 - 3a 中显示，可以看出它们占总收入的相关份额平均超过 50%，在 2009 年这样的危机年甚至更高。简言之，由于投入成本的原因，欧盟农业的实际利润率非常低，以至于如果没有补贴，欧洲的大多数农民将破产。这证实了大多数工业化国家的农业（美国的模式也类似）是一个巨大的资本增殖过程，其形式包括工业生产的出口、固定资本（土地、建筑等）和金融资本（贷款给农民）的增殖。

我们在上一节中看到，生产过剩是资本有机构成转移过程的另一个结果：随着边际利润下降，增加或维持总体利润的唯一途径是增加绝对产量，而不管是否存在需求。CAP 是在欧洲许多地区仍面临"二战"余波时制定的，保证粮食供应确实是一个优先事项。但粮食生产不足是由战争造成的特殊情况引起的偶然问题。事实上，在 20 世纪 30 年代，欧洲的一些国家就已经面临生产过剩危机和粮食商品价格下跌。可以说，从 60 年代到现在，生产过剩一直是欧盟 CAP 必须处理的一个长期问题（Barnaby，1986；Buckwell，1991；Patterson，1997）。正如帕特森（Patterson，1997，第 136 页）所述，对不同的、有时是相互对立的目标（提高生产率和农民收入、稳定市场、维持供应和合理的消费者价格）的追求，导致了欧洲农业"几乎无法控制的过度生产"。因此，库存和出口（受到大力补贴）增加了——1975～1986 年，欧洲经济共同体从农产品的净进口方变成了谷物、糖、葡萄酒、牛肉和小牛肉的净出口方（Buckwell，1991），而进口则要缴纳关税。生产过剩是长期存在的，而且有时如此严重，以至于被大众媒体广泛报道，成为大众文化的一部分。例如所谓的"黄油山"，20 世纪 70 年代末 80 年代初乳制品供应大量过剩，特别是黄油。1984 年，数吨柠檬、橙子和其他柑橘类水果被推土机碾碎的画面令人震惊：仅在西西里岛，为了阻止价格下跌，就有超过 800 万吨的水果被毁（La Repubblica，1984）。

131

为了限制生产过剩，1988 年所谓的稳定器改革（stabilizers reform）建立了配额和生产上限制度，但上限很高，惩罚相对较低，这使改革的效果打了折扣（Patterson，1997）。1992 年的麦克沙里改革是 CAP 在这方面的一个重要转折点，对维持高价格的支持逐渐减少，取而代之的是基于面积或牲畜头数的历史生产水平的收入补贴。通过引入直接补偿方案，改革也将欧盟最大的政策从不透明的消费者补贴转向更透明的纳税人补贴（Patterson，1997），旨在限制供应过剩的若干措施出台：如前所述，支持部分地与生产脱钩并采取了保留计划，其双重目的是减少农业的环境压力并将土地撤出生产。如图 5－2 所示，这对阻止西欧国家增加生产投入产生了积极作用。随后所有改革都进一步支持补贴与生产脱钩：1999 年 3 月商定的《21 世纪议程》改革，进一步削减了对谷物和牛肉的支持价格，通过增加面积和人头费来部分弥补这一损失。2003 年费舍勒（Fischler）改革（2005 年开始全面实施）引入了单一支付计划，（几乎）将所有收入支持与生产完全脱钩，取而代之的是将其与土地以及保持良好的农业和环境条件挂钩。根据这项计划，农民可以在他们的土地上种植任何想要的东西，甚至可以决定不生产。从 2012 年起，除了少数部门（乳牛、绵羊和山羊以及棉花），所谓的 CAP 健康检查[①]将所有支付进一步脱钩。2014～2020 年的新 CAP 继续沿此路线，引入环境措施，将农民最高直接补贴提高至 30%，从而进一步加强农民作为景观和环境监护人的作用。 132

尽管如此，即使在 1992 年之后，过度生产仍然是欧盟农业中反复出现的现象。比如，“黄油山”定期在欧盟出现，“葡萄酒湖”的名称源自 2005～2007 年主要来自法国地区的葡萄酒生产过剩。2014 年，西西里岛的柑橘生产过剩达到 5 万吨，当地政界要求地方政府进行特别采购，这一措施早在 2009 年之前就已实施。与生产过剩有关的农民抗议活动也在欧盟不时爆发。1997 年，当时米兰的主要机场被乳品行业的大批农民围困了两个星期，他们抗议牛奶配额制度——多年来，牛奶配额整体过低，导致欧盟委员会要求（农民）支付罚款（1997 年超过 6 亿欧元）。从那时起，来自牛奶行业的类似抗议一再发生，尽管规模不那么大。还是在意大利，2019 年初公众再次瞠目结舌，撒丁岛的牧民组织了大规模的抗议活动，将成千上万的牛奶倒在高速公路和主要道路上，以抗议过低的产品价格补贴。补贴在短短一年内下降到了 0.60～0.80 欧元/升，远低于生产成本。抗

① 2009 年 1 月 19 日，第 73/2009 号理事会条例（EC），为 CAP 下农民直接支持计划制定了共同规则并建立了若干农民支持计划，修订了第 1290/2005 号条例（EC）、第 247/2006 号条例（EC）、第 378/2007 号条例（EC），废除了第 1782/2003 号条例（EC）。

议的深层原因还是生产过剩:撒丁岛牛奶主要不在撒丁岛销售,而是用于生产受原产地命名保护(Protected Designation of Origin)的佩克利诺·罗马(Pecorino Romano)奶酪,该奶酪由拉齐奥(Lazio)地区数量相对较少的奶酪工厂组成的财团管理,受配额管制。2018 年,该财团生产了 3.4 万吨,超过了配额要求的 2.8 万吨:事实上,处罚非常低,超额产品处罚大约 0.16 欧元/千克。但高产量很快导致奶酪价格从每千克 7.5 欧元降至 5.5 欧元,因此,奶酪生产商协会反过来降低了支付给牧民的牛奶价格,牧民代表着供应链中的第一环,也是最弱势的环节。产品的最终价格是由供应链中资本最集中的部门零售商确定的,零售商根据加工商的销售价格确定,而加工商是转化原材料并交付给营销商的中介(Girardi,2019)。反观生产商,作为供应链的第一环,数量众多且分散,几乎没有任何谈判能力。2019 年底,荷兰、法国、德国和爱尔兰爆发了农民抗议活动,以回应政府提出的限制高强度畜牧业氮排放的建议,这证实了欧洲农业部门的问题(Byrne,2019)。在所有情况下,农民的抗议都是因为他们的利润越来越少,他们的持续生产受到威胁。

现在可以着手探讨我们目前为止所描述的现象对国土的影响。城市化当然在侵蚀欧洲农业区方面发挥了作用,但如前所述,在减少的 30 万平方千米中,城市化最多占 3 万平方千米。显然,这与环境的影响极其相关,因为城市化封闭的土壤失去了生态系统的所有功能,考虑生境的破碎化和侵蚀的影响,受城市化影响的总面积被认为应比严格封闭的面积大得多(Nabielek et al.,2016)。然而,这里需要承认的是,大部分农业用地的减少是“边缘”地区撂荒的结果,这些地区通常由大范围、高价值的农业景观组成。换句话说,大部分撂荒或容易撂荒的农业区都位于山区或其他地理和地形条件对当前农业系统不利的地区。正如我们所看到的,吸收其他生产环节的产出,以资产形式固定资本以及随后农民投入成本的增加是如此显著,因此利润率如此之低,只有绝对高产加上补贴,才能维持经营。所以,正如经济学家所说,许多小农场已被“逐出市场”:2005～2013 年,短短 8 年时间,欧盟 28 国的农场数量从 1 466 万个减少到 1 084 万个(减少 26%!),平均每个农场规模从 13.1 公顷增加到 17.0 公顷。农田中诸如树篱或树线等自然和半自然特征,以前用来划分财产,现在往往成为前述土地整治过程削弱的对象。更为普遍的是,农业集约化与景观简化有关,其形式是平整和清除所

133

有可能构成机械化障碍的因素，同时减少种植的作物品种，不仅包括主要作物，也包括辅助性作物，如覆盖作物和填闲作物。[①] 在欧洲的大部分地区，集约化意味着从以耕地、草地和永久性作物混合为特征的多作物耕作系统转向单一种植。例如，波城（Po Plan）在 20 世纪中期仍然是多作物耕作景观，有谷物和葡萄园，通常还有其他果园，现在已成为欧盟单一种植业盛行的相对密集的可耕种地区之一。

欧洲的撂荒对景观结构和功能的影响是众所周知的，并有大量的文献记载［例如参阅冈萨雷斯·迪亚斯等（González Díaz et al.，2019）近期的一项研究］。在山区，典型的模式是减少草地、扩大灌木和重新造林，在某些情况下伴随着外来树种（如刺槐树或桉树）的扩张和其他非森林半自然土地覆盖（荒原）的减少。传统的森林牧民习俗（如季节性迁移放牧）和包括传统习俗、建筑、人工制品、产品（如奶酪）在内的整个社会生态系统也面临着压力。与这些做法有关的当地知识和实用技术也处于危险之中。规划师们可能不太了解这样一个事实，即这种变化也会带来负面的**生态**后果：与一般人的理解相反，新景观的生物多样性**不如**以前的景观。森林密度的增加和林中空地的减少降低了各种动物和生态演替的适应性，导致物种数量更加有限。正如生态学理论所证明，人类和牲畜对生态系统的干扰程度越低，生物多样性和生态系统服务的提供程度就越高。例如，森林密度的增加以及某些真菌和疾病的扩散，增加了火灾的风险；草地的减少不利于碳封存，因为在一些地区（如比利牛斯山脉）废弃的亚高山草地的土壤有机碳比放牧的草原少。现有证据表明，需要采取综合战略来阻止撂荒，并以此保护非密集型农业提供的多重生态系统服务。对我们的论点来说，重要的是，最近处理这些主题和更一般农业政策的文献都认同两个关键方面——我们可以直接引用冈萨雷斯·迪亚斯等（González Díaz et al.，2019）的文章：①“同时掌握景观变化背后一般的和独特的驱动因素，**对于在若干空间尺度上设计合适的政策至关重要**”；②这些景观的未来仍然取决于当前和未来 CAP 改革中农业环境政策的有效性。然而，这些政策**也必须关注较小尺度的驱动因素，这对每个地区的未来也**

134

① 填闲作物是一种快速生长的植物，可以在主要作物的成行之间间作；覆盖作物是一种通过用活的植被和根系覆盖土壤来防止水土流失的作物。

很关键。在这些地方驱动因素中,作者指出了地方治理和公共土地管理的变化,这两方面与空间规划直接相关。

第三节 让政治重回规划

在这一章中,我们仔细研究了发生在欧洲的景观转型的主要驱动因素,将无情的城市化、农业集约化和撂荒解释为社会生态修复联合进程的相互关联的表现(Ekers and Prudham,2017)。在这个框架下,我们更仔细地研究了最近文献所描述的空间规划新自由化过程,褪去层层伪装我们发现,普遍推动建成环境的**量化扩张(quantitative expansion)**是资本增殖的迫切需要,或者至少是试图通过空间修复来避免资本贬值的尝试。这些文献为我们提供了重要的批判性理论反思和宝贵的经验证据,唯一的局限是其本质上关注的是城市环境。因此,我们将分析范围扩大到了乡村地区,并谨记城乡区分纯粹是为了论述的需要;而为使分析具有解释力,地区必须整体概念化。关于欧盟农业生产趋势和资本构成的相对较长时间序列的统计数据证明了我们的理论框架具有极好的支持作用,换言之,我们能够充分理解和解释观察到的数据及农业地区正在发生的过程。

现在是向前迈出一步的时候了,同样经过检验的文献为我们指明了前进方向。规划的去政治化过程(也被称为后政治规划)十分明显,这是一种计谋,在其中,冲突被掩盖,那些没有获胜的人的声音被排除或干脆忽视,追求的发展被描绘为双赢的解决方案(Allmendinger and Haughton,2012;Olesen,2014;Lord and Tewdwr-Jones,2018)。然而,这些文献也表明,这种分析应辅之以新自由主义政府和政策部署的空间之间的冲突及谈判研究(Tulumello,2016)。我们把这解释为是空间生产过程中,或用哈维的话说,在资本的次级循环中更普遍对抗的一个方面,对抗的一方是资本为了积累而积累的**抽象化愿望(the aspiration to abstraction)**,另一方是当地个异性引致的草率马虎和含糊不清。

135

在这个意义上,图卢梅洛(Tulumello,2016,第17页)提出的观点在本书的语境下很重要。"地方意愿可以利用新自由主义政府和政策制定的模糊性及矛盾性":在大多数情况下,即使无视(或更确切地说,公开反对)新自由主义话语和积累与空间修复过程，地方赋权的空间仍将出现，但在某些条件下也可能裹挟于其中出现（Tulumello，2016）。我们将这一论点延伸到生态理性：**不管是否考虑**新自由主义话语及其内在的反生态理性，生态导向规划的空间都可能被征服。正如帕特尔（Patel，2013，第3页）就农业问题指出的："绿色革命的发起者不能随心所欲地创造历史，但他们这样做是为了对抗穷人经常集体组织的抵抗，利用国家的工具对付大多数乡村人。"马克思已经强调，劳动力的价格，即工人的工资，并不像古典经济学家所认为的那样，主要是由供求关系决定的，而是由工人通过组织和斗争来对抗资本在维持工人最低生活水平基础上压低工资之天然趋势的能力决定的。因此，建立工业资本主义不得不向源于中世纪行会的手工业生产模式及其自我限制机制（生态方面的负反馈）宣战：土地被强行暴力圈占等。同样，在我们的框架中，任何对驱动力的单一原因解释都违背了其背后的概念理论化，就像对马克思主义基本原理的任何单一原因解释都可能会（实际上已经）被马克思和恩格斯所鄙视一样。正如《环境正义地图集》（*Atlas of Environmental Justice*）（https://ejatlas.org/）、哈夫纳（Hafner，2018）和马丁内斯-阿列尔等（Martinez-Alier et al.，2016）所述，一部分最近的出版物、草根组织、非政府组织以及传统政治（尽管比过去少了）本身就是变革的动力，它们可以反对、迎合或公开支持我们在本章中描述的过程。正如马丁内斯-阿列尔等（Martinez-Alier et al.，2016）所言，"全球生态分配冲突增加的原因之一是经济新陈代谢在能源和材料流动增加方面的变化。……因此，当地有许多抱怨……而且不仅是抱怨，也有许多叫停项目和开发替代方案的成功例子，这证明了覆盖城乡的全球环境正义运动的存在"。

作为从业者和学者，我们必须将政治带回规划过程中。可以说，这样做的一个必要条件是对现有的政策及其创造的潜在操纵空间有深入的了解。更明确地说，我们需要掌握与空间规划有关的政策，以对抗后政治规划。此外，如果将城市和乡村领域重新整合至一个统一的方法中是实现生态理性规划的关键条件，那么，我们需要在农业政策和空间规划之间的潜在整合方面付出努力。在下一章，我们将追求这两个目标。 136

参 考 文 献

Allmendinger P (2011) New labour and planning: from new right to new left. Routledge, Abingdon

Allmendinger P, Haughton G (2009) Soft spaces, fuzzy boundaries and metagovernance: the new spatial planning in the Thames Gateway. Environ Plan A 41:617–633

Allmendinger P, Haughton G (2012) Post political spatial planning in England: a crisis of consensus. Trans Inst Br Geogr 37(1):89–103

Allmendinger P, Tewdwr-Jones M (2000) New Labour, new planning? The trajectory of planning in Blair's Britain. Urban Stud 37(8):1379–1402

Allmendinger P, Thomas H (eds) (1998) Urban planning and the British New Right. Routledge, London

Barnaby W (1986) Agriculture and the environment (UK). Ambio 15(6):364–366

Brenner N (2004) Urban governance and the production of new state spaces in Western Europe, 1960–2000. Rev Int Polit Econ 11(3):447–488

Brenner N, Theodore N (2002) Cities and the geographies of "actually existing neoliberalism". Antipode 34:349–379. https://doi.org/10.1111/1467-8330.00246

Bricocoli M (2017) Projects and places in the reorganization of local social policies. An experimentation in Milan. Territorio (83):70–74

Buckwell A (1991) The CAP and world trade. In: Ritson C, Harvey D (eds) The common agriculture policy and the world economy: essays in honor of John Aston, 223 ± 40. CAB International, Wallingford, England

Byrne J (2019) Farmers show anger with protests in Ireland, Germany and France. Available online: https://www.feednavigator.com/Article/2019/11/27/Farmers-show-anger-with-EU-wide-protests

Cerreta M, Concilio G, Monno V (eds) (2010) Making strategies in spatial planning: knowledge and values. Springer Science+Business Media B.V., Dordrecht

Davoudi S, Strange I (eds) (2009) Conceptions of space and place in strategic spatial planning. Routledge, London

EEA (European Environmental Agency) (2019) Land Take 2000–2018. https://www.eea.europa.eu/data-and-maps/dashboards/land-take-statistics. Accessed Oct 2019

Ekers M, Prudham S (2017) The metabolism of socioecological fixes: capital switching, spatial fixes, and the production of nature. Ann Am Assoc Geogr 107(6):1370–1388. https://doi.org/10.1080/24694452.2017.1309962

European Commission (EC) (2013) Communication from the Commission to the European parliament, the council, the European economic and social committee and the committee of the regions: green infrastructure (GI)—enhancing Europe's natural capital. COM (2013) 249 final. Brussels

EC (European Commission) (2019) The European Green Deal (COM(2019) 640 final). European Commission, Brussels

137 FAO (Food and Agriculture Organization of the United Nations) (2019) Food and agriculture data. Available online: http://www.fao.org/faostat/en/#home

Fernandes JR, Chamusca P (2014) Urban policies, planning and retail resilience. Cities 36:170–177

Flyvbjerg B (2013) How planners deal with uncomfortable knowledge: the dubious ethics of the American Planning Association. Cities 32:157–163

Girardi A (2019) Why shepherds are pouring milk on highways in the Italian Island of Sardinia. Forbes. https://www.forbes.com/sites/annalisagirardi/2019/02/19/why-shepherds-are-pouring-milk-on-highways-in-the-italian-island-of-sardinia/#1dd6c3c61b4e

González Díaz JA, Celaya R, Fernández García F, Osoro K, Rosa García R (2019) Dynamics of rural landscapes in marginal areas of northern Spain: past, present, and future. Land Degrad Dev 30(2):141–150. https://doi.org/10.1002/ldr.3201

Gotham KF (2009) Creating liquidity out of spatial fixity: the secondary circuit of capital and the

subprime mortgage crisis. Int J Urban Reg Res 33(2):355–371. https://doi.org/10.1111/j.1468-2427.2009.00874.x
Hafner R (2018) Environmental justice and soy agribusiness. New York: Earthscan/Routledge
Hall P (2011) The big society and the evolution of ideas. Town Country Planning 80(2):59–60
Harvey D (2001) Globalization and the "spatial fix". Geographische Revue 3(2):23–30
Hatherley O (2010) A guide to the new ruins of Great Britain. Verso, London
Haughton G, Allmendinger P, Counsell D, Vigar G (2010) The new spatial planning: territorial management with soft spaces and fuzzy boundaries. Routledge, London
Haughton G, Allmendinger P, Oosterlynck S (2013) Spaces of neoliberal experimentation: soft spaces, postpolitics, and neoliberal governmentality. Environ Plan A 45(1):217–234. https://doi.org/10.1068/a45121
Healey P (1992) Planning through debate: the communicative turn in planning theory. Town Plann Rev 63(2):143–162
Healey P (2007) Urban complexity and spatial strategies: towards a relational planning for our times. Routledge, London
Hytönen J, Ahlqvist T (2019) Emerging vacuums of strategic planning: an exploration of reforms in Finnish spatial planning. Eur Plan Stud 1–19
Immergluck D (2011) The local wreckage of global capital: the subprime crisis, federal policy and high-foreclosure neighborhoods in the US. Int J Urban Reg Res 35(1):130–146. https://doi.org/10.1111/j.1468-2427.2010.00991.x
Janin Rivolin U (2017) Global crisis and the systems of spatial governance and planning: a European comparison. Eur Plan Stud 25(6):994–1012
La Repubblica (1984) Sotto le ruspe in Sicilia 8 milioni di quintali di agrumi. Newspaper article, 22.05.1984. https://ricerca.repubblica.it/repubblica/archivio/repubblica/1984/05/22/sotto-le-ruspe-in-sicilia-milioni-di.html
Lefebvre H (2003 [1970]) The urban revolution. University of Minnesota Press, Minneapolis, MN
Lennon M, Waldron R (2019) De-democratising the Irish planning system. Eur Plann Stud 27(8):1607–1625
Levers C, Müller D, Erb K, Haberl H, Jepsen MR, Metzger MJ, Meyfroidt P, Plieninger T, Plutzar C, Stürck J, Verburg PH, Verkerk PJ, Kuemmerle T (2018) Archetypical patterns and trajectories of land systems in Europe. Reg Environ Change 18(3):715–732
Local Government Denmark (2014) Barrierer for Vækst i den Fysiske Planlægning, memorandum 12 May 2014. Local Government Denmark, Copenhagen
Lord A, Tewdwr-Jones M (2014) Is Planning "Under Attack"? Chronicling the deregulation of urban and environmental planning in England. Eur Plann Stud 22(2):345–361
Lord A, Tewdwr-Jones M (2018) Getting the planners off our backs: questioning the post-political nature of English planning policy. Plann Pract Res 33(3):229–243
Lord A, Mair M, Sturzaker J, Jones P (2017) "The planners" dream goes wrong? questioning citizen-centred planning. Local Gov Stud 43(3):344–363. https://doi.org/10.1080/03003930.2017.1288618
Malheiros J, Carvalho R, Mendes L (2013) Gentrification, residential ethnicization and the social production of fragmented space in two multi-ethnic neighbouroods of Lisbon and Bilbao. Finisterra 48(96):109–135
138
Martínez-Alier J, Muradian R (eds) (2015) Handbook of ecological economics. Edward Elgar Publishing. https://doi.org/10.4337/9781783471416
Martínez-Alier J, Temper L, Del Bene D, Scheidel A (2016) Is there a global environmental justice movement? J Peasant Stud 43(3):731–755
Miessner M (2018) Spatial planning amid crisis. The deepening of neoliberal logic in Germany. Int Plan Stud 1–20
Moore JW (2016) The rise of cheap nature. In: Moore JW (ed) Anthropocene or capitalocene? PM Press, Oakland, pp 78–115
Nabielek K, Hamers D, Evers D (2016) Cities in Europe. Facts and figures on cities and urban areas. PBL Netherland Environmental Assessment Agency, Report no. 2469. https://www.pbl.nl/

en/publications/cities-in-europe. Accessed 30 May 2016

Næss P, Næss T, Strand A (2011) Oslo's farewell to urban sprawl. Eur Plan Stud 19(1):113–139

Niedziałkowski K, Beunen R (2019) The risky business of planning reform—the evolution of local spatial planning in Poland. Land Use Policy 85:11–20. https://doi.org/10.1016/j.landusepol.2019.03.041

Olesen K (2014) The neoliberalisation of strategic spatial planning. Plan Theory 13(3):288–303

Olesen K, Carter H (2018) Planning as a barrier for growth: analysing storylines on the reform of the Danish Planning Act. Environ Plann C Pol and Space 36(4):689–707

Olesen K, Richardson T (2011) The spatial politics of spatial representation: relationality as a medium for depoliticization? Int Plan Stud 16(4):355–375

Olesen K, Richardson T (2012) Strategic planning in transition: contested rationalities and spatial logics in twenty-first century Danish planning experiments. Eur Plann Stud 20(10):1689–1706

Oliveira E, Hersperger AM (2018) Governance arrangements, funding mechanisms and power configurations in current practices of strategic spatial plan implementation. Land Use Policy 76:623–633. https://doi.org/10.1016/j.landusepol.2018.02.042

Oliveira E, Tobias S, Hersperger AM (2018) Can strategic spatial planning contribute to land degradation reduction in urban regions? State of the art and future research. Sustainability (Switzerland) 10(4). https://doi.org/10.3390/su10040949

Patel R (2013) The Long Green Revolution. J Peasant Stud 40(1):1–63

Patterson LA (1997) Agricultural policy reform in the European Community: a three-level game analysis. Int Org 51:135–165. https://doi.org/10.1162/002081897550320

Peck J, Tickell A (2002) Neoliberalizing space. Antipode 34(3):380–404. https://doi.org/10.1111/1467-8330.00247

Plieninger T, Draux H, Fagerholm N, Bieling C, Bürgi M, Kizos T, et al (2016) The driving forces of landscape change in Europe: a systematic review of the evidence. Land Use Policy 57:204–214

Ponzini D (2016) Introduction: crisis and renewal of contemporary urban planning. Eur Plan Stud 24(7):1237–1245. https://doi.org/10.1080/09654313.2016.1168782

Prior A (2005) UK planning reform: a regulationist interpretation. Plan Theory Pract 6(4):465–484

Puustinen S, Mäntysalo R, Hytönen J, Jarenko K (2017) The "deliberative bureaucrat": deliberative democracy and institutional trust in the jurisdiction of the Finnish planner. Plan Theory Pract 18(1):71–88. https://doi.org/10.1080/14649357.2016.1245437

Richner M, Olesen K (2019) Towards business improvement districts in Denmark: translating a neoliberal urban intervention model into the Nordic context. Eur Urban Reg Stud 26(2):158–170. https://doi.org/10.1177/0969776418759156

Sager T (2011) Neo-liberal urban planning policies: a literature survey 1990–2010. Prog Plan 76(4):147–199

Smith N (1984) Uneven development: nature, capital and the production of space. The University of Georgia Press, Athens

Strand A, Næss P (2017) Local self-determination, process-focus and subordination of environmental concerns. J Environ Policy Plann 19(2):156–167

139

Tulumello S (2016) Reconsidering neoliberal urban planning in times of crisis: urban regeneration policy in a "dense" space in Lisbon. Urban Geogr 37(1):117–140

van Vliet J, Magliocca NR, Büchner B, Cook E, Rey Benayas JM, Ellis EC, Verburg PH (2016) Meta-studies in land use science: current coverage and prospects. Ambio 45(1):15–28. https://doi.org/10.1007/s13280-015-0699-8

第六章　欧盟政策和监管框架及其与空间规划的必要联系

141

前几章探讨了国土转型驱动因素对地方层面产生的影响，但从经验上看，这些驱动因素又是政治制度、现行法规制度和复杂制度技术的中介结果，规划体系通过这些中介得以衔接。区域政策——具有明确或隐含空间成分的政策，能够直接或间接地影响景观转变的模式——是这一综合体的关键因素。本章将重点放在与国土转型最相关的欧洲政策上，特别是《栖息地指令》《水框架指令》《欧盟2020年生物多样性战略》[及其对生态系统服务(ES)和绿色基础设施(Green Infrastructure,GI)的关注]和共同农业政策(CAP)。对于每一项政策，都会讨论其与空间规划(隐含、明确或需要充分开发和利用)的联系。此外，还讨论了"环境保障"指令特别是战略环境评估(SEA)作为促进生态理性的跨领域政策工具的作用。规划政策和农业政策之间的实质性深度融合是在空间规划中推进生态理性的迫切需要。

第一节　欧盟政策框架和空间规划

政策是政府场域中利益和价值竞争的官方化产物，反过来也是作用于自然景观的驱动因素。因此，政策会因时空而异，也不像我们迄今为止所研究的驱动因素那样具有普遍性：它们由社会不同部门的发展水平以及区域和国家的社会历史模式决定。空间规划本身可看作是对国土有直接影响的政策，它被嵌入国家甚至超国家的政策、法规、条例以及公共机构的复杂网络之中，它们在不同尺

142

度上通过不同的关系彼此相连，从正式的、严格的等级制度到非正式关系。研究欧洲国家所有可能的地方政策显然超出了本书的范围，然而在欧盟成员国中，大多数对景观产生影响并与规划相关的政策都是由欧盟委员会和议会设计的高层政策衍生的，其形式可以是指令、资助计划、具有法律约束力的规范和约束力较低的公报或文件。这构成了第四章中提出的框架组成部分。

正如所述，政策从来都不是预设的或完全确定的，而是各种力量关系的凝结(Poulantzas，2013)。即使当资本积累和空间修复的趋势充分发展时，国家及其公共政策在这种趋势产生的矛盾方面仍有重要的中介作用(Jessop，1990)。引用享有盛名的生态经济学家马丁内斯-阿列尔及其同事的话：这种矛盾源自资本积累过程及其对新陈代谢断裂的影响，新陈代谢断裂造成的冲突反过来又有效地阻止了资本积累。资本固定和积累是强大的驱动因素，但并非万能：同样，这是一个辩证的过程，我们必须深入研究。因此，在这个框架中，空间规划不是"一种内稳态现象"，而"相反，是一个不断变化的历史过程，不断被一个广泛的……紧张关系所塑造和重塑"[Dear and Scott，1981，第 13 页；转引自米斯纳(Miessner，2018)]。因此，在政策制定中，我们将寻找造成紧张关系的蛛丝马迹。而我们作为规划师，在这种紧张关系所创造的机会空间内，有机会介入并提出以生态为导向的规划选择，把政治带回规划中。要做到这一点，我们必须充分了解相关政策及其与空间规划的关系。

正如文献反复提及的，从法律上讲，欧盟在土地利用规划方面没有直接的权限，这仍是成员国的权限。在一些具有联邦或半联邦州结构的国家(如德国、意大利、西班牙)，这一权限已从中央政府下放到地方政府，因此，不同的空间规划框架可能共存于一个国家，使事情变得更加复杂。同样，人们承认，尽管缺乏明确的法律框架，但欧盟层面确实以多种方式直接或间接地影响着土地利用变化和空间规划(Dühr et al.，2007；Evers and Tennekes，2016)。欧盟政策可以间接地作用于决定土地利用轨迹的主要驱动因素，如 GDP 变化，贸易流量，住宅、工业或商业用途的需求，食品、生物燃料或木材产品的需求。所有这些驱动因素都会影响当地差异巨大的土地利用需求并对规划选择产生影响(EEA，2016)。更直接地说，欧盟通过四种主要的政策类型施加影响(EEA，2016；Evers and Tennekes，2016)，如图 6－1 所示。

143

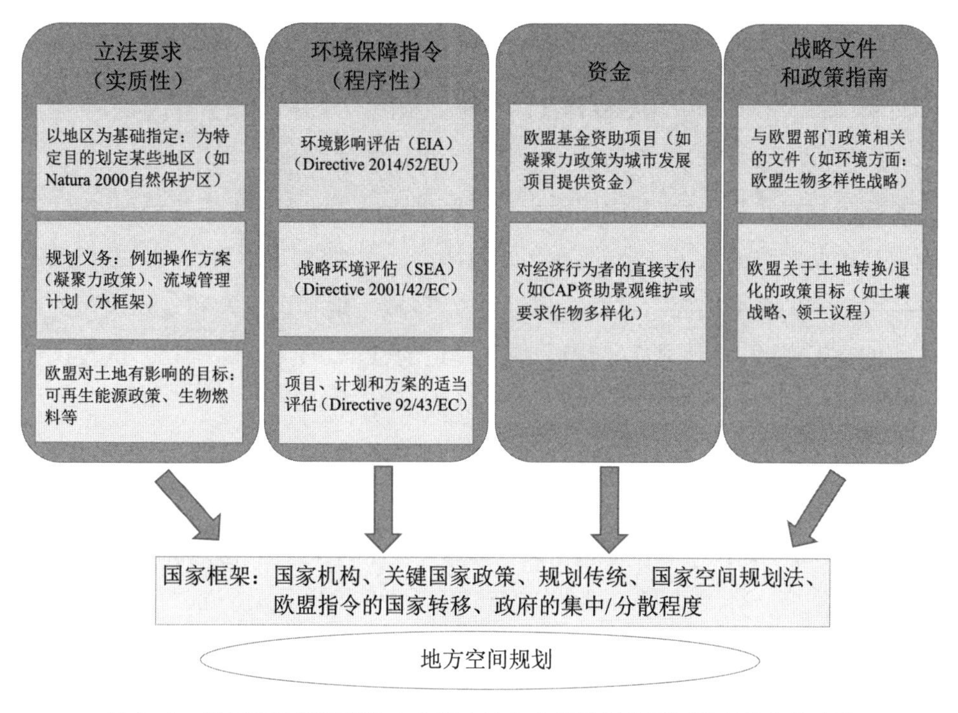

图 6-1 以国家监管框架为中介影响地方空间规划的不同类型的欧盟政策

首先，有具有明确空间成分的立法要求，要求成员国（和下级政府）采取行动。例如，为保护生物多样性指定的特定区域，划定应采取措施避免污染的硝酸盐脆弱区，或根据《重大事故危害管理条例》（Control of Major Accident Hazards）规定空间限制（如缓冲区）。其次，重大项目和大多数空间规划的审批现在都要遵守所谓的"环境保障"指令的程序要求，即《环境影响评估指令》（Environmental Impact Assessment Directive，85/337/EEC 及后续修正案）、《战略环境评估指令》（2001/42/EC）和根据《栖息地指令》第 6 条规定的对可能影响 Natura 2000 自然保护区网络的规划进行适当评估。再次，让高层级规划工具眼红的是，欧盟政策拥有触发地方层级空间变化的制胜法宝，这就是资金。凝聚力政策（Cohesion Policy）为涵盖环境、能源、农业、交通和城市发展等广泛领域的投资及项目提供资金，这是最典型的例子之一。最后，欧盟制定了一套能够影响空间规划的战略文件和政策指南，尽管它们没有被转化为适当的法规。这方面的例

144

子有《2020 年欧盟领土议程》(Territorial Agenda of the European Union 2020)(EU Ministers Responsible for Spatial Planning and Territorial Development, 2011)、《欧盟 2020 年生物多样性战略》(EC,2011)。2019 年 12 月,在本书完成时,新的《欧洲绿色协议》作为委员会新任主席的首选举措之一启动(EC,2019)。这是一份战略政策文件,其中明确指出了本书所描述的多种生态趋势,并概述了对实现这些趋势的承诺。新的《欧洲绿色协议》无疑将塑造即将出台的欧盟政策并影响治理的各个层面。此类政策对地方/区域土地利用模式和规划决策的影响可能是无意的、不可预见的、隐藏的或延迟的(Fischer et al.,2015),这再次要求在研究它们时采取整体和系统思考的分析方法。

欧盟政策如何影响国家政策,进而影响空间规划,受到了空间规划“欧洲化”方面文献的极大关注(Radaelli,2003;Dühr et al.,2007;Faludi,2014;Cotella and Janin Rivolin,2015;Luukkonen,2017;Elorrieta,2018)。然而,正如埃弗斯和坦纳克斯(Evers and Tennekes,2016,第 1748～1749 页)所说,“几十年来,学术界一直在思考**欧洲化对规划以及规划欧洲化的意义和影响,但迄今为止,这并没有在象牙塔之外引起广泛的共鸣**”。他们描述了荷兰的情况,报告说:“……**无论是专业的行业期刊还是规划课程都没有对欧盟给予太多的关注。**”(Evers and Tennekes,2016,第 1748～1749 页)荷兰是在空间规划和将欧洲立法纳入国内框架方面具有最强大传统的成员国之一,如果荷兰的情况如此,那么其他国家的情况肯定不会好很多。这一领域的研究常常提到多层次治理(multilevel governance)的概念,这是以描述高级别政策通过国家法律、社会和文化框架中介对地方施加影响的复杂模式。关于“欧洲化”的其他文献研究了欧盟层面空间规划出现的可能性、领土凝聚力概念的作用以及欧洲跨国学习与合作的制度化(Evers and Tennekes,2016)。

145

这些政策影响地方的方式总是在一定程度上受国家(或区域)背景的调节(EEA,2016)(图 6－1):调节的具体形式不是本章的重点。相反,**尽管**在欧盟这样一个多样化的环境中存在差异是情理之中,但我们认为值得探讨的是,这些政策是否以及能够在多大程度上在较低层级地区促成、宣贯、合法化并引导生态理性的规划选择。在这方面,重要的是这些政策和文件具有不同的地位。例如,指令必须由成员国在其立法中正式转换并产生具有法律约束力的要求;《欧盟

2020年生物多样性战略》(EC,2011c)虽然不是正式的指令,但得到了欧洲议会和理事会的批准;而《欧盟领土议程》是一个非正式的部长级文件。政策位阶的差异将影响实施路径(EEA,2016)及其对空间规划的作用。

实证研究的结果证实,欧洲政策确实时刻影响着成员国地方规划从业人员的工作,即使这种影响通常被隐藏在视线之外(Evers and Tennekes,2016)。在一项涵盖荷兰某省的研究中,弗吕克和威廉斯(Fleurke and Willemse,2007)发现,地方层面的决策有一半涉及若干欧盟政策;伯默和沃特豪特(Böhme and Waterhout,2008)引用了瑞典地方当局协会的一份报告,提到经审查的土地利用规划(涉及欧盟政策的)[①]占90%。

从土地利用规划师的角度来看,这一系列的要求可能被视为一个错综复杂的制约系统,缩小了当地规划选择的范围。因此,规划师可能倾向于(或在当地政治的推动下)规避这些要求,而非完全执行。或者,正如第二章所讨论的,在这种情况下,公务员和政策制定者可能会主要根据法律理性思维行事,并致力于设计"防欧盟规划"(EU-proof plans)而非"保生态理性"(ecological rationality-proof)的规划。当然,可能有完全不同的态度,这也是本章的重点。将地方规划选择的生态路径框定为更高层次的政策,不仅有利于通过合规性审查,而且,也许更重要的是,还能增加其合法性和可信度,为支持者提供更有力的论据,帮助对抗反对和诉讼。然而,上述的欧盟层面的盘根错节意味着图6-1中描述的各个组成部分的一致性并非与生俱来。欧盟的目标或措施可能会发生冲突,或者在任何情况下都容易出现错位;事实上,欧盟政策的不协调是关于欧洲化的文献中另一个反复出现的话题(Evers and Tennekes,2016),而且也在像《治理白皮书》(*White Paper on Governance*)(EC,2001)和《领土凝聚力绿皮书》(*Green Paper on Territorial Cohesion*)(EC,2008)这样的欧盟文件中被提及。尽管在欧盟决策中一再呼吁"打破孤岛"(breaking silos),但政策和措施的设计在很大程度上仍由其所在的特定政策部门的部门路径所主导(Dühr et al.,2010;Evers and Tennekes,2016)。事实上,部门决策往往很少注意政策的空间影响以及这些政策如何与其他部门政策的空间影响相联系(Dühr et al.,2007)。这并不奇

146

① 括号内的内容是译者为方便读者理解,根据语义添加。——译者注

怪,因为识别和评估这种领土影响需要特定的知识和能力,而这些知识和能力在负责不同政策的所有部门中都很难找到。

为此,人们提出了用领土影响评估(Territorial Impact Assessment,TIA)作为识别和评估欧盟政策的领土影响的工具。TIA是在20世纪90年代中后期随着《欧洲空间发展展望》(European Spatial Development Perspective,ESDP)而推出的(Fischer et al.,2015)。TIA方法的开发是欧洲空间规划观察网(European Spatial Planning Observation Network,ESPON)的研究主题之一,欧盟文件"TA2020"的更新《欧盟领土议程》(EU Ministers Responsible for Spatial Planning and Territorial Development,2011)重申了确保欧洲政策的领土凝聚力的重要意义。然而,迄今为止,TIA对改善部门政策一体化和一致性的影响似乎并不显著(Stead and Meijers,2009;Fischer et al.,2015;Evers and Tennekes,2016)。

现在,不同的政策目标导致的截然不同的土地利用选择必须由当地规划师处理,这本身不足为奇。**领土**是部门目标汇聚的空间,必须找到一个综合方案,这确实是空间规划师的工作。然而,多年来可能与地方相关的高层政策的数量及潜在冲突已大大增加,规划师必须面对前所未有的复杂程度,当政策目标在内容上相互矛盾时,当空间上的重叠加剧了目标的差异时,当在较高层次上制定的政策破坏了较低层次上的政策(反之亦然)时,就会出现政策间的摩擦(Evers and Tennekes,2016)。

例如,欧洲环境署以波兰和安达卢西亚(Andalucía)①为例,评论了欧盟政策对当地土地利用变化的影响,发现凝聚力政策对道路的投资促进了城市无序扩张,这与欧盟和国家关于土地利用的其他目标对立(EEA,2016)。这些发现与欧洲经济区(EEA,2006)和欧盟委员会联合研究中心(JRC,2013)先前对同一主题进行的研究相一致。后者事前评估了2014~2020年凝聚力政策支出对土地利用、生态系统服务和土地占用的潜在影响,**特别**考虑了对当地吸引力和经济增长的影响。将未采用与采用凝聚力政策的情景进行了比较,结果表明,支出将小规模增加城市化和土地占用。该研究指出,在实物资本投资、开发、土地利用变

① 安达卢西亚是西班牙南部的自治区,为西班牙第二大区。——译者注

化及其环境影响之间存在权衡关系。费希尔等(Fischer,2015)报告了欧洲指令产生意外影响的例子,如划定 Natura 2000 自然保护区后的陆上风电场开发(EC,2010a),或法国和爱尔兰农民抗议 Natura 2000 自然保护区对农业造成的限制 147(Alphandéry and Fortier,2001;Bryan,2012)。

因此,我们不能指望复杂的立法、法规和约束力较低的文件(简单起见,我们将其统称为“欧盟政策”)直接作为生态理性空间规划的政策框架。同样,这种“退回简单”的做法虽然很诱人,但却与生态理性的认识论前提(对复杂性的认识)相矛盾。我们也不应对此感到惊讶或气馁:“欧盟”不是一个追求单一目标的单一实体,而是一个利益和立场相互影响的复杂系统。在此,我们将再次采用辩证的方法:“欧盟政策”是不同驱动力的结果,作为空间规划师的我们应批判性地检查它们,**解构**它们,然后从这些因素中**重建**一个连贯的框架,以指导和支持空间规划中的生态理性。这就是上一章所倡导的把政治带回规划中的意义所在。

对于许多观察家来说,欧洲的环境立法是世界上最先进的,是欧盟辉煌业绩的一个典范。同样可以肯定的是,这种环境立法的产生是欧洲环境状况空前恶化的结果,是由“二战”后欧洲面临的工业迅猛发展和农业“绿色”革命引发的,在某种程度上也是由诸如 CAP 这样的欧洲政策本身所引发的。在下一节中,我们将研究那些我们认为对领土有间接、明确或隐含影响的政策,这些政策有可能为生态理性的规划选择提供信息。我们从图 6－1 中归类为立法要求的较早的指令开始,这意味着规划机构在划定保护区域和制订具体计划方面采取了实质性行动,即“自然”指令(《鸟类指令》与《栖息地指令》可分别追溯到 1979 年与 1992 年)和《水框架指令》。这也将帮助我们勾勒出欧盟环境政策演变的简要历史。我们将继续讨论欧盟承诺保护和提高生物多样性的基石《欧盟 2020 年生物多样性战略》,并检验它将流行的生态系统服务概念纳入空间规划框架的作用,还将讨论绿色基础设施在生物多样性保护方面的重要性。我们在前几章中提出,规划中生态理性的一个关键组成部分是城乡协调,因此,有必要分析农业用地的转变过程,并将其与城市现象进行整体研究。所以,我们以共同农业政策来结束我们的分析,探索与空间规划相结合的可能途径。在论证过程中,我们还将交叉考虑保障指令（图6－1中左起第二块）[①]的作用，特别是SEA。

148

第二节　《栖息地指令》和《水框架指令》

一、《栖息地指令》

早在1979年，当时的欧洲经济共同体就发布了第79/409/EEC号指令，即《鸟类指令》。该指令首先试图保护、管理和监管生活在野外的所有鸟类物种，并规定了成员国建立保护区、保护良好栖息地和恢复退化栖息地的义务。《鸟类指令》已经与规划有了隐含的联系，因为它规定成员国有义务“将数量和规模上最合适的地区列为保护（鸟类）物种的特别保护区”（ECC，1979，第4条）。然而，对于如何将该指令的要求与规划框架相结合，并没有进一步的规定。

同时，1992年，更名后的欧洲共同体发布了第92/43/EEC号指令，即《栖息地指令》；与之前的指令一起，这些指令构成了欧盟自然和生物多样性保护政策的基础。它们建立了一个欧盟范围内的名为“Natura 2000”的自然保护区网络（包括那些根据《鸟类指令》指定的区域）。总的来说，该指令列出了有保护价值的231个栖息地（附件Ⅰ）和1 875个物种（附件Ⅱ，Ⅳ，Ⅴ）的保护对象。当然，区域网络的概念已经包含了强有力的、明确的空间组成部分。第10条规定，成员国应努力鼓励在其土地利用规划和发展政策中管理对野生动植物具有重要意义的景观特征，特别是为了提高Natura 2000网络的生态连贯性。可以看出，其与土地利用规划的明确联系仍有些模糊，而且最主要的是，仍局限于一个具体的（尽管是不可或缺的）方面，即景观特征的管理。然而，《栖息地指令》将通过第6条规定对土地利用规划产生另一种影响。其要求任何可能对Natura 2000自然保护区产生重大影响的计划或项目，无论是单独的还是与其他计划或项目捆绑，都要对该保护区保护目标的影响进行**适当评估（appropriate assessment）**。根据评估结果，国家主管部门只有在确定该计划或项目不会对有关保护区的完整性

---

① 即上文提出的作为“环境保障”指令的程序要求。——译者注

产生不利影响并在适当情况下征求公众意见后，才能同意该计划或项目。

空间规划属于可能对保护区产生影响的规划，因此在该指令的应用范围内。这是欧洲第一次制定具有法律约束力的规范，规定空间规划的批准必须经过对其潜在环境后果的具体评估，尽管只限于对有限数量的特定保护区的影响。毫无疑问，这在当时是保护欧洲环境所急需的政策推动力，更普遍地说，这也是欧洲环境保护立法的一个重要进步。《栖息地指令》第 11 条要求成员国对该指令中所列的自然栖息地和物种的保护状况进行监督。这条规定不只涉及 Natura 2000 地区，而且适用于整个欧盟区域。第 17 条要求成员国每六年报告一次环境保护措施的实施进展以及根据第 11 条进行的监测活动的主要结果。特别是，报告应提供关于有关栖息地和物种的绝对保护状况以及与以往时期相比较的信息。因此，这些要求产生了一个相关的、空间明确的信息数据库，可供规划师使用[例如参阅马桑内特等(Masante et al.，2015)在欧盟尺度上的应用]。 149

二、《水框架指令》

与土地一样，水是一种必不可少的有限资源；欧盟环境立法的一个关键要素是《水框架指令》(EC，2000)，它为保护内陆地表水、浅水区、沿海水域和地下水以及维护和改善水生生态系统状况确定了一个框架。《水框架指令》还旨在通过促进水的可持续利用和减少地下水污染来长期保护水资源。该指令的主要立法要求是由成员国确定的主管部门编制流域管理计划。通过建立流域尺度的规划机制，引入与生态相关的空间尺度，这代表了在规划中嵌入生态理性取得了重大进展。事实上，鉴于水资源管理与可持续发展的相关性，《水框架指令》被誉为“欧盟环境立法中最具开创性的部分”(Carter，2007，第 335 页)，世界野生动物基金会(WWF，2001)声称它有可能成为欧盟第一个可持续发展指令。此外，该指令以综合、全面的方法处理水管理问题(Frederiksen et al.，2008)，这也符合第二章讨论的生态理性原则。

空间规划和水资源管理之间的联系已在文献中得到印证(Frederiksen et al.，2008；Carter，2007)，可归纳为以下五点(Carter，2007)：①增加或减少扩散性污染(城市和农业)；②影响工业和住宅区的供水及废水处理需求；③限制或加剧洪水风险;④增加或降低地下水补给率,主要通过限制或增加土壤封闭;⑤保护或损害水生栖息地和生物多样性。正如最近在欧洲发生的引人注目的灾难那样,规划对规范洪水风险地区的城市开发具有特别关键的作用。卡特(Carter,2007)描述了可用于实现空间规划和可持续水资源管理协同的三种规划机制:规划编制、开发控制和规划技术方法。第一种机制是指规划选择可以对水产生直接影响,突出的例子是在水体周围划定缓冲区,禁止污染活动,限制易涝地区的开发,通过规定透水表面和适当的城市设计提高整个地区的持水能力。开发控制是指批准或拒绝新开发计划或土地利用转变许可,可以包括对开发商的具体规划义务,如节水设备、雨水收集装置、中水回收系统或尽可能使用透水地面。规划技术方法方面,利益相关者的参与可能是在地方规划中引入可持续水资源管理的有效手段。这方面特别值得关注的是水务公司的参与,它们可以为可持续水资源管理的需求和可能的解决方案提供有用的信息(Carter,2007)。

150

该指令第 5 条规定,应对每个流域地区进行详细的分析,包括流域地区特征剖析、对人类活动环境影响的审查以及用水的经济分析。这可以成为规划师收集基础数据和了解当地土地利用选择的绝佳资源。第 11 条要求流域规划在考虑上述分析结果的基础上制定"措施方案",其中应包括一套涵盖以下方面的基本措施:

- 促进高效和可持续的水资源利用;
- 保障水质,以降低饮用水生产所需的净化处理水平;
- 控制可能导致污染的点源排放;
- 控制扩散性污染源;
- 禁止将污染物直接排入地下水;
- 消除地表水的污染;
- 避免或减少意外污染事件的影响,例如洪水造成的污染。

通过上述三种机制,空间规划不仅可以促进这些基本措施的成功实施,从而鼓励可持续水资源管理(Carter,2007),而且还可以设想出富有想象力的解决方案来解决地方容易忽略的水土协调相关问题。对规划师和政策制定者来说,一个简单但非常有力的论据是,空间规划是"**保障和改善水环境的低成本选择,特别是与提供水处理厂或结构性防洪设施等基础设施相比**"(Carter,2007,第 339 页)。

欧洲城市与河流网络(European Network of Municipalities and Rivers,ENMaR)是 INTERREG Ⅲ C[①] 资助的一个项目(2005～2007 年),该项目是实现空间规划与水资源管理协同并达成指令目标的良好实践案例,卡特(Carter,2007)对此进行了报道。读者可以从该项目及其主要经验教训中得到启发,包括基于 GIS 的洪水风险评估的健全的"硬"技术方法的实用性和必要性(这与我们在第二章提出的一般论点一致)、利益相关者参与的重要性以及良好的水资源管理对人们观念和增强意识的改变。

151

然而,为保持辩证思维,我们也应指出规划师将倡导的《水框架指令》一体化付诸实践必须克服的障碍和困难,主要包括以下三个方面(Frederiksen et al.,2008)。第一个方面主要围绕"空间匹配"(spatial fit)的概念,即管理制度与被管理的资源边界匹配与否。这显然是一个问题,因为流域与传统的政府级别(地区、城市)并不对应。这引致三个主要需求:①土地利用规划和流域管理计划之间互动;②将水目标纳入所有相关部门政策;③简化和协调几项立法(如管理计划、监测、公众参与)的共同要素和程序,这将得益于共同数据库、空间信息系统和沟通方法的建立。第二个方面,空间规划和流域管理的简单汇集不能产生实质性的整合。例如,芬兰的案例表明,规划师并不总是了解《水框架指令》的具体规定,反之亦然,负责制定流域规划的实体也不熟悉空间规划程序和规划内容;在某些情况下,为了景观美学目的而保护开放耕作景观的目标与为了流域管理需求而植树造林的目标相冲突(Alahuhta et al.,2010)。第三个方面,同样的研究表明,不同尺度的空间规划可以实施直接行动来实现《水框架指令》的目标,特别是通过土地利用法规来解决扩散性污染,确定容易发生洪水的农业区以及创建湿地或建立缓冲区(Alahuhta et al.,2010)。因此,空间规划师**有可能**通过考虑其他政策来追求生态行动路线,但这是需要追求的,并不是这些政策存在的自动结果。

---

① INTERREG 计划是欧洲区域发展基金资助的旨在支持欧盟区域间合作的主要工具,通过促进跨境地区、跨国以及区域间的合作,促进联盟的经济和社会聚合,实现联盟平衡、和谐发展。2000～2006 年实施的 INTERREG 计划称为 INTERREG Ⅲ,C 代表"区域间合作"的主题,该主题资助金额为 30 亿欧元。(根据欧盟委员会官方数据整理,网址 http://ec.europa.eu/regional_policy/en/policy/cooperation/european-territorial/。)——译者注

这两项指令为欧盟环境立法的演变及其与空间规划的关系提供了一个范例:《栖息地指令》仍将环境视为一系列需要保护的孤岛,与空间规划的关系主要建立在旨在避免对自然保护区造成重大负面影响的影响评估方面;《水框架指令》已经设想了一种更为全面和综合的方法,**通过规划实现**立法目标,从而在保护、减少风险和景观设计之间形成更为复杂与主动的相互关系,《欧盟 2020 年生物多样性战略》进一步推进了这一点,我们将在下一节中看到。

152

第三节 生态系统服务和空间规划融合的空间显式方法

继全球《2011～2020 年生物多样性战略计划》由《生物多样性公约》缔约方通过后,《欧盟 2020 年生物多样性战略》(EC,2011)由欧盟通过。该计划包括广为人知的爱知生物多样性目标,即阻止生物多样性丧失和确保健康生态系统为人类提供基本服务的 20 个目标(Maes et al.,2016)。《欧盟 2020 年生物多样性战略》设定了六个目标,同时也建立了量化的阈值:

· 全面实施《鸟类指令》和《栖息地指令》,到 2020 年,与目前相比:《栖息地指令》中的栖息地增加 100%,物种增加 50%,保护状况得到改善;《鸟类指令》中的物种增加 50%,状况安全或改善。

· 加强对生态系统及其提供服务的保护,到 2020 年,至少有 15%的退化生态系统得到恢复。

· 追求更可持续的农业、林业和渔业,最大限度地扩大 CAP 中与生物多样性有关的措施所覆盖的农业地区,并在 2020 年前通过覆盖欧盟所有公有森林的森林管理计划。

· 到 2020 年实现渔业的最大可持续产量。

· 阻止外来入侵物种的扩散。

· 增加欧盟在全球范围内对阻止生物多样性丧失的贡献。

2015 年对该战略进行了中期评估,结论是:尽管一些政策领域取得了相关进展,如渔业(目标 4)、控制外来入侵物种(目标 5)以及在双边贸易协定中引入生物多样性条款（目标 6），但只有实施和执行变得更大胆、更有魄力，生物多样性目标才能实现。按照目前的速度，生物多样性的丧失和生态系统服务的退化将在整个欧盟及全球范围内蔓延，使自然资本遭受侵蚀并使可持续发展的努力付诸东流（EC，2015）。

新的欧盟委员会在 2019 年底得到任命后，正在起草一个新的面向 2030 年的生物多样性战略，其核心目标将基于以前的战略。因此，《欧盟 2020 年生物多样性战略》中的考虑也将同样适用于下一个战略。《欧盟 2020 年生物多样性战略》的一个重要内容是它明确地将其目标与空间规划等联系起来，空间规划被认为是可以实现部分目标的关键活动。特别指出，“目标 2 的重点是通过将绿色基础设施纳入空间规划来维持和加强生态系统服务并恢复退化的生态系统”（EC，2015，第 6.3.2 节，第 5 页）；在第 6.4 节，它申明“委员会将进一步鼓励参与空间规划和土地利用管理的研究人员及其他利益相关者在实施各级生物多样性战略方面的合作，确保与《欧洲领土议程》中提出的相关建议保持一致”（EC，2015，第 8 页）。 153

为了实现这六个目标，该战略制定了 20 项具体行动，以子行动的形式加以阐述，其中一些行动与空间规划有直接联系。行动 1b）规定，委员会将进一步把物种和栖息地的保护及管理要求纳入关键的土地和水利用政策，包括空间规划；行动 5 要求成员国对其国家领土上的生态系统及其服务进行测绘和评估。生态系统服务的测绘和评估（MAES）特设工作组因此成立。MAES 工作组负责监督行动 5 的实施，为成员国在国家层面上绘制生态系统图提供支持和技术指导，在欧盟层面上进行生态系统图的绘制和评估，为欧盟的决策提供信息，并为实施《欧盟 2020 年生物多样性战略》和起草 2030 年新战略做出贡献。在过去的几年里，已经发布了一系列 MAES 报告，涵盖了 MAES 的主要概念框架（Maes et al.，2013）、指标和方法，以呈现国家、欧盟尺度内的空间显式指标（Maes et al.，2015）和城市地区的具体指标（Maes et al.，2016）。

在 MAES 框架下开展工作的一个重要特点是，它旨在开发与空间规划直接相关的空间明确的指标。事实上，测绘[①]是指对生态系统的空间划分，生态

---

① MAES 中的 M 为 Mapping 的缩写，为“测绘”之意。——译者注

系统和其所承受的压力都是空间明确的(Maes et al.,2016)。因此,生态系统的状况和生态系统服务供应的评估需要使用空间数据与指标(Maes et al.,2012)。行动6确立了通过在城市和乡村地区部署绿色基础设施来维持生态系统服务,包括通过激励措施和对绿色基础设施项目的前期投资,例如,通过更有针对性地利用欧盟资金流和公私合作关系。行动7旨在确保生物多样性和生态系统服务无净损失,并提及赔偿和补偿计划的使用。行动9促进将农村发展资金更好地用于生物多样性保护,并支持农民之间为此采取合作行动。最后,行动19声称,委员会将继续系统地筛选其发展合作行动,以尽量减少对生物多样性的负面影响,对可能严重影响生物多样性的行动进行战略环境评估或环境影响评估。由于这些行动将各种尺度的空间规划作为实现战略目标的关键活动,认可农业和农村发展措施的作用,甚至将赔偿或补偿机制作为实现目标的可行工具,因此,其涉及我们在本章中讨论的所有主要问题。

除了具体行动外,《欧盟2020年生物多样性战略》的一个相关方面是,它已成为简化欧洲官方政策话语中生态系统服务概念的亟须推动力。因此,现在是时候为生态系统服务和空间规划的融合接口留出一些篇幅了。

154

一、生态系统服务(ES)和空间规划:需要批判性思考的时髦话题

目前ES的定义和分类体系略有不同,但在此我们采用的是海恩斯-杨和波钦(Haines-Young and Potschin,2010)提出的生态系统服务通用国际分类(Common International Classification of Ecosystem Services,CICES),因为它是欧洲参考的分类;截至2019年5月的最新版本是CICES V5.1(Haines-Young and Potschin,2018)。其中,最终生态系统服务(final ecosystem services)被定义为生态系统(即生命系统)对人类福祉的贡献。这些服务是最终的,因为它们是最直接影响人类福祉的生态系统(无论是自然的、半自然的还是高度改造的)的产出。从概念上讲,CICES基于海恩斯-杨和波钦(Haines-Young and Potschin)著名的"级联框架"(cascade framework),最近为拉诺特等(La Notte et al.,2017)所完善:后者是我们在这里的参考,如图6-2所示。

在这里,生态系统被定义为由生物物理结构和生态过程组成的网络,特征是

能量和物质的时空流动。生态系统对人有用的部分特征和属性(即生态系统功能)一经实现,就会变成最终服务。

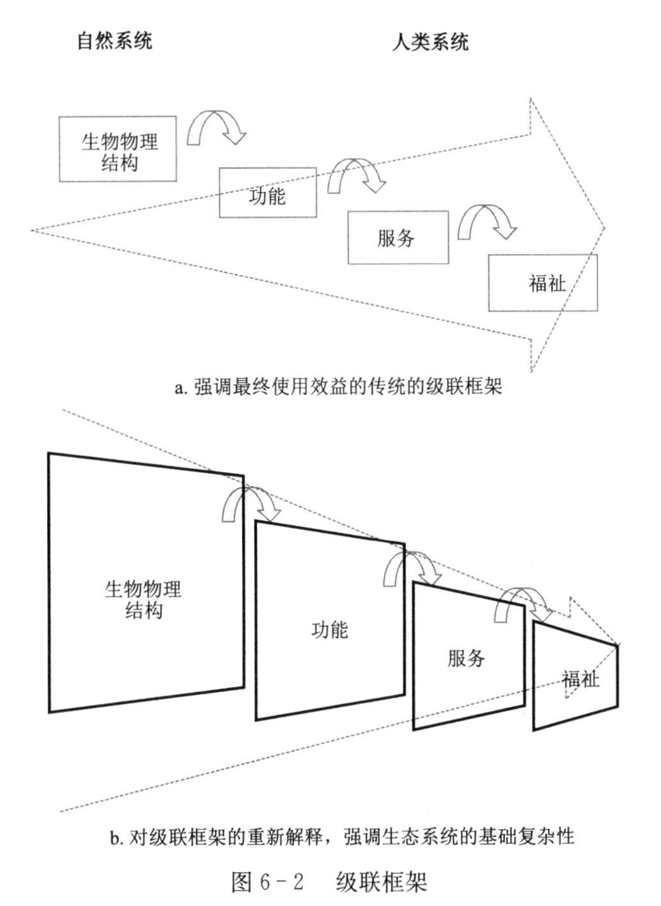

图 6-2 级联框架

155

资料来源:拉诺特等(La Notte et al.,2017)。

在级联框架提出之前,ES 已经成为一个非常流行的术语:在这一点上,通常引用的参考文献是科斯坦萨等(Costanza et al.,1997)在《自然》上的研究,这无疑是一个里程碑并在科学界内外推动了这一概念发展。但我们要记住,伊恩·麦克哈格在 1969 年就已经讨论过同样的概念,即使没有使用"生态系统服务"这个确切的术语(见第一章):"自然界在没有人类投资的情况下为人类工作,……这种工作(确实)代表了一种价值。"(McHarg,1969)在某种程度上,我们可以说,ES的概念最初是在规划学科中设计出来的！然而,直到最近,规划似乎才(重新)发现这个概念,关于ES和规划的文献也大大增加。德·格罗特等(De Groot et al.,2010)的一篇论文是一项开创性的工作,其确定并讨论了将ES概念整合到景观规划中的主要挑战。它们包括:①对生态系统如何提供服务的理解和量化,包括如何实现生态系统的测绘和可视化以及景观空间格局的变化如何影响生态系统;②如何评估ES;③如何将其用于权衡分析和决策,包括如何将景观设计方案可视化;④如何在规划中使用ES,包括如何将景观功能的恢复力和阈值纳入规划方法与设计。梅斯等(Maes et al.,2012)在另一篇颇具影响力的论文中更详细地讨论了绘制生态系统服务图的原因:指出需要分析ES在不同尺度上的空间分布,评估其与生物多样性的空间一致性,识别和分析不同服务之间的协同和权衡,以货币形式对其进行估值,比较需求与供应,并确定空间规划的优先领域。最后一点明确地将ES和空间规划直接联系起来,但是所有其他目标都可能与规划过程间接相关,因为正如我们所说,规划所设计的景观配置会影响一个地区提供众多服务的能力,如果不是全部。在随后的一篇论文中,梅斯等(Maes et al.,2016)根据《欧盟2020年生物多样性战略》的要求,提出了一个在整个欧洲范围内用于测绘和评估生态系统服务的总体框架(图6-3)。

这里的基本思想是,社会经济系统通过ES的流动和对生态系统及生物多样性施压的变化驱动因素与生态系统相连。生物多样性在支持生态系统功能方面发挥着关键作用,其中部分功能被人类(直接或间接,有意识或无意识)使用并转化为适当的ES。社会—经济—生态系统的综合治理是该框架的一个组成部分:政策、机构、利益相关者和用户通过直接或间接的变化驱动因素影响生态系统。重要的是,作者肯定了政策可以对生态系统产生影响,即使它们可能没有明确地针对生态系统。我们在第四章提出的框架与此一致,特别是将政策和其他驱动因素视为一个整体的组成部分。主要区别在于,这个框架特别关注ES的供给,而本书提出的框架则以整个景观为中心,更加强调政策与资本循环累积的整体经济过程在空间上的区别。

156

一些学者从景观生态学的角度探讨了ES在景观规划中的应用(Albert et al.,2014)。其中,琼斯等(Jones et al.,2013)和阿尔梅纳尔等(Almenar et al.,2018)探讨了景观指标在评估不同景观配置提供ES能力方面的作用。后

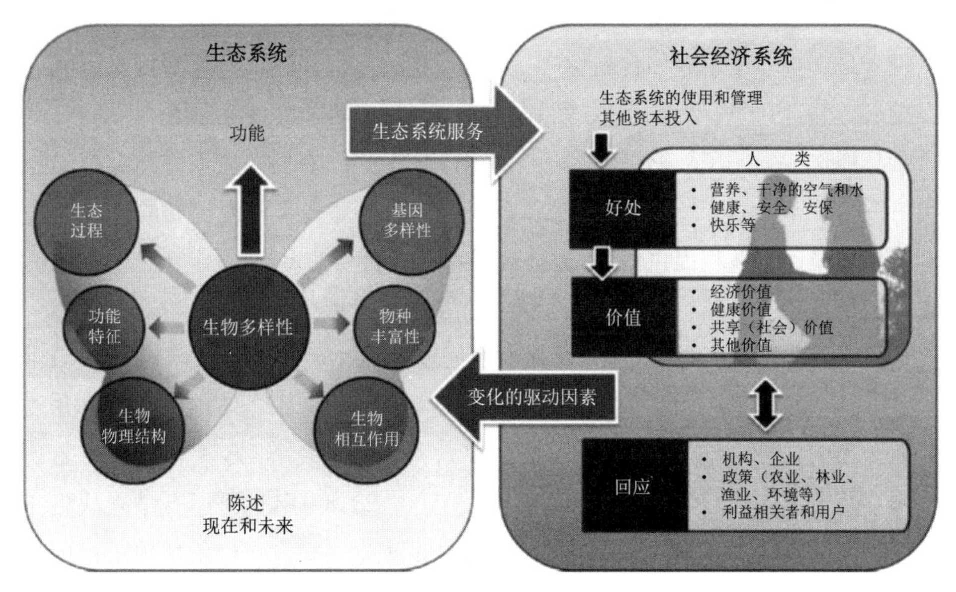

图 6-3　欧盟生物多样性战略行动 5 下生态系统服务制图和评估的概念框架

资料来源：梅斯等(Maes et al.,2016)。

者提出了一个在规划中具有实际效用的相关概念框架，包括特征描述、评估、设计、监测四个主要阶段。特征描述需要识别利益相关者，并划定空间系统边界，包括干预区和具有很强(社会或生态)功能依赖关系的相邻空间单位。评估阶段包括确定相关的景观功能，然后将重点放在特定 ES 效益上，再对其进行经济评估。设计阶段分为战略、规划和设计三个步骤，其中在制定战略时，应整合关于特征、服务和价值的信息并进行比较，以确定不同场景下的潜在不兼容性。在设计阶段，不同的景观特征区域或实体可能会有四种行动：保护、管理提升、物理恢复或还原以及重新设计。监测阶段将超越短期，利用景观指数作为景观服务指标，因为这些指数对资源要求低，使用简单，而且在空间上是明确的。然而，作者建议慎用景观指数，因为它们不适合测度所有的服务，而只适合测度那些依赖于结构方面的服务。在讨论如何改进 ES 在景观规划中的使用时，冯·哈伦等(von Haaren et al.,2014)强调需要区分“提供的 ES”“利用的 ES”“人类投入”和“ES 效益”作为决策的相关信息，并建议在规划中整合 ES，明确地将 ES 评估与规划法规中的社会规范和一般价值联系起来，即不仅应保障已使用的服务(或其使用价值),也应保障未使用的服务,即其存在价值。同样重要的是,他们认为人类投入是影响若干 ES(如食品生产、视觉美学)的重要因素,而规划可以影响人类投入,这突出了规划与 ES 关系的另一方面,是规划师应该考虑的。

其他作者强调了战略环境评估在简化 ES 在空间规划的应用方面发挥的作用。杰内莱蒂(Geneletti,2011)讨论了如何有效地部署 ES,为规划的几个阶段和战略环境评估过程提供信息,包括规划目标和行动的定义、缓解或补偿措施的制定以及监测和后续行动的明确,结论是战略环境评估是将 ES 纳入规划的一个理想平台。沿着类似的思路,马什卡雷尼亚什等(Mascarenhas et al.,2015)讨论了 ES 在欧洲政策中的整合以及空间规划和战略环境评估的指导框架,并以葡萄牙为例,论证自下而上的需求是在规划和政策中改善 ES 整合的重要驱动力。罗萨斯・巴斯克斯等(Rozas Vásquez et al.,2018)探讨了将 ES 纳入战略环境评估不同阶段和不同规划尺度中的问题,发现这一概念更经常地用于目标的定义,但在备选方案的定义、评估以及监测中较少使用。他们发现,尺度方面,监管服务,特别是与水文有关的服务,主要在区域一级考虑,而在市政一级,重点完全放在城市地区和相关基础设施上。他们的结论是,在空间规划中恰当而一以贯之地纳入 ES 并不取决于特定的尺度,而是取决于现有的政策工具和准则为实施空间规划与战略环境评估提供的可能途径。

据报道,这种概念在规划实践中的应用日趋广泛,应用尺度从城市(Mooney,2014;Rall et al.,2015;Kaczorowska et al.,2016;Geneletti et al.,2020)到区域(Geneletti,2013;Frank et al.,2014;Jaligot and Chenal,2019)。对于规划师来说,将 ES 纳入规划的一个非常流行的方法是对土地利用覆盖类别和 ES 进行交叉制表分析。伯克哈特等(Burkhard et al.,2009)阐述的一种评估不同景观提供 ES 能力的通用方法成为这方面的一个主要参考,该方法基于将土地覆被数据(如 CORINE)与不同土地覆被类型提供各种 ES 能力的专家判断联系起来。其结果是一张表格,将每个 CORINE 土地覆被类别与每种 ES 进行交叉分析,并为每种组合赋予 1~5 分,代表该类别提供特定服务的潜力。尽管该方法很简单,但在空间规划实践中一直被广泛使用。斯科洛齐等(Scolozzi et al.,2012)提出了一种类似的方法,同样基于 CORINE 并根据专家判断和文献对每个 ES/土地覆被组合相关的经济价值进行估算。随着时间推移,人们对

158

ES测绘的方法越来越精细，并开发了系列可用于规划实践的空间显式工具和模型(Englund et al.,2017；Palomo et al.,2017)。这方面的例子包括InVEST套件(Sharp et al.,2016)、ESTIMAP(Zulian et al.,2018)以及类似ESP可视化工具(ESP-VT)(Drakou et al.,2015)的基于Web的平台，允许用户分享关于ES地图、数据和绘图方法的信息。巴斯琴等(Bastian et al.,2014)认为，将景观配置考虑在内的空间显式模型与规划更相关，因此目前更适合于规划中的ES识别，如授粉(Zulian et al.,2013)、户外娱乐(Paracchini et al.,2014)和生物害虫控制(Rega et al.,2018)。最近欧盟资助的两个研究项目(OPERA和OpenNESS①)为将ES运用到土地、水、城市管理和决策中做出了重要贡献。这两个项目的联合产品是网络平台OPPLA，这是一个与各用户群体共同设计的"知识市场"，包含一套指导工具和案例研究，可以帮助从业者和利益相关者，在涵盖土地利用规划和城市规划的广泛管理与决策环境下，找到适合的方法和途径(Pérez-Soba et al.,2018；Jax et al.,2018)。

总之，ES框架在规划中的实用性已被多项报告研究，这归因于它的表达力以及与其他生态概念相比更易被利益相关者和决策者理解的能力。所以，该框架能够促进协作规划编制、利益相关者参与以及跨学科研究，弥合不同政策领域之间的差异，最终提高规划选择的合法性(Albert et al.,2014；Moreno et al.,2014；Sitas et al.,2014；Bull et al.,2016；Wissen Hayek et al.,2016；Galler et al.,2016)。因此，在追求规划中的生态理性，特别是在欧盟范围内实施欧盟生物多样性战略所提出的生物多样性保护和规划之间的整合方面，ES似乎是一个非常有价值的概念和操作工具。

159 然而，在这一点上需要采取更多的批判立场。在上一章中，我们展示了许多倡导在规划中纳入ES的概念——新治理安排、协作规划、利益相关者参与等——可以并且已经广泛地用来支撑规划中的新自由主义议程，据此，生态考虑已经被纳入资本积累、流通和固定的过程之中。ES框架也有类似的风险，它本质上是以人类为中心，因此它以人类的效用来构思服务：不管支持者的初衷如何，在当前的"后政治规划"中使用，既可以对抗也可以助长后政治趋势。因此，

① https://www.operas-project.eu和http://www.openness-project.eu/。

使用这一概念本身并不能保证规划过程的结果更加生态理性，正如第五章中所见，“创新治理安排”、地方主义和利益相关者参与并不能保证规划更平等、更满足当地需求。由于价值取决于人们对它的使用评价，这种方法包含了我们所揭示的关于参与过程的合法性、**软空间**的使用和只包括**某些**利益相关者的所有风险。此外，杰内莱蒂等(Geneletti et al.,2020)基于多个案例对当前规划中ES使用情况的分析表明，人们越来越多地接受这一概念，但与ES相关的措施建议却缺少充分的知识储备和分析支持：“‘更多的绿色会带来一些好处’的常见想法似乎指导着ES的相关措施纳入当前计划，但这些关于干预措施设计和选址的关键决定却很少根据预期结果和潜在受益者的分布及脆弱性分析而来。”(Geneletti et al.,2020,第68页)另外，并非所有ES在规划中都得到了同等的考虑，这可能导致规划决策无意识地产生权衡，最终致使重要的ES由于被低估而遭受损失(Geneletti et al.,2020)。

更进一步说，推广这一概念而采用的分析和政策框架植根于对生态系统的经济估值，这更加强调了这一概念对以人类为中心的关注，再次将经济理性置于主导地位，纵使这一情况通过对环境“价值”的明确和更全面的考虑而有所缓解。对自然和ES经济估值进行批评的文献严重缺乏(Toman,1998;Gómez-Baggethun and Ruiz-Pérez,2011)。对ES经济估值的批判意见可被视为第二章中对经济理性的更广泛批判的具体实例。ES估值通常用作促进自然和生态系统更广泛商品化进程的一种方式(Gómez-Baggethun and Ruiz-Pérez,2011)。ES估值技术所依据的价格、产权、支付意愿和条件价值评估体系，必定会**反映**当前经济体系的理性。正如戈麦斯-巴格通和穆拉迪恩(Gómez-Baggethun and Muradian,2015)所言，“市场是定义社会选择系统内外的总体制度框架”，ES的经济估值已被嵌入这一设想之中并传达了“环境问题终将在技术领域找到答案”的观念。因此，以市场为导向的价值观、逻辑和话语延伸到了环境领域，“可能会推动商品化过程早期阶段特有的象征和话语变化。[1] 也就是说，市场归因具有框架转移

160

① 戈麦斯-巴格通和穆拉迪恩(Gómez-Baggethun and Muradian,2015)在论文中举了一个例子来说明这一现象：“人们注意到，当某物的重要性被认为主要在于其象征、文化或精神价值(如大多数‘文化服务’)或其生态或内在价值(如‘栖息地服务’)，市场估值可以通过传递‘它们可以被具有等价交换价值的市场替代品取代’的观念来降低和贬低这些价值。”——译者注

效应，可以侵蚀作为文化壁垒的观念、规范和禁忌，使市场和市场价值向传统的由非市场规范管辖的领域扩展"（Gómez-Baggethun and Muradian，2015，第 222 页）。

商品化可视为一种复杂的障眼法，它在货币数字的同质性背后掩盖了 ES 生产的关键过程，从而将象征性的价值转化为客观的和可量化的关系（Gómez-Baggethun and Ruiz-Pérez，2011）。换句话说，商品化是一种**抽象**的形式，通过这种形式，人与自然之间复杂的社会关系被表现为物体之间的简单交换关系，这种现象马克思以及最近的生态经济学家和保护生物学家已经研究过[Martínez-Alier，1987；Kosoy and Corbera，2010；Peterson et al.，2010；转引自戈麦斯-巴格通和鲁伊斯-佩雷斯（Gómez-Baggethun and Ruiz-Pérez，2011）]。我们在前几章讨论了这些抽象化的过程如何回应资本积累和流通的需要，并且往往与地区的特异性和个异性相冲突。有趣的是，不同的研究在调查了规划师对在实践中使用 ES 的看法后，都报告了对 ES 概念的相关批判（Albert et al.，2014a；Sitas et al.，2014）。这些主要批判包括"对经济估值的关注、加剧自然进一步商品化风险以及与生物多样性保护目标有关的潜在冲突或权衡情景"（Albert et al.，2014b，第 1280 页）。

总之，我们应将 ES 视为空间规划中生态理性的**工具箱**，其实际效果取决于我们对它的使用。基于此，这个概念作为一种表达工具无疑是有价值的，并且由于大多数 ES 都受到地区的景观格局和人类行为空间配置的影响，其与空间规划直接相关。如伦农和斯科特（Lennon and Scott，2014）所说，在充分认识到所讨论的关键要素的前提下，ES 的概念就可以作为规划中更广泛的**生态修复（ecological fix）**的深化，完全嵌入空间规划理论和实践中，这与本书的论点非常吻合。这些作者睿智地将 ES 在规划中的应用演变纳入规划的大趋势中，即通过协商治理、伙伴关系等，将规划师和规划的角色转变为更广泛的政策流空间层面的协调者、整合者与中介者，从而将其置于地区竞争力战略中，这是规划新自由化的一个关键方面。然而，他们承认，只要关注空间规划的**原则、实践和程序（principles，practice and procedures）**[①]，对这一概念的批判性使用便可以为规划

① 原文为原则、过程和程序（principles，processes and procedures）。结合下文，此处应指黑贝尔特（Hebbert，2009）论文中的"3P"——程序、实践和原则（procedural，practice，principles），因此，将原文中的过程（processes）修改为实践（practice）。——译者注

的生态路径提供信息。原则涉及规划应寻求实现何种目标的高阶反思；实践涉及对特定情况的分析，提供从经验中学习的手段；程序指的是规划过程、管理技术和技能的组合，即解决**如何**规划而非规划**什么**的问题[Lennon and Scott，2014，借鉴黑贝尔特(Hebbert，2009)]。在这一框架下，他们将GI确定为ES应用到规划中的关键工具：我们非常赞同这种方法，因此在下一节中对其进行阐述。

161

二、欧盟的绿色基础设施(GI)：生态理性在空间规划中的实施方法？

从规划的角度来看，《欧盟2020年生物多样性战略》的主要条款可能是GI的引入，这在后续欧盟委员会2013年公报中得到了详细说明(EC，2013)。GI在此被定义为"旨在提供广泛ES的对具有其他环境特征的自然和半自然区域实施设计与管理的战略规划网络"(EC，2013，第3页)。在该公报发布之前，GI的概念已经在学者、环保主义者和规划师中流行起来，特别是在欧洲和美国，公报发布之后更是盛行一时(Kilbane，2013；Lennon and Scott，2014；Garmendia et al.，2016)：大量专门研究GI和规划的文献，涵盖了不同的问题，如在城市地区(Lafortezza et al.，2013；Pappalardo et al.，2017)和农业区(La Rosa and Privitera，2013；Estreguil et al.，2016)GI设计的方式方法，专家和当地参与者知识的整合(Kopperoinen et al.，2014)，以及GI在促进整体、景观导向的规划方法方面的作用(Lennon et al.，2017)。最近的证据表明，尽管在实施方面仍存在困难和障碍，但GI在规划实践中的接受程度越来越高(Di Marino et al.，2019；Slätmo et al.，2019)。

虽然这种日益增长的关注和应用是有益的，但我们将在此再次采取批判的立场，在生态理性范式下充分理解GI的作用及其在规划中的应用。在欧盟委员会2013年的公报中，GI被赋予了若干目标，包括保护具有生态价值的地区，阻止、适应和缓解气候变化，提供多种ES，以及更广泛的社会经济目标，如培养社区意识、反对社会排斥、促进区域和城市发展、创造就业机会等。一些作者认为，与GI相关的如此广泛的功能可能是一把双刃剑。加门迪亚等(Garmendia et al.，2016)在施塔尔和格里泽默(Star and Griesemer，1989)的基础上提出，GI

可以作为一个**边界对象(boundary object)**①,即一个足够稳健的概念,以至于能够实现跨领域沟通,但又足够广泛和具有可塑性,可以在社区和利益相关者之间进行不同的解释。乐观地说,GI 可以提供一个共同的框架,使规划师、保护生物学家和政策制定者可在其中共同行动,并弥合学科领域之间的隔阂。另外,如此广泛的定义可能会掩盖不同目标的内在冲突性,或导致将任何绿色空间确定为 GI 的一部分(Garmendia et al.,2016)。从这种角度看,GI 概念的框架方式可能传达了新自由主义和人类中心主义范式,而这一范式正是我们在规划及某些概念术语组合的新自由主义转向中曾鄙视的(Garmendia et al.,2016)。

162

尽管如此,GI 无疑**可以**作为欧洲实施生态理性空间规划和提供多种 ES 的主要政策推动力。GI 与规划的相关性在于其定义中包含的三个不同但相互关联的组成部分(Liquete et al.,2015;Snäll et al.,2016;Rega,2019):①规划和管理部分;②提供多种 ES 的多功能性;③作为基本功能特征的连通性。所有这些方面都与 GI 的有效实施有关,同时也带来了亟须认识和解决的挑战。GI 的核心在于,它本质上是一个空间概念,应涉及将空间明确的数据、建模及规划方法结合起来(Snäll et al.,2016)。我们已经提到,《欧盟 2020 年生物多样性战略》将空间规划确定为实现其保护目标的关键活动。现在,对于空间规划师来说,具有重大生态价值的区域互联网络的概念并不新鲜。"绿道"的概念在规划中有着悠久的传统(Ahern,1995),它就是由核心区、缓冲区和连接它们的走廊组成的**生态网络(ecological networks)**(Leibenath,2011)。此类概念早于 GI 定义,并被生态学家和空间规划师广泛使用。正如所见,Natura 2000 网络代表了欧洲尺度的一个突出例子,而规划师多年来一直在地方尺度上与 Natura 2000 自然保护区打交道。然而,有一个重要的区别:建立 Natura 2000 和生态网络的主要理由是保护生物多样性与自然价值,并保护其不受人类胁迫的影响。虽然保护是必要的,但其往往采用规划的二分法,特点是在允许任何事情发生的非保护区矩阵中

① 施塔尔提出:"边界对象是解决异构问题的主要方法,其既具有足够的可塑性以适应当地需求和各方的约束,又具有足够的稳健性以保持跨立场的共同身份……一个边界对象'位于'一群有着不同观点的参与者中间。"[参阅:Star SL (1989) The structure of ill-structured solutions: boundary objects and heterogeneous distributed problem solving. In: Huhs M, Gasser L, Readings in Distributed Artificial Intelligence 3. Menlo Park: Morgan Kaufmann.]——译者注

建立“保护孤岛”(Owens and Cowell,2011)，这给非保护区施加了越来越大的压力，正如我们在上面讨论《栖息地指令》时指出的。相反，GI 并不只是一组具有某种生态价值的、应受到保护的现有区域。将其定义为“战略规划网络”，就意味着需要在强调多种 ES 提供的基础上，人为设计一个网络，一个更复杂的概念。

首先，战略规划网络需要一个战略，这意味着识别和选择一套可以并应由 GI 来追求的目标以及为实现这些目标所要实施的行动。当然，这种线性、简单化的 GI 规划概念，与我们在本书中广泛描述的规划过程和耦合社会生态系统的复杂性是不一致的。但这里的重点是，从保护到设计的转变要求规划师发挥积极的、富有想象力的作用，正如本书开头引用的德拉姆施塔德等(Dramstad et al.,1996)[①]所强调的那样。这种转变的第一个含义是承认双赢的解决方案并不总是可能的，应清楚地确定不同的和相互冲突的目标之间的取舍。当在景观层面上采取行动时，应把构想和设计未来的景观配置甚至生物多样性与 ES 之间的联系列入需要研究的问题。一般来说，保护政策可能会增强多重 ES 的提供，但正如加门迪亚等(Garmendia et al.,2016)指出的，这种联系是复杂的，并且取决于情景、时间和模式。在实践中，并非所有旨在保护生物多样性的措施都会增进更多的 ES 或多重 ES，至少不是在所有景观和所有尺度上。更严格地说，并非所有的景观配置都具有相同的提供 ES 的能力，也不存在一个能够同时、跨尺度地优化所有服务供应的最佳景观结构。因此，在设计 GI 时，应明确哪些目标和 ES 要优先考虑。这本不会难倒规划师：确定不同空间安排的取舍，并向决策者提供这方面的知识，以便做出明智的选择，本就是他们的分内之事，在 GI 设计中也不例外。但如果考虑到更广泛的社会经济目标，情况会变得更加复杂：人类福祉和生物多样性保护往往需要权衡(McShane et al.,2011)，而推销“双赢解决方案总是可以实现的”将是新自由主义、后政治规划的经典戏码。

163

当然，规划师应该意识到这在方法上带来了挑战。这些挑战涉及 GI 的第二特征和第三特征，即多功能性和连通性。根据定义，GI 应该提供多种 ES，

---

① 见第一章第一节：“土地规划师和景观设计师是如此独特，他们严阵以待，随时准备在社会中扮演关键角色，提供新的解决方案。这些专注于土地的专业人士和学者，解决问题，设计和创建计划，展望未来。……他们是综合者，将各种需求编织成一个整体……通达美学或经济学，了解人类文化在设计或计划中的不可或缺，并且知晓土地生态完整性的至关重要。”——译者注

因此,GI的设计应以此目标为依据进行评估。一些概念和实践议题在此奏效:首先,这意味着规划师要在空间上拥有关于规划影响区域内当前ES流量和存量水平的明确信息;其次,他们应能够测量或估计其规划所构想的景观结构的改变所带来的ES流量和存量的**变化**。我们已经看到,规划师现在可以使用一个相当丰富的方法模型工具箱来做这件事,但为了正确地利用它,从业者应仔细考虑生态系统测绘服务的一些方法和实际问题。第一个问题涉及ES概念本身。正如拉诺特等(La Notte et al.,2017,图6-2)所指出的,应明确区分生态系统结构、功能和服务。ES并不总是涉及人们使用或消费的最终服务,在许多情况下,该图指的是级联、生态系统功能甚至结构的其他层次。此外,可用的指标或地图可能是指ES的流量、存量、潜力或需求(Maes,2017)。存量比流量更容易绘制,因为流量是动态的,而且潜在的ES供应比实现的服务更容易绘制,特别是对于大区域来说。因此,了解可用数据集实际映射内容对规划师来说至关重要。

尺度相关问题和空间分辨率是ES测绘中被广泛引用的另一个点。不同生态系统的结构和功能在不同尺度上会产生不同的服务,因此测绘的程度也会相应地变化。当考虑多个ES时,即使可以获取不同ES的不同地图,它们也可能具有不同的精度和分辨率。在这种情况下,出于规划目的协调不同的数据集需要借助空间调整,规划师一定要仔细对待,否则这些调整会增加不确定性并传播误差(Maes,2017)。例如,迪克等(Dick et al.,2014)指出,数据来源的尺度(当地数据集与欧盟数据集)不同,表征区域ES总量的综合指标有所不同。 164

最后,尺度也与景观配置对ES的影响程度有关。例如,一个森林斑块的碳汇在全球范围内发挥作用,单个土地斑块的供应能力可被认为相对不受周围景观配置的影响:一定数量的斑块所提供的整体服务可以通过线性总和来估算,相对不受不同尺度影响。然而,昆虫介导的ES,如授粉或生物控制,在更小的尺度上对景观结构很敏感(Zulian et al.,2013;Rega et al.,2018)。授粉者和有益捕食者的影响范围从几百米到几千米不等,这主要取决于农业基质中半自然元素的存在和形态。首先,所提供的服务将主要取决于某一地区森林覆盖率的份额,简单的表示森林缺失与否的图层就足以公平地估计服务。对于授粉和病虫害防治，则需要更详细的数据，而跨尺度的粒度损失将严重降低估计的准确性，这将影响在不同规划情景下建立模型和评估 ES 供应变化的难度。

因此，传统上用于空间规划的土地覆被/土地利用图所传达的信息通常不足以进行理想的 ES 绘图。此外，对于某些 ES 来说，土地覆被斑块的供应能力在很大程度上取决于生态系统的质量或状况，这是额外的信息。例如，森林斑块内的木材生产取决于森林的物种组成和年龄层分布(Erhard et al.,2017)；同样，提供授粉的潜力取决于土地覆盖类别，但在每个类别内，开花植被的存在和对传粉者特别有吸引力的关键物种的存在会强烈影响到每个类别。农耕地区提供了另一个例子，因为它们供应(或依赖)ES 的能力不仅很大程度上取决于覆盖的类型，而且还取决于耕作方式和管理强度。使用单一的标准来度量后者是复杂的，需要考虑不同的方面，如投入的数量(化肥、杀虫剂、灌溉、机械等)和产出水平，这些是规划师通常不熟悉也无法通过土地覆盖图获取的。

连通性是 GI 的第三个主要特征：它指的是个体在空间上从源栖息地斑块分散到目的地斑块的可能性(Kukkala and Moilanen,2017)。与景观一样，连通性也分为结构和功能组成部分。结构连通性描述景观的物理特征(地形、形态等)，可以通过既定的指标进行测量，而功能连通性是物种特有的，因为它指的是个体和种群如何在空间中移动，这取决于它们的生态特征(Rudnick et al.,2012)。结构连通性通常通过确定核心区、缓冲区和走廊来定义。核心区是具有高生态价值的区域，能够支持高水平的生物多样性，而走廊是它们之间的纽带。缓冲区(或补充网络)的生态价值不如核心区，但对支持生物多样性仍然很重要。非栖息地区域通常是根据渗透性或抵抗力来定义的，这是对特定物种扩散困难的量度。大尺度连通性的衡量需要考虑到大型哺乳动物的栖息地需求和扩散能力；根据分析的目的，可以考虑其他分类单元。因此，网络以及可以被认为是网络组成元素的连通性是所考虑物种的函数。

165

正如库卡拉和莫伊拉宁(Kukkala and Moilanen,2017)所讨论的，在处理 ES 时应考虑三种不同类型的连通性。第一类连通性是关于地方区域的规模要求，这再次指出了尺度的相关性(规划层级亦然)：一些 ES 不能由小区域提供(如户外娱乐)，或者需要足够大的区域来使其基本生态过程运行(如防洪)。因此，与它们更相关的规划层级是不同的：防洪将在区域或省级层面得到更充分的处理和评估，而授粉或害虫控制则在地方(市)层面。这也意味着服务之间的权衡分析(经常被称为采用ES框架的主要好处)也需要不同的参与者和规划机构的跨尺度合作。

第二类连通性是指服务产生的地点与受益人使用的地点之间的连通，通常被称为ES流动。在某些情况下，ES的需求或供应(或两者)可以移动，例如户外娱乐(游客前往娱乐场所)或农业供应服务(产品可从田间转移到市场)。在其他情况下，需要供应者和受益者之间的空间邻近性(spatial proximity)来产生服务，例如授粉和害虫控制。流动的方向也很重要：害虫控制和授粉可视为是空间上各向同性的，而水流和相关的ES是单向的。

第三类连通性是指为保证不同地区公平获得ES所需的分散程度。例如，只有在大量用户受益时，饮用水供应或防洪才能被视为实现了ES(Kukkala and Moilanen，2017)。总之，连通性是一个多尺度的概念，应根据不同的ES和规划工具在不同的尺度上加以解决，例如，与某些类群相关的连通性(如大型哺乳动物的保护)在地方尺度上无法得到充分的处理(Rudnick et al.，2012)。因此，作为规划中的一个关键话题，跨尺度的合作对于GI设计来说也是至关重要的。最后，空间规划确定了未来的土地利用，因此，所有评估应包括时间部分和空间部分。ES的存量和流量以及供应和需求，不仅应考虑目前的情况，还应考虑规划所构想的景观情景。规划不仅影响景观提供不同服务的(供应)能力，还通过构想新的土地配置影响服务的潜在需求。ES供应和需求相互关联的变化也应在考虑之内。

这些考虑对规划有非常实际的影响。首先，设计GI并不仅意味着在一个地区提供一些绿色空间：只有以满足多功能性和连通性要求的方式设计与连接的绿色区域才能视为GI。这是一个在不同尺度和景观类型下都有效的一般原则。其次，在不同情景下规划GI时，需要不同的方法和手段。这些方法和工具的选择取决于景观基质的尺度、保护目标和类型。在区域或国家层面为保护大型哺乳动物而进行的大规模GI设计，与旨在加强农业基质内的微观连通性的GI工具有所不同。城市情景下的GI所提供的ES通常与农业情景下的ES不同，靠近城市或生态系统状况较差的近郊地区的GI设计将与较完整地区的设计不同(Vallecillo et al.，2018)，这将规划重点从第一种情况的恢复转向第二种

166

情况的保护。[①] 而恢复和保护需要不同的措施与规划技术。例如，若要恢复，需要投资创造新的半自然特征；若要保护，政策可能涉及限制或监管游客的进入。对从业者来说，幸运的是，最近提出的几种不同尺度的可复制方法和绘图方法，可用于不同的规划需求。利克特等(Liquete et al.,2015)基于空间显式方法，阐述了在欧洲范围内绘制GI主要要素的综合方法，包括：①量化提供ES的自然能力；②识别生物群的核心栖息地和野生动物走廊。首先，确定包括ES监管和维护的可用地图并将它们结合起来，以得出1千米空间分辨率的ES供应的综合度量；然后，通过识别能够支持大型哺乳动物存在的核心区域和连接它们的主要走廊，能够解决部分连通性的问题。这两个步骤的输出信息通过空间叠加进行整合，其结果是识别出两类GI要素：①核心GI，包括功能最好的生态系统，对维持自然生命和自然资本至关重要；②附属GI，由维持ES和野生动物的其他相关区域组成。

巴列西略等(Vallecillo et al.,2018)在欧盟范围内使用了空间保护优先级工具来评估GI空间规划的不同备选方案。方法包括考虑指定GI区域的三个主要组成部分：其提供ES的内在潜力、与服务受益人(即人)的邻近程度以及生态系统保护的状况。对于第一个评判标准，基于迭代优化算法利用空间保护优先权的方法来选择优先区域。通过对具有高ES潜力的区域、靠近城市的区域或条件较差的区域给予不同的空间限制，产生了具有不同GI名称的不同规划方案，每个方案都要求完全不同的GI区域的数量和空间安排。因此，这项工作提供了一个很好的例子，是GI中**规划部分(planning component)**很好的案例，而且说明与更传统的规划保护措施(如上面讨论的“保护孤岛”)相比，这项工作复杂性有所增加。

在如上两个例子中，分析的尺度是欧洲范围的，因此不适合城市地区或农业地区更精细的GI设计。科尔蒂诺维斯等(Cortinovis et al.,2018)阐述了通过GI加强城市室外娱乐的空间显式方法；诺顿等(Norton et al.,2015)、马兰多等

167

① 第一种情况和第二种情况分别指代生态系统状况较差的情况和较完整的情况。——译者注

(Marando et al.,2019)和纳斯特兰等(Nastran et al.,2019)提出了不同的方法,通过使用绿色开放空间、城市树木、绿色屋顶、绿色墙壁和外墙等不同的 GI 要素,来对抗城市热岛效应。

埃斯特雷吉等(Estreguil et al.,2016)提出了一种农业区 GI 设计的空间显式方法。在这个案例中,当前和潜在的(即要创建的)GI 斑块划定考虑到了昆虫的传播范围,昆虫在耕地中可以提供授粉和害虫控制两项关键 ES。根据半自然植被在耕地基质中的比例,确定了可能符合 GI 条件的单元(100 米分辨率)。利用耕地中木质和草质半自然特征的高分辨率图层,并根据欧洲野蜂的散布范围(200 米),考虑与网络其他部分的连通程度,确定了每个单元的重要性。还根据不同的规划目标和约束条件提出了不同的 GI 设计,通过考虑将耕地转换为 GI 元素后农业地块的农业生产损失来确定成本。通过这种方式,可以确定在不同情况下增加农业区生态设备(即设计新的 GI 组件)的目标措施的最佳选择:①在不受预算限制的情况下最大限度地提高连通性;②在给定的预算下最大限度地提高总的连通性;③在农业用地损失最小的情况下实现预定的连通性水平。

这些例子说明,当为需要不同数据的不同情景 GI 做规划时,上述 GI 的一般原则是如何通过不同方式实现的。总之,GI 是一个在不同尺度上发挥作用的规划网络:跨尺度的两个关键特征是提供多种 ES 的能力以及与网络其他部分的连通性。连通性又是一个多尺度的概念,处理方式应根据规划情景和分析范围而异。GI 规划要求规划师处理特定地区当前及未来 ES 存量和流量的可能状态在空间上的明确信息。在对 ES 框架持批判立场的前提下,在空间规划中系统地考虑 GI 原则,将对在规划中实施生态理性大有裨益。绘制 GI 的空间显式方法和手段越来越多,应纳入常规的空间规划中。最后一个例子还强调了明确处理农业区方法的重要性:这就需要更详细地分析欧洲在这些领域采取的最相关的政策,即 CAP,我们现在转向这个问题。

168

第四节 CAP和农村发展政策:迈向可能的辖域化

一、CAP和农村发展政策:基本词汇

CAP是欧盟最大的预算支出(2014～2020年为4 080亿欧元,占欧盟预算总额的38%),年支出约580亿欧元。农业面积占欧盟领土的40%以上,如果考虑林业,这一数字将上升到84%。这使我们对该政策的**领土**覆盖面有了一个概念。我们已经在第五章讨论了CAP的作用,考虑到生产所需的投入水平和相对较低的农产品价格,这是对弥补农民有限收入来源的必要支持。但我们也讨论了如何将政策更好地解释为力量关系的凝结①,至少自1992年麦克沙里改革以来,环境问题一直是塑造CAP的力量之一。

自1992年以来,CAP被表述为两大支柱:第一个支柱是我们在第五章中讨论的对农民收入的支持(补贴),它占2014～2020年规划期间预算的75%;第二个支柱是农村发展政策,这是一套旨在提高农场生产力、支持更环保的耕作方式和促进农村地区广泛的社会经济发展的自愿措施。农村发展政策的资金由成员国或某些地区通过制定RDP②来管理。RDP的环境措施(农业环境计划)在20世纪80年代末作为成员国实施的可选方案首次引入,自1992年麦克沙里改革以来,已成为成员国在其RDP框架内的强制性措施,而对于农民仍然是可选选项。

虽然最初CAP的两个目标被明确分为这两个支柱,但连续的改革也逐渐将与环境相关的要求引入第一支柱。这方面的一个重要演变是补贴与生产逐步“脱钩”的过程:补贴曾经根据生产产出分配,现在却与种植的土地挂钩,而不管所获得的产量如何。这旨在解决我们在前面章节中讨论的生产过剩的历史问题。此外,补贴的分配也逐步遵守一套被广泛称为“交叉合规”(cross-compliance)的

① 见第六章第一节相关内容。——译者注
② 第五章第二节出现的“农村发展计划”。——译者注

基本规定。这包括所有接受欧盟委员会支持的农民必须满足的一系列强制性要求。交叉合规在《21世纪议程》中作为自愿计划引入，并在2003年的CAP改革中得到进一步发展。在2014～2020年生效的现行实施条例由欧盟委员会第809/2014号实施条例和欧盟委员会第640/2014号授权条例共同组成。交叉合规的一个关键要素是良好的农业和环境条件(Good Agricultural and Environmental Conditions,GAEC)，旨在确保欧盟农业符合最低环境标准。目前建立CAP的法律依据是欧盟委员会第1306/2013号条例的附件Ⅱ，当前的GAEC标准在其他方面做出了规定：要求沿水道建立缓冲带，保护地下水免受污染；禁止直排入地下水，并采取措施防止地下水间接污染；保持最小土壤覆盖量并保留景观特征，包括树篱、池塘、沟渠、成排或孤立的树木、田地边缘和梯田。成员国必须详细制定GAEC的一般条款，同时考虑相关地区的具体特征，包括土壤和气候条件、现有农业系统、土地利用、作物轮作、耕作方式和农场结构，这导致整个欧洲有着不同的最低要求，甚至在某种情况下在欧盟成员国范围内还定义了区域层面的GAEC(JRC,2019)。**无独有偶**，我们可以认识到，这个强有力的放权过程，与我们在前一章讨论的规划中的类似趋势一致。

169

2013年12月，随着2014～2020年CAP改革的实施，将环境要求引入第一支柱的另一项重要举措出台，即所谓的“绿色”支付(欧盟第1307/2013号条例、第639/2014号授权条例和第641/2014号实施条例)。这些法规规定，拥有大规模耕地的获得补贴的农民必须实施旨在造福环境和气候的耕作方式。具体要求包括：①作物多样化；②维护永久性草地；③将5%的农场用于生态重点区域(ecological focus areas,EFA)，诸如休耕地、梯田、缓冲带、农林复合、树篱、树木线、池塘、固氮作物等具有自然和半自然特征的区域。只有耕地面积超过15公顷的农场才符合EFA要求。同样，成员国在定义具体的EFA类型和实施规则方面拥有高度的自由裁量权，因此在这种情况下，整个欧盟也建立了一个相当多样化的监管框架。

尽管“绿色”措施被许多学者批评为环境要求太低，削弱了最有效措施的实施(Pe'er et al.,2014;Dicks et al.,2014;Sutherland et al.,2015)，但据报道，它们与景观结构和构成具有直接的领土相关性，而且在某些情况下对其有切实的积极影响[参阅科尔蒂尼亚尼和多诺(Cortignani and Dono,2019)]：规划师会在此瞥见与其活动相关的可能互动——后文我们将回到这一点。

CAP的第二支柱的架构同样是在欧盟层面确立的，随后由成员国和地区实施。2014～2020年，RDP措施和子措施的三个主要目标是：①培育农业竞争力；②确保自然资源的可持续管理和气候行动；③实现农村经济和社区的**平衡发展**，包括创造和维持就业（欧洲共同体第1305/2013号条例第4条）。RDP措施为广泛的活动提供资金，包括：

170

- 实物资产投资；
- 支持年轻农民；
- 支持求助于咨询服务的农民；
- 参与质量计划；
- 从自然灾害和灾难性事件中恢复；
- 农业经营在非农业活动中的多样化（例如农业旅游、恢复）；
- 农村地区的基本服务和村庄更新，包括制订和更新农村地区城市发展计划；
- 林业投资，包括造林和建立农林复合系统；
- 成立生产者团体和组织；
- 农业—环境—气候措施；
- 有机农业；
- 对Natura 2000和《水框架指令》领域农业活动的具体支持；
- 对自然限制地区农民的支付；
- 旨在改善畜牧场动物福祉的措施；
- 合作，即支持建立供应链参与者网络，包括合作开发新产品、实践、流程；旅游业的开发和营销；联合处理环境项目和正在进行的环境实践的方法，包括有效利用资源和保护农业景观。

基本的概念是，若农民自愿决定在交叉合规和（如适用）“绿色”支付要求之外实施环保做法，将获得覆盖增加成本和/或损失收入的经济补偿。一些措施不需要农民做出任何额外努力，而是支持那些在不太受青睐的地区或“面临自然限制的地区”（通常是由于海拔、坡度等地理因素而处于边缘的地区）从事农业生产的人。因此，这项措施旨在支持相对不太方便地区继续发展农业并对抗撂荒。

农业—环境—气候措施包括多种子措施，其中包括景观特征的创造和保护、河岸保护、农业保护（最少耕作、保持土壤覆盖）、病虫害综合治理（减少化学品的投入以控制害虫并采用影响较小的技术进行替代）、遗传品种和地方或稀有品种的保存、可耕地转变为永久性草地、增加作物多样化（“绿色”支付要求之外）、牧场管理（例如通过轮牧和载畜减压）。RDP 接受全面的评估和监测活动，包括通过共同监测评估框架建立的一套指标进行的事前、事中和事后评估。此外，根据第 2001/42/EC 号指令（图 6-1），RDP 需接受事前 SEA。

171

这些清楚地表明，许多 RDP 措施不仅有直接的空间成分，而且在某些情况下，这些措施**需要**与土地利用规划直接联系起来，例如在农村市镇和村庄的重建中，需要起草一个提供基本服务和小规模基础设施的计划。因此，农村发展政策在区域层面要与空间规划相结合。在阐述这个方面之前，我们将简要介绍即将出台的 2021～2027 年的 CAP 提案。

欧盟委员会 COM（2018）392 号决议（European Commission，2018）提出的新 CAP 提案于 2018 年 6 月公布，将废除现行的委员会第 1305/2013 和 1307/2013 号条例。在撰写本报告时，委员会、议会和成员国之间正在讨论该提案，因此，目前还不能确切知道作为这些谈判结果的新 CAP 的内容。然而，可以确定并总结一些主要特征。第一个特征是，该提案在委员会建立的框架内给予成员国更多的责任和灵活性。这种进一步的权力下放是合理的，因为它将简化执行工作，减少农民的行政负担，并加强成员国满足其具体需求和条件（地理、社会、经济和环境）的能力。GAEC 清单将进一步细化和强化。第二个特征是，所有的 CAP 资金（包括直接支持）都将通过成员国制订的 **CAP 战略计划**来管理。这些计划将必须：

· 设定接受直接支付的条件；

· 以公顷为单位，为可持续性提供**基本收入支持（basic income support）**，并明确这种支持的具体条件；

· 根据提案本身规定的一般条件以及每个战略计划中明确的一般条件，为气候和环境的自愿计划［“生态计划”（eco-schemes）］提供支持；

· 为不同的农业部门制定具体的干预措施；

· 明确农村发展干预措施的类型，包括环境气候承诺，某些强制性要求

(Natura 2000 和《水框架指令》区域)导致的自然限制或特定区域的不利因素,支持投资、年轻农民和乡村创业、知识交流、推广风险管理工具,以及支持合作和建立网络。

每个计划将包含一个诊断部分,其中包括对需求的评估、对一般干预战略的描述以及对直接支付和农村发展干预措施的更详细说明。成员国还应详细说明既定目标和财务计划,并说明治理和协调体系以及为实现 CAP 现代化及减轻受益人行政负担而采取的措施。此外,这些计划必须在附件Ⅰ中包含事前评估和 SEA,在附录Ⅱ中包含 SWOT 分析[①]。计划的制订应由成员国负责,但应与主管区域和地方当局合作进行,包括社会和经济参与者以及代表民间社会的有关机构。

172

提案的第三个主要创新是,从主要基于合规性的交付模式转变为基于绩效的"新交付模式"。这将需要建立一个**绩效框架(performance framework)**,该框架由一套共同的情景、产出、结果和影响指标、每个指标的目标以及数据管理系统构成。该框架还将确定定期报告和监测活动,包含事前、事中和事后评估以及与战略计划相关的所有其他评估活动。该系统旨在评估 CAP 的影响、效果、效率、相关性、一致性和综合附加值。奖励良好的环境和气候表现的激励机制得以建立,规定从 2026 年开始,如果适用于特定环境气候相关目标的结果指标达到其目标值的 90%以上,就可以获得最高为成员国总预算 5%的财政奖励。

二、CAP 作为一种混合领土政策:与空间规划的整合空间

最初作为部门政策设计的 CAP,在其发展过程中,已经演变成我们所说的**混合领土**政策。在这个意义上,虽然它的概念仍以通用部门方法为指导,但其领土方面的内容越发明显和相关。CAP 对欧洲景观的**影响**已经得到广泛承认和研究(Brady et al.,2009;Lefebvre et al.,2015;Paracchini et al.,2016;Ogorevc

① SWOT 分析是基于内外部竞争环境和竞争条件的态势分析,是将与研究对象密切相关的各种主要内部优势和劣势以及外部的机会和威胁等,通过调查列举出来并依照矩阵形式排列,然后用系统分析的思想,把各种因素相互匹配起来加以分析,从中得出一系列相应的结论,而结论通常带有一定的决策性。——译者注

and Slab-Erker,2018;Penko Seidl and Golobic,2018)。正如列斐伏尔等(Lefebvre et al.,2015)所肯定的那样,尽管 CAP 本身不是景观政策,但它经常被视为欧盟土地利用和耕作方式变化的主要驱动力之一,对农村景观有重大影响。同时,这些作者承认,将其确定为唯一的驱动力是天真的,因为基础设施和土地利用规划(包括对城郊农业区有影响的城市规划)以及欧盟环境政策也公认对农村景观有潜在影响(Brady et al.,2009;Lefebvre et al.,2015;Paracchini et al.,2016;Ogorevc and Slab-Erker,2018;Penko Seidl and Golobic,2018)。

鉴于 CAP 对塑造景观的明显作用及其与土地利用规划等驱动因素的共同作用,这两个研究领域长期以来所表现的隔阂是令人费解的。在规划中,城市和农村之间的二分法一直占主导地位,甚至用于调查农业领域的分析工具和概念也是根据**城市**发展的需要制定的(Cazzola,2006)。或者更简单地说,规划学者长期以来将城市视为主要研究对象,而对城市化进程的关注导致主要将农业地区视为等待逐步被城市化的空白空间。这造成了城市和农村在概念上的**对立(contraposition)**,而它们的相互关系本应从**并列(juxtaposition)**和最近的**换位(transposition)**角度来理解,例如关于城市农业和城市中其他农村实践的引入(Santangelo,2019)。

173

在这一框架下,规划师总体上认为农业地区本质上是**边缘化的(marginal)**,乡村和城市之间的关系主要解释为食物与迁徙劳动力从乡村流向城市。直到最近,人们才借助 ES 的概念,对从农村地区到城市的流动复杂性进行研究:农业景观确实提供了多种功能,除了提供食物之外,还转化为城市居民享受的服务,包括土壤维护、碳封存、蓄水或休闲活动。

一些服务,特别是那些在 CICES 术语[1]中被归类为视觉美学和室外娱乐的**文化** ES,需要由景观而非生态系统所传达的感知成分,因此被称为**景观服务(landscape services)**(Willemen et al.,2008;Termorshuizen and Opdam,2009;

---

① 生态系统服务通用国际分类,见 https://cices.eu/。

Bastian et al.,2014;Westerink et al.,2017a)。[①] 此外,景观结构对ES供应的调节和维护也有一定影响。巴斯琴等(Bastian et al.,2014)特别评估了景观配置的重要性以及景观要素和规划在影响部分土地提供ES的能力方面的相关性。他们认为,虽然(大多数)提供(生态)服务的空间相关性相当低[②],但一些调节和社会文化服务呈现中度以上的相关性,特别是保护免受噪声打扰(如道路和定居点之间的植被结构)、水调节、授粉、美学价值和娱乐(森林的规模和格局)。

我们在此指出,任何只关注从农村到城市流动的方法都忽略了一个关键因素:我们在第四、五章中已经表明,目前农业用地成为矿物肥料、杀虫剂、机械、燃料等工业生产投入形式的能量和物质的巨大**吸收体(absorber)**。因此,在生产此类投入的城市生产区以及在消费和固定这些投入的农村土地之间存在**反向流**

174

动(inverse flux)[在第四章中哈维(Harvey,2001)解释的双重意义]。认识到这种双重互动是当前世界生态系统的构成特征,是实现规划中生态理性的综合与整体理解的关键。

考虑到这一点,显然,农业景观的任何变化都或多或少地意味着该景观/生态系统向人类提供服务的能力的变化。考虑到CAP对农业景观特征(例如通过集约化、作物轮作)、结构(例如斑块大小、作物多样化)和景观要素(例如在农田中保存或创造半自然特征)的影响,CAP和规划之间的潜在协同作用应该是不言而喻的。最近,一些学者提倡将规划学科与CAP框架内的农业和农村发展政策相结合,并提出越来越多的提案和案例(Fastelli et al.,2018;Gottero,2019;Gottero and Cassatella 2019;Lefebvre et al.,2015;Rega,2014a)。

这方面的一个主要论点是CAP措施和规划条例不同"功能"的潜在互补性:CAP可以使保护或改善自然景观的干预措施**落地**,例如通过景观特色的建立、边缘地区农业的维护、乡村的更新等。然而,这主要是在农场尺度上单个农民的

---

① 阐述ES和景观服务之间的区别不是本节的重点。详细叙述见特莫舒伊曾和奥普丹(Termorshuizen and Opdam,2009)、巴斯琴等(Bastian et al.,2014)及其中的参考文献。简而言之,如果ES是生态系统功能为人们提供的好处,那么,景观服务也可以类似地定义为景观为人们提供的好处(Bastian et al.,2014)。因此,问题的关键在于生态系统和景观概念之间的区别,这一点我们在第二章中已经讨论过。回顾一下,景观一词明确了生态系统的空间维度并考虑了人类的感知,因此包括非物质(社会和文化)成分。

② 括号中内容是为了方便读者理解,译者根据巴斯琴等(Bastian et al.,2014)的论文添加。——译者注

自愿行动,从而导致欠缺景观导向和协调方法的脱节行动(Prager et al.,2012;Rega,2014b;Lefebvre et al.,2015;Gottero and Cassatella,2017;Leventon et al.,2017)。相反,规划工具对景观管理采取了全面和协调的方法,但其机构大多限于通过一套规范确保保护,即禁止或限制已确定地区的发展,通常没有直接资金用于实施积极措施(Rega,2014b;Gottero and Cassatella,2017)。因此,将这两种政策工具能力整合到一个统一框架之中,将显著增强各自的目标并提高有效性。

无独有偶,不同的角度和研究视角都支持所倡导的整合。一个经过充分探索的研究链涉及农业环境计划实施对大尺度协作方法的需求。从生态学的角度来看,已知存在一个临界集中度阈值,低于此阈值的单一不连贯地提高生物多样性措施是无效的(Dupraz et al.,2009;Kuhfuss et al.,2015;Batáry et al.,2015)。生态学家进行了大量研究,认为需要在 CAP 内促进景观尺度环境措施的实施,特别是农业环境计划(Dupraz et al.,2009;Franks and Emery,2013;McKenzie et al.,2013)。在实现**治理**系统中协调和(要求更高的)协作变革的研究方面,解决了同样的问题,指出了提高脱节工作的有效性,并强调了必须克服的困难和障碍(Prager,2015;Westerink et al.,2017b)。

175

明确考虑农业环境措施的设计和评估中的**空间**维度,即跨地区实施的空间格局和潜在的空间错配,已成为相关的研究课题(Uthes et al.,2010;European Court of Auditors,2011;Spaziante et al.,2013;Uthes and Matzdorf,2013;Rega,2014b;Piorr and Viagi,2015;Meyer et al.,2015;Raggi et al.,2015;Desjeux et al.,2015;Früh-Müller et al.,2019)。事实上,越来越多的证据表明,这些措施往往作为对收入的一种支持形式,更多地集中在低投入或边际农业文化地区,而非高密集农场,在那里通过补贴制衡放弃生产似乎并不奏效。与其他政策目标缺乏协调和协同也常见报端[参阅乌特思和马策多尔夫(Uthes and Matzdorf,2013)、弗吕-米勒(Früh-Müller et al.,2019)]。因此,整合农业管理和规划工具的协同治理方法似乎是一种自然的前进方向,即明确解决领土及其跨空间的联系,在不同部门政策之间建立**协调**框架(Rega,2014b;Gottero and Cassatella,2017;Zasada et al.,2017)。这不仅适用于第二支柱措施,也适用于第一支柱下的"绿色"支付措施和新 CAP 提出的新生态计划。考虑到欧洲层面

“绿色”支付政策的整体环境效益似乎有限(Gocht et al.,2017),且农民对生态效益较高的 EFA 的接受水平相当低(Pe'er et al.,2017),文献中同样主张在领土层面加强协调(Díaz and Concepción,2016)。

然而,如果实际障碍和实施机制没有得到充分解决,仅凭目标的潜在融合来倡导这种整合是不够的。首先,我们应承认,CAP 和空间规划分别响应了**部门的和区域的**两种不同政策依据(Rega,2014b)。在第一种情况下,政策的主要目标群体是作为经济参与者的农民,计算补贴是为了补偿放弃的收入和额外的成本:发放这样的补贴是因为人们承认仅靠“市场”不会引导农民采用更多生态做法,因此,经济理性在此仍占主导地位。这也将是未来 CAP 的理性指引,即使目标是朝着绩效方法迈进——为结果付费,而不仅仅是为努力付费。因此,这种政策的任何**辖域化**,即在任何情况下,将单一行动协调成更连贯设计都将是**后续**努力的方向:与 2014～2020 年一样,协调/合作的激励措施将在下一个 CAP 中延续,但区域协调将是需要追求的目标。另外,这里涉及非常敏感的问题:根据提供的服务而非收入损失或产生成本来区别对农民的支付,需要有明确、健全和透明的方法来量化与评估服务;此外,提供的服务不仅取决于农民的努力,还取决于其他一些不受他们控制的变量,如气候条件、景观的生态特征、其他农民和其他土地管理者的行为等。任何形式的“综合治理”都必须以所有参与方都能接受的方式来处理这些问题。同样,优先为特定地区提供资金虽然从生态的角度来看是有效的,但可能造成或增加社会经济不公正,损害非优先地区农民的利益。

176

其次,CAP 和空间规划进程中的**法律**与**程序**差异不容忽视。CAP 是在欧盟层面制定的,它是成员国、议会和委员会谈判的结果,随后在成员国或地区层面详细说明,最后由农民在当地实施。因此,国家或地区层面似乎应进行多样化的整合,然而,管理机构中的规划部门和农业部门传统上是分开的,有不同的技术结构,通常回应不同的政治诉求。因此,整合说起来容易,但在实践中却很难实现:强烈的政治意愿是一个重要的前提条件,这意味着每个管理部门或分部都同意“让渡”其目前所拥有的一些独家代理权,并同意合作。

此外,相关文献已经明确探讨了农民景观管理决策的驱动因素,发现了许多相关方面,包括农民作为生产者、公民和土地所有者的角色、年龄、教育、性别、继承情况、收入依赖、环境意识、动机、地方感、历史遗迹、社会网络中的互动、景观的社会评价及消费者的需求(Primdahl et al.,2013;Zasada et al.,2017)。但在这些因素中很少提到空间或土地利用规划[参阅扎萨达等(Zasada et al.,2017)的一个案例研究]。

最后,与上一点有关:传统规划工具的法律效力是一个关键因素。通常情况下,规划可以避免开发和其他严重影响农业用地的活动,或为重要的景观元素(如纪念碑树、梯田)提供某种特殊保护,但没有法定权力来规范农业区的**农场管理(farm management)**。忽视这一方面,决策者和公务员如果没有得到具体可行的方案,就可能对新的"协作治理"方法(或类似术语)主张不予理睬。

考虑到这一切,我们可以提出一些实际的建议,使这种整合具有可操作性。必须指出的是,以新提案为重点的 CAP 某种程度**隐含着**地域性。第一个因素是仅仅考虑通过 CAP 战略计划来规划和管理所有资金的要求,就可为与其他(空间)计划相结合开辟进一步的可能性。这听起来微不足道,但却带来了重要的影响:首先,将建立正式程序,如前所述,需要在国家和地区层面与其他相关机构建立合作伙伴关系。这可以为抓住**程序**和**政治**机会提供窗口。在这方面,有必要强调涉及空间层面的新战略计划的一些内容:它们的既定目标之一依旧是"保护生物多样性、加强生态系统服务、保护栖息地和**景观**",后者提供了与空间规划之间紧密联系的纽带,换言之,允许任何基于主要计划的预期目标的整合请求;此外,成员国应为欧盟层面制定的每项标准制定国家标准,并考虑相关地区的具体特征(**尤其是**"土壤和气候条件以及**土地利用**")(EC,2018,第 22 号备忘录)。因此,负责土地利用法规的行政机构可能会要求在已建立的伙伴关系中发挥更突出的作用。第 24 号备忘录提供了另一个关于咨询服务的有趣联系,成员国应设置咨询服务,以改善农业控股公司的可持续管理和整体绩效,帮助农民和 CAP 支持的其他受益者更加了解农场管理与**土地管理**之间的关系。考虑到上文强调的中介作用,这一要素具有相关性,并指出咨询服务是所倡导的整合的关键推动因素之一。然而,这意味着咨询服务机构的人员反过来要了解规划工具的存在、范围和能力及其潜在的相关性。条例草案第 18 条提出,成员国可以在面临类似社会经济或农艺条件的不同区域中,差异化制定每公顷补助标准。这一声明为管理当局留下了若干可能性,并不妨碍使用更详细的区域标准来划定(政策)分区:在这里,规划当局可以使用他们的分析工具来支持这种划分,例如,当农业的

177

连续性对保护很重要时，可以根据典型农业景观一致性进行划分。第67条明确规定了支付的辖域化，涉及Natura 2000地区或《水框架指令》指定地区的具体不利条件，并特别提到了流域管理计划中的农业地区。根据第98条，对具体需求的分析应包括脆弱的地理区域，例如最外围地区，这些区域将再次受益于以往和目前正在进行的区域分析，这些分析通常在各种尺度的空间规划中进行。战略计划还必须描述战略中规定的直接支付、部门和农村发展干预措施（第95条），包括其“区域范围”和“资格条件”（第98条）。如果有朝这个方向发展的政治意愿，这两项规定的结合将为政策的深度辖域化提供空间。

通过战略计划管理CAP资金的另一个关键因素是，作为公共管理机构批准的正式计划，战略计划要根据第2001/42/EC[①]号指令在更广泛的事前评估下进行SEA。SEA指令是我们在图6-1中提到的“环境保障”指令之一。简言之，对于不熟悉该指令的读者来说，该指令要求这些计划或方案必须经过正式的评估程序，以识别、量化和评估其实施所带来的所有潜在、直接与间接累积影响。它还要求考虑不同的合理备选方案，根据确定的环境后果证明首选的行动方案是合理的，并尽可能避免、减轻和补偿负面影响。评估应考虑被评价的计划或方案与国际和国家既定的环境保护目标及其他相关计划和方案之间的一致性；应识别并考虑可能受影响地区的相关环境问题和环境特征。指令中的“环境”是广义的，包括生物和非生物因素、生物多样性、景观和文化遗产以及这些因素之间的相互关系。SEA指令的要求还包括与当局进行协商，为评估提供信息，至少包括向公众提供信息，并确定监测方案以跟踪计划的环境影响。所有这些信息都应包含在环境报告中，最终决定应明确考虑到SEA的结果。

178

在2007～2013年和2014～2020年计划期间，该指令仅适用于RDP（支柱二）；此后，**所有**CAP计划都要接受SEA约束，这无疑为环境政策整合提供了一个机会，特别是这里涉及的主要问题，即与规划实践的结合。显然，在评估中考虑其他相关计划的要求为**实质性**整合及联合制订计划提供了一个强大的**程序**挂钩（**procedural** hook）。在空间范围内对计划的评估义务、分析可能受影响地区的特征以

① 正式名称：2001年6月27日欧洲议会和理事会关于评估某些计划与方案对环境影响的第2001/42/EC号指令（OJ L 197，2001年7月21日，第30页）。

及将**景观**作为一个具体要素来评估，进一步提高了 CAP 战略计划辖域化的可能性，并为文献所倡导的“综合治理”提供了途径。奇怪的是，到目前为止，SEA 在这方面的潜力被相关文献严重忽视了。显然，所有这些可能性都是**潜在的**，如果认为程序要求一经设置就会自动导致整合及辖域化，那就太天真了，然而，程序要求无疑为从业者、学者、决策者和其他相关行动者提供了可以把握的机会。

在这一框架内，可以详细阐述 CAP 的辖域化，具体阐述角度包括 CAP 对景观的影响，随后通过景观层面的协调办法促进积极影响的需求，以及规划师对推进更多更优化辖域化的 CAP 发挥的具体作用。以下流程和活动可以使 CAP/空间规划整合落地：

- 在诊断阶段，规划当局可以为具有特定特征或需求的地区提供信息和技术支撑；具体来说，在 SEA 过程中，可以识别具有类似环境问题的地区，从而在农业和经济因素的基础上补充环境及景观因素。
- 在界定战略规划行动时，规划当局和规划师可以使用能够考虑所有相关**景观**特征的更精细的标准，为不同干预区域的空间划定提供技术支撑。
- 在确定监测方案时，可借鉴用于监测景观或区域规划的现有指标，来设计具体的景观指标。统一和协调不同监测方案以避免重复是 SEA 指令的一项明确具体要求。

179

最后一个因素似乎很重要，我们讨论了 CAP 辖域化如何固有地受到以下事实的限制：农民将他们的净收益作为主要考虑因素是情理之中，因此，对农民的补贴是基于纯粹的经济考虑来计算的，而这使得基于区域和生态标准的最佳状态很难实现。我们也意识到，这在一定程度上是不可避免的，其他解决办法可能涉及法律和公平问题。在某种程度上，规划师在分配建设权利时也面临类似的困境：在某些地区集中建新可能会产生不平等，从而助长基于对未来收益预期的投机；即使特定开发区域的选择基于生态或社会考虑，这一点也不会有实质性的改变。长期以来，规划理论一直致力于解决这一问题，并提出了不同形式的均衡规划。在不涉及技术和细节的情况下，其理念是在相对较大的区域内，将平等的建设权利分配给所有的土地所有者，这些权利必须由开发商购买或转让给开发商，再按照既定规划在特定的区域内进行开发。这通常是通过建立将发展权从发送地区（禁止开发区）转移到接收地区的机制来实现的。这一机制的主要目的是提高新开发项目的本地化效率，保障私人利益的公平待遇，使私人土地所有者对开发项目的实际本地化保持中立。

根据同样的原理，可以设计农业环境政策中的经济补偿机制，以引导在最适宜生态地区实施相关措施，同时保证农民之间的平等。据我们所知，类似的"创新治理"安排尚未在文献中进行广泛探讨。卡尔莫纳-托雷斯等(Carmona-Torres et al.,2011)的论文例外，他们详细阐述了集体行动的补偿机制，通过将受益于景观格局变化的农民的利润转移到可能遭受损失的农民，从而增加个体资源管理者的公平性。在这里，考虑到这种机制要实现预期目标必须满足若干条件，而且在"发展权转让"下建立完全不同的机制将导致不同的结果，规划师多年来在发展权转让方面的大量经验将弥足珍贵(Pruetz and Standridge,2008;Camagni,2014;Linkous,2016;Falco and Chiodelli,2018)。与我们在其他所谓的规划创新中看到的情况类似，具体的发展权转让安排也存在服务于新自由主义的风险：尽管如此，它们确实可以被设计为生态理性规划的一部分，来补充(而不完全替代)传统规划和分区。虽然这些机制不能直接转移到农业环境措施的管理中，不需仔细研究其实用性、法律方面和农民的接受程度，但这仍是一条值得探索的途径。在空间规划框架内，农民可以更直接地参与补偿方案的制定，即要求开发商通过在其他地方购买土地来抵消拟开发项目遗留的环境影响，并采取措施改善其生态价值和ES供应(Rega,2013)。在欧洲，农业用地是可用于补偿的主要区域，因此环境管理机制可以作为私人开发商和公众之间谈判的一部分，通过实施农业环境措施或其他形式的生态土地管理来奖励农民。农民已经熟悉CAP第二支柱下的这种安排，而且许多国家都有法律允许农民因提供环境产品和服务[①]而得到补偿，这是有利的先决条件。将这些计划纳入空间规划还可以考虑与更广泛的景观保护政策协同，这将成为实施规划农业整合的具体形式[类似考虑可参阅弗兰克斯和埃默里(Franks and Emery,2013)]。

180

① 例如意大利第228/2001号法律(《国家农业框架法》)。

参考文献

Ahern J (1995) Greenways as a planning strategy. Landsc Urban Plan 33:131–155
Alahuhta J, Hokka V, Saarikoski H, Hellsten S (2010) Practical integration of river basin and land use planning: lessons learned from two Finnish case studies. Geogr J 176(4):319–333
Albert C, Aronson J, Fürst C, Opdam P (2014) Integrating ecosystem services in landscape planning: requirements, approaches, and impacts. Landscape Ecol 29:1277–1285. https://doi.org/10.1007/s10980-014-0085-0
Albert C, Hauck J, Buhr N, von Haaren C (2014a) What ecosystem services information do users want? Investigating interests and requirements among landscape and regional planners in Germany. Landscape Ecol 29(8):1301–1313
Albert C, Aronson J, Fürst C, Opdam P (2014b) Integrating ecosystem services in landscape planning: requirements, approaches, and impacts. Landscape Ecol 29(8):1277–1285. https://doi.org/10.1007/s10980-014-0085-0
Almenar JB, Rugani B, Geneletti D, Brewer T (2018) Integration of ecosystem services into a conceptual spatial planning framework based on a landscape ecology perspective. Landscape Ecol 33(12):2047–2059. https://doi.org/10.1007/s10980-018-0727-8
Alphandéry P, Fortier A (2001) Can a territorial policy be based on science alone? The system for creating the Natura 2000 network in France. Sociol Rural 41(3):311–328
Bastian O, Grunewald K, Syrbe R, Walz U, Wende W (2014) Landscape services: the concept and its practical relevance. Landsc Ecol 29(9):1463–1479
Batáry P, Dicks LV, Kleijn D, Sutherland WJ (2015) The role of agri-environment schemes in conservation and environmental management. Conservation Biology 29(4):1006–1016
Böhme K, Waterhout B (2008) The Europeanization of planning. Euro Spatial Res Plan 225–248
Brady M, Kellermann K, Sahrbacher C, Jelinek L (2009) Impacts of decoupled agricultural support on farm structure, biodiversity and landscape mosaic: some EU results. J Agric Econ 60(3):563–585　181
Bryan S (2012) Contested boundaries, contested places: The Natura 2000 network in Ireland. J Rural Stud 28(1):80–94. https://doi.org/10.1016/j.jrurstud.2011.09.002
Burkhard B, Kroll F, Müller F, Windhorst W (2009) Landscapes' capacities to provide ecosystem services—a concept for land-cover based assessments. Landscape Online 15(1):1–22
Bull JW, Jobstvogt N, Böhnke-Henrichs A, Mascarenhas A, Sitas N, Baulcomb C, …, Carter-Silk E (2016) Strengths, weaknesses, opportunities and threats: a SWOT analysis of the ecosystem services framework. Ecosyst Serv 17:99–111
Camagni R (2014) "Extended" transfer of development rights and urban land rent: a conflict with equity and territorial quality (Perequazione urbanistica "estesa", rendita e finanziarizzazione immobiliare: Un conflitto con l'equità e la qualità territoriale). Scienze Regionali 13(2):29–44
Carmona-Torres C, Parra-López C, Groot JCJ, Rossing WAH (2011) Collective action for multi-scale environmental management: achieving landscape policy objectives through cooperation of local resource managers. Landsc Urban Plann 103(1):24–33
Carter JG (2007) Spatial planning, water and the water framework directive: insights from theory and practice. Geogr J 173(4):330–342
Cortignani R, Dono G (2019) CAP's environmental policy and land use in arable farms: an impacts assessment of greening practices changes in Italy. Sci Total Environ 647:516–524. https://doi.org/10.1016/j.scitotenv.2018.07.443
Cortinovis C, Zulian G, Geneletti D (2018) Assessing nature-based recreation to support urban green infrastructure planning in Trento (Italy). Land 7(4). https://doi.org/10.3390/land7040112
Costanza R, D'Arge R, De Groot R, Farber S, Grasso M, Hannon B, Van Den Belt M (1997) The value of the world's ecosystem services and natural capital. Nature 387(6630):253–260. https://doi.org/10.1038/387253a0

Cotella G, Janin Rivolin U (2015) Europeanization of territorial governance: an analytical model (Europeizzazione del governo del territorio: Un modello analitico). Territorio (73):127–134
Dear M, Scott AJ (1981) Towards a framework for analysis. In: Dear Michael, Scott Allen J (eds) Urbanization and urban planning in capitalist society. Methuen, London, pp 3–16
Desjeux Y, Dupraz P, Kuhlman T, Paracchini ML, Michels R, Maigné E, Reinhard S (2015) Evaluating the impact of rural development measures on nature value indicators at different spatial levels: application to France and The Netherlands. Ecol Ind 59:41–61
De Groot RS, Alkemade R, Braat L, Hein L, Willemen L (2010) Challenges in integrating the concept of ecosystem services and values in landscape planning, management and decision making. Ecol complex 7(3):260–272
Díaz M, Concepci6n ED (2016) Enhancing the effectiveness of CAP greening as a conservation tool: a plea for regional targeting considering landscape constraints. Current Landsc Ecol Rep 1(4):168–177
Di Marino M, Tiitu M, Lapintie K, Viinikka A, Kopperoinen L (2019) Integrating green infrastructure and ecosystem services in land use planning. Results from two Finnish case studies. Land Use Policy 82:643–656. https://doi.org/10.1016/j.landusepol.2019.01.007
Dick J, Maes J, Smith RI, Paracchini ML, Zulian G (2014) Cross-scale analysis of ecosystem services identified and assessed at local and European level. Ecol Ind 38:20–30
Dicks LV, Hodge I, Randall NP, Scharlemann JP, Siriwardena GM, Smith HG, … , Sutherland WJ (2014) A transparent process for "evidence-informed" policy making. Conserv Lett 7(2):119–125
Drakou EG, Crossman ND, Willemen L, Burkhard B, Palomo I, Maes J, Peedell S (2015) A visualization and data-sharing tool for ecosystem service maps: lessons learnt, challenges and the way forward. Ecosyst Serv 13:134–140. https://doi.org/10.1016/j.ecoser.2014.12.002
Dramstad W, Olson JD, Forman RT (1996) Landscape ecology principles in landscape architecture and land-use planning. Island Press, Wasgington, DC
182
Duarte GT, Santos PM, Cornelissen TG, Ribeiro MC, Paglia AP (2018) The effects of landscape patterns on ecosystem services: meta-analyses of landscape services. Landscape Ecol 33(8):1247–1257. https://doi.org/10.1007/s10980-018-0673-5
Dühr S, Stead D, Zonneveld W (2007) The europeanization of spatial planning through territorial cooperation. Plann Pract Res 22(3):291–307
Dühr S, Colomb C, Nadin V (2010) European spatial planning and territorial cooperation. Routledge, London
Dupraz P, Latouche K, Turpin N (2009) Threshold effect and co-ordination of agri-environmental efforts. J Environ Plan Manag 52(5):613–630
EC (2000) Directive 2000/60/EC of the European Parliament and of the Council of 23 October 2000 establishing a framework for Community action in the field of water policy. Official Journal of the European Communities L 327, pp. 1–73
EC (European Commission) (2001) European governance a white paper (COM (2001) 428). European Commission, Brussels
EC (European Commission) (2008) Turning territorial diversity into strength green paper on territorial cohesion (COM(2008) 616) Luxembourg: Office for Official Publications of the European Communities
EC (European Commission) (2011c) Our life insurance, our natural capital: an EU biodiversity strategy to 2020 (COM(2011) 244). European Commission, Brussels
EEA (European Environmental Agency), (2006), Urban sprawl in Europe—the ignored challenge, EEA report no. 10/2006, European Environment Agency. Publications Office of the European Union, Luxembourg
EEA (European Environmental Agency) (2016) The direct and indirect impacts of EU policies on land. EEA Report No. 8/2016. Publications Office of the European Union, Luxembourg
EEC (European Economic Commission) (1979) Council Directive 79/409/EEC of 2 April 1979 on the conservation of wild birds. Official Journal of the European Communities L 103 Vol 22
Elorrieta B (2018) Spain following in the EU's footsteps: the europeanization of spatial planning in its autonomous communities. Plan Pract Res 33(2):154–171. https://doi.org/10.1080/02697459.

2018.1475849
Englund O, Berndes G, Cederberg C (2017) How to analyse ecosystem services in landscapes—a systematic review. Ecol Ind 73:492–504
Erhard M, Banko G, Malak DA, Martin FS (2017) Mapping ecosystem types and conditions. In: Burkhard B, Maes J (eds) Mapping ecosystem services. Pensoft Publishers, Sofia, pp 75–80
Estreguil C, Caudullo G, Rega C, Paracchini M (2016) Enhancing connectivity, improving green infrastructure. Cost-benefit solutions for forest and agri-environment. A pilot study in Lombardy. JRC technical report EUR 28142 EN. Publications of the European Union, Luxembourg. https://doi.org/10.2788/774717
EU Ministers Responsible for Spatial Planning and Territorial Development (2011) Territorial agenda of the European Union 2020—towards an inclusive, smart and sustainable europe of diverse regions. http://www.eu2011.hu/files/bveu/documents/TA2020.pdf
European Commission (EC) (2011) Our life insurance, our natural capital: an EU biodiversity strategy to 2020 European Commission, COM (2011) 244, Brussels
European Commission (EC) (2013) Communication from the Commission to the European Parliament, the Council, the European Economic and Social Committee and the Committee of the Regions: Green Infrastructure (GI)—Enhancing Europe's Natural Capital. COM (2013) 249 final. Brussels
European Commission (EC) (2015) Report from the Commission to the European Parliament and the Council. The mid-term review of the EU biodiversity strategy to 2020. COM (2015) 478 final
European Commission (EC) (2018) Proposal for a Regulation of The European Parliament and of the Council establishing rules on support for strategic plans to be drawn up by Member States under the Common agricultural policy (CAP Strategic Plans) and financed by the European Agricultural Guarantee Fund (EAGF) and by the European Agricultural Fund for Rural Development (EAFRD) and repealing Regulation (EU) No 1305/2013 of the European Parliament and of the Council and Regulation (EU) No. 1307/2013 of the European Parliament and of the Council. COM (2018) 392 final, 01.06.2018

183

European Court of Auditors (2011) Is agri-environment support well designed and managed? Special Report No. 7. European Court of Auditors, Luxembourg, p 75
Evers and Tennekes (2016) Europe exposed: mapping the impacts of EU policies on spatial planning in the Netherlands. Eur Plan Stud 24(10):1747–1765. https://doi.org/10.1080/09654313.2016.1183593
Falco E, Chiodelli F (2018) The transfer of development rights in the midst of the economic crisis: potential, innovation and limits in Italy. Land Use Policy 72:381–388
Faludi A (2014) Europeanisation or Europeanisation of spatial planning? Plan Theory Pract 15(2):155–169. https://doi.org/10.1080/14649357.2014.902095
Fastelli L, Rovai M, Andreoli M (2018) A spatial integrated database for the enhancement of the agricultural custodianship role (SIDECAR)—some preliminary tests using Tuscany as a case-study Region. Land Use Policy 78:791–802
Fischer TB, Sykes O, Gore T, Marot N, Golobič M, Pinho P et al (2015) Territorial impact assessment of european draft directives—the emergence of a new policy assessment instrument. Eur Plann Stud 23(3):433–451
Fleurke F, Willemse R (2007) Effects of the European Union on sub-national decision-making: enhancement or constriction?. J Euro Integr 29(1):69–88
Frank S, Fürst C, Witt A, Koschke L, Makeschin F (2014) Making use of the ecosystem services concept in regional planning—trade-offs from reducing water erosion. Landscape Ecol 29(8):1377–1391
Franks JR, Emery SB (2013) Incentivising collaborative conservation: lessons from existing environmental Stewardship Scheme options. Land Use Policy 30(1):847–862
Frederiksen P, Mäenpää M, Hokka V (2008) The water framework directive: spatial and institutional integration. Manag Environ Qual: Int J 19(1):100–117
Früh-Müller A, Bach M, Breuer L, Hotes S, Koellner T, Krippes C, Wolters V (2019) The use of agri-environmental measures to address environmental pressures in Germany: spatial mismatches

and options for improvement. Land Use Policy 84:347–362. https://doi.org/10.1016/j.landusepol.2018.10.049
Galler C, Albert C, von Haaren C (2016) From regional environmental planning to implementation: paths and challenges of integrating ecosystem services. Ecosyst Serv 18:118–129. https://doi.org/10.1016/j.ecoser.2016.02.031
Garmendia E, Apostolopoulou E, Adams WM, Bormpoudakis D (2016) Biodiversity and green infrastructure in Europe: boundary object or ecological trap? Land Use Policy 56:315–319
Geneletti D (2011) Reasons and options for integrating ecosystem services in strategic environmental assessment of spatial planning. Int J Biodivers Sci, Ecosyst Serv Manag 7(3):143–149. https://doi.org/10.1080/21513732.2011.617711
Geneletti D (2013) Assessing the impact of alternative land-use zoning policies on future ecosystem services. Environ Impact Assess Rev 40(1):25–35. https://doi.org/10.1016/j.eiar.2012.12.003
Geneletti D, Cortinovis C, Zardo L, Esmail BA (2020) Planning for ecosystem services in cities. Springer, Dordrecht
Gocht A, Ciaian P, Bielza M, Terres JM, Röder N, Himics M, et al (2017) EU-wide economic and environmental impacts of CAP greening with high spatial and farm-type detail. J Agric Econ 68(3):651–681
Gómez-Baggethun E, Ruiz-Pérez M (2011) Economic valuation and the commodification of ecosystem services. Prog Phys Geogr 35(5):613–628
Gómez-Baggethun E, Muradian R (2015) In markets we trust? Setting the boundaries of market-based instruments in ecosystem services governance. Ecol Econ 117:217–224. https://doi.org/10.1016/j.ecolecon.2015.03.016
Gottero E (2019) Approaching a vision of agrarian urbanism: innovative domains, key definitions and concepts. In Agrourbanism, Springer, Cham, pp 1–7
184
Gottero E, Cassatella C (2017) Landscape indicators for rural development policies. Application of a core set in the case study of Piedmont region. Environ Impact Assess Rev 65:75–85
Haines-Young RH, Potschin MB (2010) The links between biodiversity, ecosystem services and human wellbeing. In: Raffaelli DG, Frid CLJ (eds) Ecosystem ecology: a new synthesis. Cambridge University Press, Cambridge, pp 110–139
Haines-Young R, Potschin MB (2018) Common International Classification of Ecosystem Services (CICES) V5.1 and guidance on the application of the revised structure. (www.cices.eu)
Harvey D (2001) Globalization and the "spatial fix". Geographische Revue 3(2):23–30
Hebbert M (2009) The three Ps of place making for climate change. Town Plann Rev 80(4):359
Jaligot R, Chenal J (2019) Integration of ecosystem services in regional spatial plans in western Switzerland. Sustainability (Switzerland) 11(2). https://doi.org/10.3390/su11020313
Jax K, Furman E, Saarikoski H, Barton DN, Delbaere B, Dick J, Duke G, Görg C, Gómez-Baggethun E, Harrison PA, Maes J, Pérez-Soba M, Saarela S, Turkelboomm F, van Dijk J, Watt AD (2018) Handling a messy world: lessons learned when trying to make the ecosystem services concept operational. Ecosyst Serv 29:415–427. https://doi.org/10.1016/j.ecoser.2017.08.001
Jessop B (1990) State theory: putting the capitalist state in its place. Pennsylvania State University Press, Pennsylvania
Jones KB, Zurlini G, Kienast F, Petrosillo I, Edwards T, Wade TG, Zaccarelli N (2013) Informing landscape planning and design for sustaining ecosystem services from existing spatial patterns and knowledge. Landscape Ecol 28(6):1175–1192. https://doi.org/10.1007/s10980-012-9794-4
JRC (Joint Research Centre) (2013) Direct and indirect land use impacts of the EU cohesion policy: assessment with the land use modelling system. JRC report EUR 26460. Publications Office of the European Union, Luxemburg. https://doi.org/10.2788/60631
JRC (Joint Research Centre) (2019) WikiCAP—Good Agricultural and Environmental Conditions (GAEC). https://marswiki.jrc.ec.europa.eu/wikicap/index.php/Good_Agricultural_and_Environmental_Conditions_(GAEC). Accessed 26 Apr 2019
Kaczorowska A, Kain JH, Kronenberg J, Haase D (2016) Ecosystem services in urban land use planning: integration challenges in complex urban settings—case of Stockholm. Ecosyst Serv 22:204–212

Kilbane S (2013) Green infrastructure: planning a national green network for Australia. J Landsc Arch 8:64–73
Kopperoinen L, Itkonen P, Niemelä J (2014) Using expert knowledge in combining green infrastructure and ecosystem services in land use planning: an insight into a new place-based methodology. Landscape Ecol 29(8):1361–1375. https://doi.org/10.1007/s10980-014-0014-2
Kosoy N, Corbera E (2010) Payments for ecosystem services as commodity fetishism. Ecol Econ 6:1228–1236
Kuhfuss L, Préget R, Thoyer S, Hanley N (2015) Nudging farmers to enroll land into agrienvironmental schemes: the role of a collective bonus. Eur Rev Agric Econ 43(4):609–636
Kukkala AS, Moilanen A (2017) Ecosystem services and connectivity in spatial conservation prioritization. Landsc Ecol 32(1):5–14
La Notte A, D'Amato D, Mäkinen H, Paracchini ML, Liquete C, Egoh B, et al (2017) Ecosystem services classification: a systems ecology perspective of the cascade framework. Ecol Indic 74:392–402
La Rosa D, Privitera R (2013) Characterization of non-urbanized areas for land-use planning of agricultural and green infrastructure in urban contexts. Landsc Urban Plan 109(1):94–106. https://doi.org/10.1016/j.landurbplan.2012.05.012
Lafortezza R, Davies C, Sanesi G, Konijnendijk CC (2013) Green infrastructure as a tool to support spatial planning in European urban regions. IForest 6(1):102–108. https://doi.org/10.3832/ifor0723-006
Lefebvre M, Espinosa M, Gomez y Paloma S, Paracchini ML, Piorr A, Zasada I (2015) Agricultural landscapes as multi-scale public good and the role of the common agricultural policy. J Environ Plan Manag 58(12):2088–2112. https://doi.org/10.1080/09640568.2014.891975
Leibenath M (2011) Exploring substantive interfaces between spatial planning and ecological networks in Germany. Plan Pract Res 26(3):257–270. https://doi.org/10.1080/02697459.2011.580110

185

Lennon M, Scott M (2014) Delivering ecosystems services via spatial planning: Reviewing the possibilities and implications of a green infrastructure approach. Town Plann Rev 85(5):563–587
Lennon M, Scott M, Collier M, Foley K (2017) The emergence of green infrastructure as promoting the centralisation of a landscape perspective in spatial planning—the case of Ireland. Landsc Res 42(2):146–163. https://doi.org/10.1080/01426397.2016.1229460
Leventon J, Schaal T, Velten S, Dänhardt J, Fischer J, Abson DJ, Newig J (2017) Collaboration or fragmentation? Biodiversity management through the common agricultural policy. Land Use Policy 64:1–12
Liquete C, Kleeschulte S, Dige G, Maes J, Grizzetti B, Olah B, Zulian G (2015) Mapping green infrastructure based on ecosystem services and ecological networks: a pan-European case study. Environ Sci Policy 54:268–280
Luukkonen J (2017) A practice theoretical perspective on the Europeanization of spatial planning. Eur Plan Stud 25(2):259–277. https://doi.org/10.1080/09654313.2016.1260092
Maes J (2017) Specific challenges of mapping ecosystem services. In: Burkhard B, Maes J (eds) Mapping ecosystem services. Pensoft Publishers, Sofia, pp 87–89
Maes J, Egoh B, Willemen L, Liquete C, Vihervaara P, Schägner JP, Grizzetti B, Drakou EG, La Notte A, Zulian G, Bouraoui F, Paracchini ML, Braat L, Bidoglio G (2012) Mapping ecosystem services for policy support and decision making in the European Union. Ecosyst Serv 1:31–39
Maes J, Teller A, Erhard M, Liquete C, Braat L, Berry P, Egoh B, Puydarrieux P, Fiorina C, Santos F, Paracchini ML, et al (2013) Mapping and assessment of ecosystems and their services. An analytical framework for ecosystem assessments under action 5 of the EU biodiversity strategy to 2020. Publications office of the European Union, Luxembourg. https://doi.org/10.2779/12398
Maes J, Fabrega N, Zulian G, et al (2015) Mapping and assessment of ecosystems and their services—trends in ecosystems and ecosystem services in the European Union between 2000 and 2010. JRC technical report JRC94889, EUR 27143 EN. Publications Office of the European Union, Luxembourg. https://doi.org/10.2788/341839
Maes J, Liquete C, Teller A, Erhard M, Paracchini ML, Barredo JI, Lavalle C (2016) An indicator

framework for assessing ecosystem services in support of the EU biodiversity strategy to 2020. Ecosyst Serv 17:14–23. https://doi.org/10.1016/j.ecoser.2015.10.023

Marando F, Salvatori E, Sebastiani A, Fusaro L, Manes F (2019) Regulating ecosystem services and green infrastructure: assessment of urban heat island effect mitigation in the municipality of Rome, Italy. Ecol Model 392:92–102. https://doi.org/10.1016/j.ecolmodel.2018.11.011

Martínez-Alier J (1987) Ecological economics: energy, economics, society. Basil Blackwell, Oxford

Masante D, Rega C, Cottam A, Dubois G, Paracchini ML (2015) Indicators of biodiversity in agroecosystems: insights from Article 17 of the Habitats Directive and IUCN Red List of Threatened Species. JRC Technical report EUR 27536 EN. Publication Offie of the European Union, Luxemburg https://doi.org/10.2788/255057

Mascarenhas A, Ramos TB, Haase D, Santos R (2015) Ecosystem services in spatial planning and strategic environmental assessment—a European and Portuguese profile. Land Use Policy 48:158–169

McHarg IL (1969) Design with nature. American Museum of Natural History, New York

McKenzie AJ, Emery SB, Franks JR, Whittingham MJ (2013) Landscape-scale conservation: collaborative agri-environment schemes could benefit both biodiversity and ecosystem services, but will farmers be willing to participate? J Appl Ecol 50(5):1274–1280

McShane TO, Hirsch PD, Trung TC, Songorwa AN, Kinzig A, Monteferri B, et al (2011) Hard choices: making trade-offs between biodiversity conservation and human well-being. Biol Conserv 144(3):966–972

Meyer C, Reutter M, Matzdorf B, Sattler C, Schomers S (2015) Design rules for successful governmental payments for ecosystem services: taking agri-environmental measures in Germany as an example. J Environ Manage 157:146–159

186

Miessner M (2018) Spatial planning amid crisis. The deepening of neoliberal logic in Germany. Int Plan Stud 1–20

Mooney P (2014) A systematic approach to incorporating multiple ecosystem services in landscape planning and design. Landscape Journal 33(2):141–171

Moreno J, Palomo I, Escalera J, Martín-López B, Montes C (2014) Incorporating ecosystem services into ecosystem-based management to deal with complexity: a participative mental model approach. Landscape Ecol 29(8):1407–1421

Norton BA, Coutts AM, Livesley SJ, Harris RJ, Hunter AM, Williams NSG (2015) Planning for cooler cities: a framework to prioritise green infrastructure to mitigate high temperatures in urban landscapes. Landsc Urban Plan 134:127–138. https://doi.org/10.1016/j.landurbplan.2014.10.018

Ogorevc M, Slabe-Erker R (2018) Assessment of the European common agricultural policy and landscape changes: an example from slovenia. Agricultural Economics (Czech Republic) 64(11):489–498. https://doi.org/10.17221/337/2017-AGRICECON

Owens S, Cowell R (2011) Land and limits. Interpreting sustainability in the planning process. Routledge, London https://doi.org/10.4324/9780203832226

Palomo I, Adamescu M, Bagstad KJ, Cazacu C, Klug H, Nedkov S (2017) Tools for mapping ecosystem services. In: Burkhard B, Maes J (eds) (2017) Mapping ecosystem services. Pensoft Publishers, Sofia, pp 70–73

Pappalardo V, La Rosa D, Campisano A, La Greca P (2017) The potential of green infrastructure application in urban runoff control for land use planning: a preliminary evaluation from a southern Italy case study. Ecosyst Serv 26:345–354. https://doi.org/10.1016/j.ecoser.2017.04.015

Paracchini ML, Zulian G, Kopperoinen L, Maes J, Schägner JP, Termansen M, Zandersen M, Perez-Soba M, Scholefield PA, Bidoglio G (2014) Mapping cultural ecosystem services: a framework to assess the potential for outdoor recreation across the EU. Ecol Ind 45:371–385. https://doi.org/10.1016/j.ecolind.2014.04.018

Paracchini ML, Correia T, Loupa-Ramos I, Capitani C, Madeira L (2016) Progress in indicators to assess agricultural landscape valuation: how and what is measured at different levels of governance. Land Use Policy 53:71–85. https://doi.org/10.1016/j.landusepol.2015.05.025

Penko Seidl N, Golobič M (2018) The effects of EU policies on preserving cultural landscape in the alps. Landsc Res 43(8):1085–1096. https://doi.org/10.1080/01426397.2018.1503237

Pe'er G, Zinngrebe Y, Hauck J, Schindler S, Dittrich A, Zingg S, …, Schmidt J (2017) Adding some green to the greening: improving the EU's ecological focus areas for biodiversity and farmers. Conserv Lett 10(5):517–530

Pe'er G, Dicks LV Visconti P, et al (2014) EU agricultural reform fails on biodiversity. Science 344:1090–1092

Pérez-Soba M, Verweij P, Saarikoski H, Harrison PA, Barton DN, Furman E (2018) Maximising the value of research on ecosystem services: knowledge integration and guidance tools mediating the science, policy and practice interfaces. Ecosyst Serv 29:599–607. https://doi.org/10.1016/j.ecoser.2017.11.012

Peterson MJ, Hall DM, Feldpausch-Parker AM, Peterson TR (2010) Obscuring ecosystem function with application of the ecosystem services concept. Conserv Biol 24(1):113–119

Piorr A, Viaggi D (2015) The spatial dimension of public payments for rural development: evidence on allocation practices, impact mechanisms, CMEF indicators, and scope for improvement. Ecol Ind 59:1–5

Poulantzas N (2013) State, power, socialism. New ed. Verso Classics 29, Verso, London

Prager K, Reed M, Scott A (2012) Encouraging collaboration for the provision of ecosystem services at a landscape scale—rethinking agri-environmental payments. Land Use Policy 29(1):244–249

Primdahl J, Kristensen LS, Busck AG (2013) The farmer and landscape management: different roles, different policy approaches. Geography Compass 7(4):300–314

Pruetz R, Standridge N (2008) What makes transfer of development rights work? Success factors from research and practice. J Am Plan Assoc 75(1):78–87

Radaelli KFCM (2003) The politics of Europeanization. Oxford University Press

Raggi M, Viaggi D, Bartolini F, Furlan A (2015) The role of policy priorities and targeting in the spatial location of participation in agri-environmental schemes in Emilia-Romagna (Italy). Land Use Policy 47:78–89

187

Rall EL, Kabisch N, Hansen R (2015) A comparative exploration of uptake and potential application of ecosystem services in urban planning. Ecosyst Serv 16:230–242

Rega C (2013) Ecological compensation in spatial planning in Italy. Impact Assess Proj Apprais 31(1):45–51

Rega C (ed) (2014a) Landscape planning and rural development: key issues and options towards integration. Springer, Cham, Heidelberg, New York, Dordrecht and London

Rega C (2014b) Pursuing integration between rural development policies and landscape planning: towards a territorial governance approach

Rega C, Bartual AM, Bocci G, Sutter L, Albrecht M, Moonen AC, Jeanneret P, van der Werf W, Pfister SC, Holland JM, Paracchini ML (2018) A pan-European model of landscape potential to support natural pest control services. Ecol Ind 90:653–664. https://doi.org/10.1016/j.ecolind.2018.03.075

Rozas-Vásquez D, Fürst C, Geneletti D, Almendra O (2018) Integration of ecosystem services in strategic environmental assessment across spatial planning scales. Land Use Policy 71:303–310

Rudnick DA, Ryan SJ, Beier P, Cushman SA, Dieffenbach F, Epps CW, Gerber LR, Hartter J, Jenness JS, Kintsch J, Merenlender AM, Perkl RM, Preziosi DV, Trombulak SC (2012) The role of landscape connectivity in planning and implementing conservation and restoration priorities. Issues Ecol 16:1–23

Santangelo M (2019) Contraposition, juxtaposition, and transposition of the urban and the rural. In: Gottero E (ed) Agrourbanism, Springer, Cham, pp 63–71

Scolozzi R, Morri E, Santolini R (2012) Delphi-based change assessment in ecosystem service values to support strategic spatial planning in Italian landscapes. Ecol Ind 21:134–144. https://doi.org/10.1016/j.ecolind.2011.07.019

Sharp R, Tallis HT, Ricketts T, Guerry AD, Wood SA, Chaplin-Kramer R, et al (2016) InVEST + VERSION + User's Guide. The Natural Capital Project, Stanford University

Sitas N, Prozesky HE, Esler KJ, Reyers B (2014) Opportunities and challenges for mainstreaming ecosystem services in development planning: perspectives from a landscape level. Landscape Ecol 29(8):1315–1331

Slätmo E, Nilsson K, Turunen E (2019) Implementing green infrastructure in spatial planning in Europe. Land 8(4). https://doi.org/10.3390/land8040062

Snäll T, Lehtomäki J, Arponen A, Elith J, Moilanen A (2016) Green infrastructure design based on spatial conservation prioritization and modeling of biodiversity features and ecosystem services. Environ Manage 57(2):251–256

Spaziante A, Rega C, Carbone M (2013) Spatial analysis of agri-environmental measures for the SEA of rural development programmes. Sci Regionali—Italian J RegNal Sci 12(2):93–116

Star SR, Griesemer JR (1989) Institutional ecology, "Translations" and boundaryobjects: amateurs and professionals in Berkeley's Museum of Vertebrate Zoology. Soc Stud Sci 19:3387–3470

Stead D, Meijers E (2009) Spatial planning and policy integration: concepts, facilitators and inhibitors. Plan Theory Pract 10(3):317–332. https://doi.org/10.1080/14649350903229752

Sutherland WJ, Dicks LV, Ockendon N, Smith RK (eds) (2015) What works in conservation. Open Book Publishers, Cambridge, UK

Termorshuizen JW, Opdam P (2009) Landscape services as a bridge between landscape ecology and sustainable development. Landscape Ecol 24(8):1037–1052. https://doi.org/10.1007/s10980-008-9314-8

Toman M (1998) Why not to calculate the value of the world's ecosystem services and natural capital. Ecol Econ 25(1):57–60

Uthes S, Matzdorf B (2013) Studies on agri-environmental measures: a survey of the literature. Environ Manage 51(1):251–266

Uthes S, Matzdorf B, Müller K, Kaechele H (2010) Spatial targeting of agri-environmental measures: cost-effectiveness and distributional consequences. Environ Manage 46(3):494–509

188

Vallecillo S, Polce C, Barbosa A, Castillo CP, Vandecasteele I, Rusch GM, Maes J (2018) Spatial alternatives for Green Infrastructure planning across the EU: an ecosystem service perspective. Landsc Urban Plan 174:41–54

von Haaren C, Albert C, Barkmann J, de Groot RS, Spangenberg JH, Schröter-Schlaack C, Hansjürgens B (2014) From explanation to application: introducing a practice-oriented ecosystem services evaluation (PRESET) model adapted to the context of landscape planning and management. Landsc Ecol 29(8):1335–1346

Westerink J, Opdam P, van Rooij S, Steingröver E (2017a) Landscape services as boundary concept in landscape governance: building social capital in collaboration and adapting the landscape. Land Use Policy 60:408–418. https://doi.org/10.1016/j.landusepol.2016.11.006

Westerink J, Jongeneel R, Polman N, Prager K, Franks J, Dupraz P, Mettepenningen E (2017b) Collaborative governance arrangements to deliver spatially coordinated agri-environmental management. Land Use Policy 69:176–192. https://doi.org/10.1016/j.landusepol.2017.09.002

Willemen L, Verburg PH, Hein L, van Mensvoort MEF (2008) Spatial characterization of landscape functions. Landsc Urban Plann 88(1):34–43

Wissen Hayek U, Teich M, Klein TM, Grêt-Regamey A (2016) Bringing ecosystem services indicators into spatial planning practice: lessons from collaborative development of a web-based visualization platform. Ecol Ind 61:90–99. https://doi.org/10.1016/j.ecolind.2015.03.035

World Wildlife Fund (2001) Elements of good practice in integrated river basin management: a practical resource for implementing the EU Water Framework Directive World Wildlife Fund, Brussels

Zasada I, Häfner K, Schaller L, van Zanten BT, Lefebvre M, Malak-Rawlikowska A, et al (2017) A conceptual model to integrate the regional context in landscape policy, management and contribution to rural development. Lit Rev Eur Case Stud Evidence Geoforum 82:1–12

Zulian G, Maes J, Paracchini ML (2013) Linking land cover data and crop yields for mapping and assessment of pollination services in Europe. Land 2:472–492. https://doi.org/10.3390/land2030472

Zulian G, Stange E, Woods H, Carvalho L, Dick J, Andrews C, …, Rusch GM (2018) Practical application of spatial ecosystem service models to aid decision support. Ecosyst Serv 29:465–480

第七章　浩然前行：在空间规划中重启生态理性的五点建议

189

本章总结了本书的主要论点，并提出了在生态理性范式下重建空间规划的五个主要行动路线：①规划师需具备更强的生态学和系统论方面的专业知识；②提高对日益广泛的地方景观转变驱动因素的识别和解释能力；③更多地考虑农业和农村地区以及其中正在发生的现象；④更多地采用新出现的空间显式工具和方法，但保持批判态度，特别是在生态系统服务方面；⑤开展可行的研究，即在实际规划过程中，提供具有直接适用性的概念、方法和工具。本章也讨论了这些努力对今后规划师的课程教育和培训的影响。

整本书都在讨论生态理性范式下**重建**(**refoundation**)空间规划的必要性。之所以强调**"重新"**，是因为如第一章所述，生态理性是一些著名的空间规划师和城市学家(如帕特里克·格迪斯、刘易斯·芒福德、伊恩·麦克哈格、亚瑟·格里克森)理论和实践的核心。当然，古往今来的许多学者和从业者值得在这里提及，但重点是，恰到好处的实践如凤毛麟角，空间规划学科迄今为止还未能为当今社会面临的紧迫社会生态问题提供可靠的答案。事实上，规划有时无法做到这一点，甚至在某些情况下规划可能正是问题的一部分，但这并非此处重点。关键是"重建"是否可能，如果可能，如何实现。(回顾第一章的两个问题)，[①]我认为第一个问题的答案是肯定的，但第二个问题的答案更复杂，需要回顾生态理性 190

① 为方便读者理解，本句话为译者添加。"两个问题"分别指"总体上，目前的决策体系是否有利于生态理性的行动路线？""空间规划体系是否如此？"——译者注

的基本原则,并根据规划的现状进行讨论。

为此,我们将提出五个“在空间规划中重启生态理性的主张”,不仅为概括本书的主要论点,也为将其与推进规划理论和实践的实际建议联系起来。

一、规划师需具备更强的生态学和系统论专业知识

毫无疑问,我们需要综合方法和整体思维。空间规划是实现不同专家知识综合的舞台。这显然并不意味着规划师本身必须是所有学科的专家,但问题是,他们的**特定**专长应该是什么?空间配置在决定生态系统(或景观)支持人类福祉的能力方面起着关键作用,但如果规划师不能将其转化为具体的规划选择,只承认这一观点无济于事。用流行的说法,规划生态系统服务意味着了解生态系统是如何工作的。生态系统(ecosystem)是**生态的系统(ecological system)**的缩略形式,这意味着生态学和系统论应成为规划师的两个基本课题。事实是这样吗?在某些情况下可能是,但在大多数情况下并非如此,特别是在建筑和设计学校教授空间规划时,这些主题的讨论详细程度还未达到当前社会生态系统复杂性的要求。特别是在地中海国家,规划学校的课程仍然以注重城市形态和城市设计的**城市主义(urbanistic)**方法为主。这些确实是重要因素,特别是在历史城镇中心代表着相关文化遗产的情况下,但仅关注于此还不够。再复杂的系统也遵循一些基本原则,而这些原则正应是规划师**核心**技能的一部分。例如,我们已经讨论了**恢复力**这个词在规划理论中是如何被滥用的:有时是可持续的同义词,有时用系统论中的**抵抗力**或**内稳态**定义更恰当。恢复力是系统的特定属性,只有当“系统”的更广泛功能得到充分理解时,“恢复力”才能得到恰当使用。因此,大学的规划学院应充分考虑其形成性教学和学习计划:首先讲师和规划学者本身应充分掌握相关知识基础,而后在制定新学者的选择标准时要考虑这些需求。毕业的从业者还应更新技能和专业知识,以达到这些领域的最低专业水平。而此类知识应由专业机构或规划协会/机构的长期学习和培训课程来教授。

二、需更多关注不断变化的更广泛驱动因素，以避免退回个例

在许多将景观作为社会生态系统或类似系统的概念框架中，一些作用于区域的“驱动因素”的存在和作用得到了应有的重视，这些因素产生了显著的空间效应，并改变了景观结构和功能。这些框架也充分认识到诱发的这种变化与景观支持人类福祉的能力之间的联系。但在大多数情况下，驱动因素只是作为发生的事件呈现，其本身并未得到充分分析。最多，对它们的审视也只是浅尝辄止。城市蔓延的确是生态耗竭的驱动因素，这种耗竭是如何发生的也一直是许多研究的对象，见有关土壤封闭及其对生态系统服务影响的相关文献。但是，城市扩张、郊区化和蔓延的深层驱动因素是什么？除一些提及土地投机和产生租金或剩余的一般性参考外，还应更详细地研究这一点。这不仅仅关乎对更广泛情况的深入了解，关键是，仔细观察这些趋势可以让我们在**规划**中有更多的手段来应对它们。我们在本书开篇就说过，规划不仅是一项技术活动，更是一个以更复杂的方式与这些驱动因素相互作用的过程：它不仅受这些因素影响，而且可以反过来迎合或抵抗它们。某种意义上，规划体系本身就是一种国土转型的力量，但这种力量的方向可能会有所不同，如第五章对规划新自由化的讨论已表明：规划既可以作为再分配制度，缓冲其他国土转型力量所产生的不平衡发展，也可以作为直接**缓和**这种力量的制度。若首次处理这些问题，就需对这些力量有更深入的了解。同样，如果我们要对能够提供生态系统服务的景观进行规划，就需要对生态学和系统论有更深入的了解。需要再次强调的是，虽然详细了解当地具体情况是必不可少的，但我们应避免**退回个例**，并始终试图将当地所见与更广泛的情况联系起来，即使这种联系可能不容易识别。实际上，这再次要求重新考虑当前规划学校的课程，但主要是与其他学科领域的交叉融合，正如在本书中广泛讨论的那样。欧洲和其他地方越来越多的研究正在促进学科之间的合作：这是老生常谈，也在谋划之中，但步履蹒跚。目前，空间规划师在欧盟顶级研究项目中总体上处于边缘地位：正如来自相关学科的学者所承认的那样，这不仅代表了研究方面的差距，而且如果这些研究领域之间没有实现实质性的整合，那么，与其他方法（如土地利用学和政治生态学）相比，该学科将面临进一步边缘化和变

191

得无足轻重的风险。

三、需更多重视农业和农村

如前所述，如果有必要从以**城市主义**为主的规划方法转向更全面、更综合的规划方法，那么，就不能再将农业地区只视为今后等待城市化或对城市化免疫的边缘空间。否则，空间规划就放弃了对这些地区采取积极主动、富有想象力的管理方法。目前，主流规划理论普遍认为规划对农村地区重视不够，今后应重视该区域的规划。但前进的步调仍不够一致：如果农业区是设计可持续、有弹性、提供景观的生态系统服务的关键，那么，影响农业区不断变化的驱动因素也应得到深入研究和理解。此外，这并不意味着规划师应成为农学家或农业经济学家，但肯定需要对当前农业生产体系的主要方面、具体驱动因素以及相关法规政策有更深入的了解。如果我们不知道这些地区的管理者（农民、土地所有者）如何与为什么采取行动，是什么影响他们的决策以及农业区在当前农业生态转型的系统周期中的作用，就无法有效地实施涉及农业区的重大规划措施。如果不获得这些知识，对农业区规划的重新关注只会导致保护和限制行动。尽管这些传统的规划措施在某些情况下是必要的，但还远远不够。

192

四、需更广泛地采用新兴模型和方法，但要持批判态度

我们已经证明，用于绘制和评估生态系统服务以及设计绿色基础设施的方法与工具正得到日益广泛的应用。在许多情况下，这类工具明确的空间属性，使它们在规划过程中对分析、评价和决策起到支持作用。因此，应鼓励规划师采用这些方法，这些方法也应更多地出现在规划师的**基本**工具箱中。然而，与所有流行的工具一样，如果它们背后的概念和框架未得到完全掌握，就有被滥用的风险。这要求规划师在遵循上一点建议的基础上，始终对所有工具、方法及其基础概念保持批判立场。上述关于恢复力概念滥用的考虑也适用于生态系统服务：在规划中使用生态系统服务绘制工具时，应仔细考虑若干概念和实践上的注意事项。在现实规划过程中，仅凭生态系统服务（仍然）是一种相对新颖的方法，就

认为其能自然引致更生态理性的结果，这一观念是危险的。因为滥用生态系统服务（即使是善意的）可以很好地支持反生态、不公正或不平衡的规划决策。更糟糕的是，这些规划决策又反过来被“新颖”和“生态”工具所粉饰。这不仅需要特定的技术培训（虽然重要），而且需要更广泛地进行批判性使用。始终记住，任何工具都可以**支持**并为决策**提供信息**，但它们并非决策本身。这当然与第一、二个主张有关：获得更强的生态学和系统论专业知识是批判地、科学地使用新工具的必要条件，但非充分条件。再复杂的模型、方法或绘图方法，也永远无法掌握和再现规划所依据的社会生态系统的全部复杂性——总是需要规划师的**特殊**知识。

193

五、可行的研究！

我们必须做到——无论是作为学者、从业者还是两者兼是。我们的研究应始终以实践为重点，结果应不断经受实际规划过程的考验，学者、从业者、公职人员和决策者之间应保持交流。通常，这些形形色色的人和他们之间的关系被以一种刻板的方式描绘出来：研究人员从象牙塔中提供好的但被忽视的解决方案（或学术的、不实用的解决方案），从业者往往太忙于日常工作而闭目塞听，公务员最关心政治正确和合规审查，而决策者则是短视的参与者，不愿参与过于复杂的研究成果，也不愿考虑长期的生态可持续性。作为学者和从业者，我个人与政府官员和决策者不断互动的经历讲述了一个不同的故事。在空间规划中，实践可以为研究提供同样多的信息；除了政治正确方面，许多公务员还拥有深厚的知识和专业知识；许多决策者热衷于从长远的角度出发，充分参与研究，不仅在对研究人员提需求方面，而且在大量知识输出方面。因此，行动研究将是空间规划中生态理性的核心。

后　　记

195

让我们重回 1969 年。这一年始于一场环境灾难。1 月 28 日上午 10 时 45 分，联合石油公司（现在的优尼科公司）在离加利福尼亚州圣巴巴拉海岸 6 英里（9.66 千米）的一个石油平台水域作业，突然发生了严重的石油和天然气泄漏。据估计，在接下来的几天里，有超过 1 100 万升的石油浮出水面。风、海浪和洋流的综合作用产生了面积 300 平方千米、厚度 15 厘米、锋面 35 千米的浮油。控制漏油的斗争持续了 11 天。环境影响是毁灭性的。超过 3 600 只海鸟，数百只海豚和海豹，以及无数的鱼类和无脊椎动物死亡。以渔业和旅游业为支柱的当地经济数年来一蹶不振。

然而，随之而来的是一场前所未有的自发动员。成千上万的志愿者赶赴现场，支持救援行动，清理被石油困住的海滩和野生动物。这则消息轰动全国，媒体对此进行了大量报道。许多学者认为，那次事件及其引发的反应是环保运动的开端。此后不久，支持环境保护项目的非营利组织——环境防御中心（Environmental Defense Centre）在加利福尼亚州成立。该事件引发的内部争论推动了 12 月通过的《国家环境政策法》（*National Environment Policy Act*）。该法至今仍是世界上最先进的环境立法之一，也是全球环境影响评估法的先驱。同年 11 月 30 日，第一个"地球日"宣告诞生，并于次年 4 月 22 日庆祝。在那一天，数百万人在世界各地示威，要求将生态问题列入政府议程。那一年还发生了其他事情：1 月 4 日，156 个国家签署了《消除一切形式种族歧视国际公约》（International Convention on the Elimination of All Forms of Racial Discrimination），该文件谴责基于种族的歧视，并为结束种族主义形成统一战线，同时还谴责殖民主义和种族隔离；纽约的石墙事件标志着同性恋解放运动的开始；英国废除了死刑；第一台微处理器的发明为随后的计算机革命开辟了道路。

196

50 年过去了。这期间,人口翻了一番,消费和生产方式随之改变,新的生态挑战相继出现。然而,我们对生态系统、自身活动影响和潜在原因的认识也在不断提高。

生态理性应成为空间规划的参考范式,空间规划应成为实现生态理性行为的具体途径。这是一个循环往复、相辅相成的过程,道路百转千回,需要务实、连续、持久的努力。正如所有固有的政治进程一样,这将是一场斗争。

参考书目

197

Alphandéry P, Fortier A (2001) Can a territorial policy be based on science alone? The system for creating the Natura 2000 network in France. Sociologia Ruralis 41(3):311–328. https://doi.org/10.1111/1467-9523.00185

Batáry P, Dicks LV, Kleijn D, Sutherland WJ (2015) The role of agri-environment schemes in conservation and environmental management. Conserv Biol 29(4):1006–1016

Botequilha Leitão A, Miller J, Ahern J, McGarigal K (2012) Measuring landscapes: a planner's handbook. Island Press, Washington, DC

Braun B (2016) Nature. In: Castree N, Demeritt D, Liverman D, Rhoads B (eds) A companion to environmental geography. Wiley

Davoudi S, Strange I (eds) (2009) Conceptions of space and place in strategic spatial planning. Routledge, London

DeSilver D (2014) For most workers, real wages have barely budged for decades. Pew Research Center, p 9. http://www.pewresearch.org/fact-tank/2018/08/07/for-most-us-workers-real-wages-have-barely-budged-for-decades/

Friederichs K (1958) A definition of ecology and some thoughts about basic concepts. Ecology 39(1):154–159

Geddes P (1915) Cities in evolution: an introduction to the town planning movement and to the study of civics. Williams & Norgate, London

Hartwig R (2006) Rationality, social sciences and Paul Diesing. Texas A&M University

Kaczorowska A, Kain JH, Kronenberg J, Haase D (2016) Ecosystem services in urban land use planning: integration challenges in complex urban settings—case of Stockholm. Ecosys Ser 22:204–212

Maes J, Zulian G, Thijssen M, et al (2015) Mapping and assessment of ecosystems and their services—urban ecosystems. Publications Office of the European Union, Luxembourg. https://doi.org/10.2779/625242

Merriott D (2016) Factors associated with the farmer suicide crisis in India. J Epidemiol Glob Health 6(4):217–227. https://doi.org/10.1016/j.jegh.2016.03.003

Næss P, Næss T, Strand A (2011) Oslo's farewell to urban sprawl. Eur Plan Stud 19(1):113–139

Shillan D (1972) Biotechnics: the practice of synthesis in the work of Patrick Geddes. New Atlantis Foundation, Surrey. Sixteenth Foundation Lecture

Shiller RJ (2015) Irrational exuberance: revised and expanded third edition. Princeton University Press

Tello E, Garrabou R, Cussó X (2006) Energy balance and land use: the making of and Agrarian landscape from the vantage point of social metabolism (the Catalan Vallès county in 1860/70). The conservation of cultural landscapes. CAB International, Wallingford, pp 42–56

198

Verburg PH, Erb K, Mertz O, Espindola G (2013) Land system science: between global challenges and local realities. Curr Opin Environ Sustain 5(5):433–437. https://doi.org/10.1016/j.cosust.2013.08.001

Waterhout B (2007) Episodes of Europeanization of Dutch national spatial planning. Plan Pract Res 22(3):309–327. https://doi.org/10.1080/02697450701666696

Worster D (1990). Transformations of the earth: toward an agroecological perspective in history. J Am Hist 76(4):1087–1106

译 后 记

《空间规划中的生态理性：可持续土地利用决策的概念和工具》英文版原著由施普林格出版集团于2020年首版发行。本书是欧盟委员会联合研究中心卡洛·雷加研究员基于参与的欧盟政策制定评估工作，对欧洲资本主义国家空间规划决策机制的反思，具有理论和实践双重参考价值。书中提出的更广泛意义的“生态理性”框架对我国以空间规划贯彻落实“五位一体”总体布局提供了理论参考，运用马克思主义分析方法进行资源利用和景观转型的综合推演为我国在国土空间研究领域中推进马克思主义中国化时代化提供了重要启示，对欧洲的空间规划与相关政策体系实践的总结为完善我国多尺度空间规划体系提供了经验借鉴。

全书共七章，以回顾规划巨匠的生态思想为开篇，以“基础理论—总体框架—实践评析”为主线，以五点主张为结尾。其内容结构可分为五部分：第一部分（第一章）呼吁重拾规划传统中的生态学方法；第二部分（第二、三章）从理性融合、学科弥合的角度阐述空间规划中生态理性的理论基础；第三部分（第四章）系统识别生态危机的基本过程和深层原因，搭建空间规划中的生态理性总体框架；第四部分（第五、六章）聚焦欧洲，应用前述框架，演绎国土转型进程，分析各尺度规划与政策在其中发挥的作用；第五部分（第七章）提出空间规划中恢复生态理性的五点主张。

本书由中国自然资源经济研究院沈悦、刘天科、南锡康、张铎合作译出。沈悦负责序言、第一至三章；刘天科负责第四、七章；南锡康负责第五、六章；张铎负责难词辨析、重要语段溯源、语言校对。沈悦、刘天科对全书进行了统校。

本书的出版得益于多方的共同努力和付出。感谢中国自然资源经济研究院张新安院长对本书翻译团队的信任和全程指导。感谢姚霖研究员无私地承担了大量的统筹协调事务。淮阴师范学院刘丽教授、北京师范大学关婷副教授、上海对外经贸大学孙晓博士、北京林业大学程小琴副教授、中国人民大学张书海副教授等就若干疑难问题提供了富有价值的帮助，尤其是陈丽萍研究员数次通读全稿后提出了诸多有益意见。商务印书馆李娟主任、姚雯编辑对书稿内容的认真把关，使本书翻译质量有了质的提升。在本书即将付梓之际，在此对大家一并致以最诚挚的谢意。

虽然我们已全力以赴投入翻译，但我们深知，受自身专业储备、社科底蕴、翻译水平等能力限制，书中仍可能存在疏漏不当之处，还望读者不吝赐教。

译　者
2023 年 7 月

图书在版编目(CIP)数据

空间规划中的生态理性:可持续土地利用决策的概念和工具/(意)卡洛·雷加著;沈悦等译. —北京:商务印书馆,2023
("自然资源与生态文明"译丛)
ISBN 978-7-100-22408-6

Ⅰ.①空… Ⅱ.①卡…②沈… Ⅲ.①空间规划—研究
Ⅳ.①TU984.11

中国国家版本馆CIP数据核字(2023)第074690号

"自然资源与生态文明"译丛
空间规划中的生态理性:可持续土地利用决策的概念和工具
〔意〕卡洛·雷加 著
沈悦 刘天科 南锡康 张铎 译

商务印书馆出版
(北京王府井大街36号 邮政编码100710)
商务印书馆发行
北京中科印刷有限公司印刷
ISBN 978-7-100-22408-6

2023年11月第1版 开本 710×1000 1/16
2023年11月北京第1次印刷 印张 15

定价:88.00元